饶贵民 /著

Rensheng
San Lun

人生三论

命运 死亡 人生奋斗

人民出版社

■ 自　序

这是一个自我迷途、自我丧失的时代。

这是一个被物欲外化、异化的时代。

这是一个以"他"定"我"、以物质衡量生命的时代。

这是一个无家可归、无处可逃、缺失精神家园的时代。

盛世危言。在经济发展的旺途，在高耸入云的城市丛林中，在貌似强大而又微不足道的人群中间，人们如何奋斗并重建属于自己的精神家园？

一本小书，几载春秋。题目挺大，"人生三论"。只是"三论"，而非四论、五论或八论，是因为这人生就介于生死两端。从"不知生，安知死"到"不知死，安知生"，而其中的人生意义只有通过"奋斗"来实现，这个本无意义的人生，因为奋斗而被赋予了充满诱惑力的无限可能。但这个"奋斗"绝不等同于"成功学"，不是鼓吹成功上位，而是渴望人生定位。每个人都应该找到自己的位置、发现自己的事业、享受自己的幸福；每个人都是人格等价的，受到职业尊重与价值尊重。就如同斯多亚学派的那两位天壤之别的哲学家，一个是皇帝，一个是奴隶，社会等级的差异，并未造成对人生真理追求的障碍，皇帝有皇帝的快乐，奴隶有奴隶的幸福。

西方哲人讲"我思故我在"，这思索、这冥想、这伤感，是"我"存在的明证，除了且行且歌，我竟是以思索证明自己。这种思索，是"我"区别其他同球共住物种的标志：我想，这人生之论，也要有点新异，让自己走过的路、读过的书、阅过的人，作为文字积累的素材，给读者一些"鲜道理"吧。

这"鲜道理"，是新鲜的"鲜"。人生之说，是老生常谈的话题。但与古人比，当下已物是人非，甚至物非人也非，自然环境、社会人文已发生了翻天覆地的变化。我们是个经验崇拜的族群，人生道理往往是出自于神话中的老神仙之口，或是白发苍苍的老学究之笔，这道理几经咀嚼，或许已不为80后、90后的新鲜人类所待见。

这"鲜道理"，是鲜活的"鲜"。除陈年老酒外，现代人食物必"鲜"，讲海鲜、茶鲜、无公害。这人生道理也是如此，也讲传统、讲文化、讲基因，但更多的是对当下现实之反思，未来之绸缪。

这"鲜道理"，是鲜艳的"鲜"。有人读这"鲜道理"，可得一谋生之道；有人读这"鲜道理"，可经世致用；有人读这"鲜道理"，或当糊纸用。

"磨刀不误砍柴工"。当您劳累之余、享受恬静之时，偶读此书，调适一下自己的判断，若能够重新整装出发，也权且作为我微尘之奉献吧。

是为序。

饶贵民

人生三论

■ 目 录
CONTENTS

人
生
三
论

第一章 论命运

人生就是命运的"咏叹调"。

人的一生,简单视之,就是与自己孤单的命运结伴而行的历程。我们都试图设计自己的人生,试图在自己的命运轨迹中,实现自己的愿望或目的,然而人生不如意者,十有八九,久受其挫,便有人觉得这漫长旅途索然无味,也有人却觉得愈挫愈勇。人与其他动物不同之处在于,灵性的人总是将思考与行走融为一体,且行且思,对于周遭际遇总有种探索究竟的欲望,如《庄子·德充符》曰:"死生、存亡、穷达、贫富、贤与不肖、毁誉、饥渴、寒暑,是事之变、命之行也。"在庄子看来,这满载事变的人生之旅,表象是"事之变",本质却是"命之行"。

"命"一词最早出现于甲骨文,仅从字形上看,甲骨文中的"命"、"令"二字基本相同:即象征屋顶的三角形,其下面面向左边坐着的人,发号施令。发展到金文时期,"命"字左小角又增加了一个"口"字,表示着施令之人用"口"来发布消息。在安阳殷墟出土的甲骨中,多次发现"命"字与"令"字通用,如武丁卜辞中有"贞帝于令、贞铁燎于东",这里的"令"字即"命"字,《鹖冠子·度万》中所载:"散无方,化万物者,令也"。至秦前后流行的小篆,"命"字与现行文字基本笔画、字形走向统一。《说文》曰:"命,使也,从口、令。"段注:"令亦声,金刻多借令为命,史伯硕父鼎令万年,是其徵也。"《尚书·说命上》曰:"臣下罔攸禀令。"《周礼·下官大司》:"犯令陵政则杜之。"在中国传统元典中,"命"字在《尚书》中出现40余次,一般作动词使用,如《尚书·尧典》曰:"乃命羲、和,钦若昊天。"可以看出,在先秦的元典中，"命"字大体可以划分为两种基本用法，即名词或动词。作为名词使用的"命"，直译现代汉语意义或为"天命"或为"命令"。

《辞源》和《中华大字典》将"命运"和"天命"列为同一义项，试图引证由"天命"直接引申出"命运"的密切关联性。事实上，在先秦哲学体系中，"命运"问题多与政治问题相关联，如刚刚打败了商王朝的周王朝，为了论证自己政权的合法性，提出了"天命靡常"、"唯德是辅"的观点，意指尽管商朝也是敬天畏神的，但它必遭灭亡的命运在于对"命运"了解的失误，国家的命运必须与为政之德相结合。

以乐感文化为标志的儒家传统，从孔子时起，就很少谈论"天命"对人的决定作用。当然，孔子也相信天命的存在，他讲"君子有三畏，畏天命、畏大人、畏圣人之言"（《论语·季氏》），在其事业屡遭挫折之时，也发出了"道之将行也欤？命也；道之将废也欤？命也"（《论语·宪问》）的喟叹。孔子认为，人的命运是上天事先安排好的，在人出生之前，命已注定。儒家传至二代，孔子的孙子子思提出"天命之谓性，率性之谓道"（《礼记·中庸》），郭店出土的竹简《性自命出》则讲"有天有命，性自命出，命自天降"，"有天有人，天人有分。察天人之分，而知所行矣。有人，无其世，虽贤弗行矣。苟有其世，何难之有？遇不遇，天也"（《穷达以时》）。所讲的"天人之分"，是指人与天是两个完全不同的概念，人要安其分，就如同天的"四时行焉，百物生焉"一般，人的命运就是"时"、"世"、"遇"的综合。孟子虽然承认有命运的存在，如提出"莫之为而为者，天也；莫之致而至者，命也"（《孟子·万章章句上》），但他并不认为人就应该屈从于命运的摆布，认为"存其心，养其性，所以事天也。夭寿不贰，修身以俟之，所以立命也"（《孟子·尽心章句上》）。命运在孟子看来，并不是不可控制的，而是可以通过努力来把握自己的命运，"人皆可以为圣贤"，人人都有成圣贤的理想。这里有先天的因素在起决定作用，但即使如此，君子也不能把这些视为是命，而应该认识这些因素是根植于人性之中的，可以通过自己的主观努力来实现的。由此看来，儒家之于命运是以自觉、自知、自明的态度来应对的，以坦然的心态来接受自己奋斗的结果，这种文化传统体现在心态就是以"孔颜之乐"为代表的乐感命运观。

道家的开创者老子,并没对命运进行过多的阐述,但他提出的"道"的范畴,"道"是天地万物的产生和主宰者,所谓道为"万物之宗"(《老子》第四章),道为"万物之奥"(《老子》第六十二章),是生物之基。同时,"道"是天地万物运动变化的规律和原理,所谓"人法地,地法天,天法道,道法自然"(《老子》第二十五章),"执古之道,以御今之有"(《老子》第十四章);"道"也是人生所追求的极致境界和人类社会的最高法,所谓"唯道是从"(《老子》第二十一章),"执大象(道),天下往"(《老子》第三十五章)。从这个意义上讲,老子是我国第一个力图从自然本身来解释世界,而不求助于以天命来解释世界的哲学家。在老子看来,天下万物的生长是:

　　　道生之,德畜之,物形之,势成之。是以万物莫不尊道而贵德。道之尊,德之贵,夫莫之命,而常自然。故道生之,德畜之,长之育之,亭之毒之,养之覆之。(《老子》第五十一章)

　　此后以老子"道"学为宗的道教,基本也沿袭了万物本生于自然的基本原则,道教主张"我命在我不在天"(葛洪:《抱朴子·塞难卷第七》),将作为个体存在的"我"与天命决然划清界限,在这一点上,道教摆脱了天地对人及其命运的控制,人的力量与地位被高高扬起。道教明确指出,决定人命运的是人自己而非人以外的天,如《道书十二种·象言破疑》说:"命由自主,不由天主",直接挑战天命的权威;《真气还元铭》则说:"天法象我,我法象天。我命在我,不在于天",认为"我"与天是等同的地位,所以"我"的命运掌握在我手中,而不在于天。正因为如此,道教认为可以通过"窃机"与天地同参,这个"窃机"的主要形式是通过修丹来实现,如《悟真篇》所说:"一粒灵丹吞入腹,始知我命不由天。"强调的是人在命运前的自主性,人是有自为的自主权和选择的自主权的。

　　"侠"自秦汉起,两千年来,悲歌慷慨,成为中国大一统历史上独特的悲剧英雄。司马迁《史记·游侠列传》,借韩非子之口说,"儒以文乱法,而侠以武犯禁"。所谓"犯禁"在世俗的表现上,是指不屈于武力,不屈于世俗,所以墨家行事在战国时期就与其他各家不同,他们扶弱救孤,以义著名。但是否可以理解墨家的行为就是对命运的抗争呢? 事实恰恰相反。墨家的创始人墨子认为,人的行为与命运直接相关,只要人的生命一息尚存,其行为就可以用善恶来评价，这些行为都会被"举头三尺"的神灵看到：上天时时在监督着世人的行为，因为人的行为善恶而作出相应的奖惩。墨家对命运的基本看法，显然是最质朴、最民间的，它预设了一个"鬼神"观，作为对行善人的补偿、对为恶人的惩戒："虽有深溪博林、幽涧毋人之所，施行不可以不董，见有鬼神视之。"（《墨子·明鬼下》）即使在无人之境，也不可为恶，因为鬼神无处不在、无时不用。

事实上，墨家的鬼神观尽管和宗教的因果报应之说不同，但也是给生人的一丝慰藉：人人都是站在同一起跑线上。每个人在鬼神的赏罚那里都是公平的，没有人能作弊，也没有人能逃避。"鬼神"的存在，并不是要人们都消极待命，无为一生，相反正因为命运还有一个最终审判，所以，人的命运是可以改变的。也因此，墨子的命运观给人一种积极进取、奋发向上的蓬勃生气。

如果说墨家的命运观，仅是将"鬼神"作为因果报应裁判者的话，传统佛教的命运观则直接将命运总结为因果定命。佛教自汉代入土中国，是作为当时中国流行的道术而传播的。佛教所讲的"灵魂不死"、"因果报应"之类的思想，已为中国所固有。"灵魂不死"的思想在中国表现为"有鬼论"，如《诗经·大雅·文王》说："三后在天，精灵升遐"；《庄子·养生主》已有"薪尽火传"之喻。至于"因果报应"，汉时所流传者实与中国原有的"福善祸淫"理论相贯通。所谓"因果定命"大体分为三类，即现报、生报和后报。从文字上理解，现报即是现世的善恶在这一世就会报应，生报则指报应会在下一世实现，后报则是指报应要在第三世、第四世乃至"百生"、"千生"中才会实现。晋朝慧远大师所著的《三报论》奠定了中国佛教"因果"说的理论基础，但在此之前，如墨家的"鬼神"说、传统哲学"善恶习报应"说、汉代的"天人感应"说等已有报应说的传统，所以在佛教因果理论创立之后，能够顺章顺理又十分自然地取得了中国社会的认可，也得到了儒家思想的支持，使得佛教其他经典在以后得以顺利的传播。在佛教众多的经典理论之中，"三世因果"说、因果报应理论是其最重要的根本理论。慧远祖师的《三报论》是"三世因果"说的理论蓝本，同时也是净土宗的开山之作，文字浅显、通俗易懂，开篇便讲"业有三报"：

（经）说业有三报：一曰现报，二曰生报，三曰后报。现报者，善恶始于此身，即此身受。生报者，来生便受。后报者，或经二生、三生、百生、千生，然后乃受。受之无主，必由于心。心无定司，感事而应。应有迟速，故报有先后。先后虽异，咸随所遇而为对。对有强弱，故轻重不同。斯乃自然之赏罚，三报之大略也。（惠远：《三报论》）

"报"因"业"而起，所谓"业"者，是佛教专有名词，意为造作、作为，是指人的一切身心活动，是梵文 Karma 的意译，音译为"羯摩"。业分为善业、恶业、无记业（即不善不恶之业）。由"业"带来了报应，即果报。但"报"是随着一切事物环境的转变而变更，所以报应是有早有迟、有轻有重。这种因果报应的思想，在很大程度上突出了善恶在报应中作为基本条件的重要性，同时在一定上也说明，命是可为的、可造的，即通过多行善少为恶来要求自己，从而实现个体幸福。这就使人不是把人生的期待寄希望于外界或天神的赐予，同时也排除了对外部现实的不满，转而对自我进行内省，反求诸己，向内追求，由此在内心确立去恶从善的道德选择，并成为内在自觉的强大的驱使力量、支配力量和约束力量。

对"命运"一词，东西方都有着一致的领悟，即大都把"命运"理解为非我、异己的力量，这种力量超越了人本身的控制力。

"命运"拉丁文音译为 tyche 或 moria，英文中一般做 fate、chance 等用，中文翻译为"命运"、"机遇"、"偶然"等。在古希腊文中，"命运"一词是个多义词，意指上天所赐予的好运、厄运、机遇等，所以它所展示给人类的是一种超乎人的意志，并且能决定人类历史发展方向的强大力量。这种力量多为是神的绝对力量。

在西方世界的其他语境中，罗马人以拉丁语的 fatum 和 fortuna 来言说命运，并为英语所继承；德国人则以 Geschick 和 Schicksal 来传达对命运的感悟。此外，英语和德语中还有着种种表示厄运、必然和偶然的词语，比如 chance，destiny，necessity，doom，它们都与"命运"有着一定关联。这些不同的语词各自扎根于其所从出的民族共同体的生活世界，并由此而获得它们的历史性和差异性。

黑格尔曾经说，一提到希腊这个名字，在有教养的欧洲人心中，尤其在我们德国人心中，自然会引起一种家园之感。作为西方文明的发源地，古希腊人对"命运"的理解是脱胎于神话。在古希腊神话中，命运女神（The Fates）掌管大地上所有人的命运，但命运女神并不是一个神，而是一个"女神组合"，其中克罗托（Clotho）是最年幼的，她的工作是纺织机旁纺织人的生命线，线的长短就是人的寿命的长短，线一断，这个人的生命也就宣告完结；拉刻西斯（Lachesis）手执生死簿和纺锤，人寿尽时，纱线即断。她通过闭着双眼抽签来决定一个人一生的祸福。阿特洛波斯（Atropos），希腊神话中命运三女神的最长者，原意为"不可逆转"，她将另两位命运女神确定的一个人的一生命运写入卷宗，一经写入就无可避免。三位女神共同操控一个人的命运，注定了古希腊人不可能像中国人那样，通过祈祷试图免除自己的祸难，他们必须如同渔夫面对未知的大海一般，独自与命运抗争，所以，古希腊的命运观是英雄式的"悲剧"，是"明知不可为而为之"的壮烈。

"命运"一词的提出，如同人的命运本身，就是一个悖论：既然世界一切已定，为什么还要讲"命运"？如果世界一切已定，人的生命是否还有意义？命运其实就是人类追求自由的天性，与无法摆脱的必然之间有着矛盾。在康德的学说中，自由是一个彼岸的本体世界的事情，与人的认知理性相对立的现象界是无法谈及自由问题的。但是在解决人类道德实践问题的时候，康德不得不预设一个本身就有实践能力的实践理性，即自由意志。但在康德的体系中，自由意志如何实现的问题，并没有得到解决，他所说的物自体所具备的实践能力，是实践理性抑或是纯粹理性，仍然是一个问题。在命运问题上，也是如此，我们对于"命定"学说的理解，只能是先验的，即使通过人的生命经历也无法证实或证伪。

但这并不意味着"命运"就是无意义，命运对于人生的意义正是它的不确定性，所以，既取决于个人对于命运的态度，更取决于个人对人生的角度和立场。叛逆者否认命运的存在，他们认为人是一种超越性的存在，由于意志自由的追求，所以人在不断超越已有的规定性，所以对于人来说不存在所谓的命运。顺从者肯定命运的存在，他们认为即使人是超越性的存在，人生命的延展也由于时间、空间的限制，总会遭遇很多不可能超越的极限，这些极限是对人的超越性的否定，所以对于人来说，命运是先于人存在的。哲学

人生三论

家认为,人是相对超越性的存在,命运无论是"逻各斯"、"绝对精神",还是历史发展的必然性、永恒轮回,这些概念都不足以描述命运的全部,因为尽管一无所有的人是赤条条的来到人世,但至少他还有"自由",这种自由不仅是选择的自由,而且是心态的自由,正如美国著名哲学家理查德·泰勒在其著作《形而上学》中所说的那样:

> 它(命运)使我们能够始终以镇静的态度面对所发生的一切事情,甚至思考历史上最令人镇静的恐怖事件;它还使一个人摆脱了对他人的喜怒,并摆脱了其自身的高傲和内疚。它让人们看到,正确地了解事物是可能的,它使人们不再从人的邪恶性和道德责任的角度来看待事物。它一旦为人们牢固掌握,就会使人们以崇敬的心情接受人生和大自然所赋予他们及其同类的一切。

第一节　命运的背后

人终究是不自主的。人生不会做到真正的自主,因为人生来就不是自主的。

命运自古以来就是神秘且富有诱惑力的命题。作为贯穿人一生永恒的话题,它的力量令人战栗,古往今来很多学者穷尽一生,却不得其方。人类往往热衷于对未知领域的探寻。在世界上的一切存在物中,人,无疑是最高贵的。这种高贵并不是说万物如尘土,其他的存在物都是灰飞烟灭,而是说人是世界上唯一可以自觉的存在:人能意识到自己是人,并且能够按照做人的要求,进行属人的活动。所以,人不再是一个单纯的物种学意义上的存在,而是在长期的历史进化之中,超越了自然本能的限制,通过意志和心力来支配自己的生命。对于人的理解,莎士比亚借助话剧主人公哈姆雷特之口说出:人呀,万物之灵长。而追溯中国传统文化的元典,《尚书·泰誓》说:"惟天地万物父母,惟人万物之灵";《礼运》则说:"人者,集天地之德,五行之秀也。"人,原来是宇宙间最可贵的存在。

但人类并不是上帝眷顾的天使,茫茫宇宙,你我皆是匆匆过客,或许太过疏远，或许太过寂寥，人总是想着能和宇宙中的非我因素拉上关系，如宗教中的神，进化论中的人种与其他物种的血缘，或如张载所言的"民胞物与"，都是人试图在孤立无助的宇宙中，给自己寻找一个方向性的坐标——确定他物，是为了确定自我。人，原来是宇宙间最不自信的存在。

哲学家帕斯卡尔讲：人是一根有思想的芦苇。哲学家拉·梅特里说：人是机器。现代学者威尔逊则说：人是基因的生存容器。原来在哲学大师的眼里，人与非人格的存在，并无太大的差距。人，生而不善奔跑，长而不善搏兔，老而化为朽土，为争抢同类的生存空间而不惜发动战争，甚至于连思考的权利都被剥夺——人类一思考，"上帝"便发笑。人，原来是宇宙里最卑微的存在。

有关于人，人总被自己如此的问题所困惑，如：人是什么，人可能是什么，人为了什么而存在等，这些问题足以激发每个个体的人，去不断地反思和思索人所应该具有的本质和品行。

一、古希腊文明中的命运观

回溯到几大文明的起源时期，古希腊著名的司芬克斯之谜早就道出了人类对于自身的好奇：人就是你自己。而同时期德尔斐神庙则镌刻着警人的格言：认识你自己。中国的孔子则说："仁者，人也。"（《礼记·中庸》）将人从神本的理论系统中，拉到人间，人就是血缘为基础的人伦系统中的一环，这人，只是属于自己的血缘圈子（如亲伦）与非血缘圈子（如朋友）的一员，人的存在，与"命运"这个大主题完全无关。

在孔子那里，人就是人，命就是命，他说："天何言哉？四时行焉，百物生焉，天何言哉？"（《论语·阳货》），这天是万物的主宰，但四时万物和它又什么关系呢？万物只是按照自己的生长规律，各行其是，各安其分。《论语》中所说的"死生有命，富贵在天"，这命就是高高在上的存在，富贵也是天命已定的，人生所做的并不是要揣测天意，而是要过好这一辈子。因为有了这种对个体命运的自信，所以孔子说："天之将丧斯文也，后死者不得与于斯文也；天之未丧斯文也，匡人其如予何？"（《论语·子罕》）所以，孔子并非不讲命，而是将命搁置到与人生主题无关的境地，鼓励后人不为命定论所

人生三论

左右,要积极面对生活。正因为如此,不论外界的物质条件如何,孔颜圣贤"一箪食,一瓢饮,在陋巷。人不堪其忧,回也不改其乐。"(《论语·雍也》)

与孔子为代表的儒家生活取向不同,同时代的古希腊文明尚未找到一个准确的哲学范畴来概念宇宙万物的变化法则,便以"命运"一词来取代所谓的"规律"。如阿那克西曼德认为,万物由之产生的东西,万物又消灭而复归于它,这是命运规定了的。赫拉克里特认为,命运就是必然性。在古希腊先贤那里,命运就是因果的必然性。在早期的古希腊学派中,斯多亚学派哲学的著作,满篇都是命运之言,"斯多亚"(stoa)是"画廊"的音译,因该学派的创始人芝诺在画廊中讲学而得名。斯多亚学派认为宇宙中有两种原则,主动原则和被动原则。被动原则是不具性质的实体,即质料。主动原则则是内在于这种实体中的理性,即是神。神是活生生的、不朽的、有理性的、完美的,它有很多名字,如理智、命运、宙斯、"普纽玛"(pneuma,可译为"精气")等。神是宇宙的创造者,它首先创造了火、水、气、土四种元素或质料,原始的火变成气,气转变成湿气而成水,一部分水凝聚成土,另一部分留在表面而成蒸汽,形成包围在外面的球形的空气,气的稀释又最后消解成火。从这些元素的混合中形成了动物、植物及其他自然种类。这些质料作为被动原则,需要贯穿于其中的"逻各斯"的推动。这个"逻各斯"是永存不朽的"种子理性",是世界的灵魂、秩序的规定者,是自然和命运,也是一种有技巧的火。"种子理性"是万物的质料,像种子那样在个别事物中展示自己,但同时,又是在自身中拥有万物的能动形式。世界的存在既然有开端,所以必定有终结。经过一段预定的、不变的时间,产生于火的世界又毁灭于世界大火,然后再重新产生。这是一个永无穷尽的轮回过程,每一轮的细节都和以前相似。这就是天意或命运,包括人的意志在内的一切都是绝对地被命运所决定的。

既然世界的本性和规律是如此,人的职责就应当是认识天意,服从命运,顺应自然而生活。这就是斯多亚学派的物理学为他们的伦理学说所奠定的理论基础。

在斯多亚哲学的代表人物里,其中两个的身份有着戏剧性的反差,一个是马可·奥勒留,另一个是埃比克泰德,前者是皇帝,后者是奴隶。我们可以从这两个人身份的天地悬殊中，窥见斯多亚哲学的"命运"反差。从严格意义上讲，罗马皇帝奥勒留并不是柏拉图概念中的"哲学王"，他的"哲学"和他的"王位"没有直接的联系，他不是以自己的"哲学"来统治他的国家。他作为"哲学家"和"皇帝"似乎是两个人，只有在作较深的研究之后，才会发现他的王位为他的哲学提供了一个思考的背景，但并不是他的哲学为他的王位提供了智慧。皇帝奥勒留所著的《沉思录》成为很多人的枕边书，在这部哲学著作中，他主要讲述了人与其他动物的不同之处在于人具有"理性的生命"，而"理性的生命"是从神那里流溢出来的，同时由于神造的合理宇宙，也使得人的"理性生命"符合自然的基本规律，所以，人的肉体固然变动不居，转瞬即逝，人的灵魂甚至也如梦如烟；人的生命固然有长有短，但无论长短，只不过是一个"瞬间"。而这一"瞬间"对一切人（无论贵贱）来讲都是一样的，并无特别的可贵之处。尽管人的生命在宇宙大流中并不可贵，但"过去"和"未来"却永远是值得我们思考、重视和敬畏的。"神"在一个制高点上，俯视着时间的长河。人既然是有理性的，所以他也不仅仅要关注当下，而且要反思过去、更要展望未来，所以人在历史中通过自己的理性实现了永恒。这样一来，皇帝奥勒留的基本观点就是永恒的实现方式，是圆圈性的"过去"、"现在"和"将来"，这个圆圈就是古希腊哲学中的"逻各斯"，这是人类命运的决定因素。

与皇帝奥勒留形成鲜明对照的另一个罗马斯多亚主义的哲学家是奴隶埃比克泰德（Epictetus），后被赎身成为教师，专门教授哲学。他认为，人是介于神和动物之间，每个人都有自己的命运，人不能改变和控制自己的命运，但是能够控制对待命运的态度。埃比克泰德把命运比做每一个人在人生舞台上扮演的角色，有的人当主角，有的人当配角，有的人当英雄，有的人当小丑。人应该用正确的态度顺从命运，努力承担命运赋予的职责。不要为幸运而沾沾自喜，也不要为厄运而怨天尤人。忧伤、恐惧、欲求和快乐等不能平静情绪，都是非理性的，人应该按照自然去生活。

事实上，以海洋文明为标志的古希腊文明，其哲人对于命运问题的反思，是作为个体的人自我意识成熟的象征。从苏格拉底开始，哲学已经开始将人的命运问题放置到对自然的关注之上，命运问题开始渗透到哲学体系

人生三论

的最深层。作为族群存在的人,是顺从上帝造物的指示而繁衍,还是自为成长的物种?是与自然争天夺地的斗争,还是仅是自然的普通一员?对于这些问题的思考,构成了西方哲学的基本问题。人类对于命运的关注,是人类对于现实生存困境的焦虑,同时也是人类对于未来的迷茫、彷徨。普罗塔哥拉讲"人是万物的尺度",苏格拉底将德斐尔神庙的神谕"认识你自己"作为自己毕生哲学的追求,先贤们对于自身问题的关注,都体现了人类对于命运决定的不屈。从柏拉图对于人类未来"理想国"的勾画,到亚里士多德"千古帝王师"的梦想,再到康德对于人类理性的崇拜,从而黑格尔在哲学的夕阳下,重建"绝对精神"的大厦,马克思对于人类"大同世界"描述,在这个过程中,人类树立了自我理性、自我尊重、自我神圣的形象。这些对人类生存境地的反思,都是人类对于命运的质问和反诘。大师们都指出了人对人的自由必须合理、客观地面对,权威与规则对"不受任何拘束的"自由概念进行了否定不是消极的,恰恰相反,这是积极、乐观的人生的基本哲理!

人的一生总是充满起起伏伏,成成败败,命运也总是充满变数,不由自主。生死康病、富贵贫贱、成败得失、悲欢苦乐是命运的展示形态,这几个方面既有联系又有区别,构成了人生命运的总体内容。生是基础,只有生,才能谈命运展示的形态,所以犬儒主义者讲"活着真好"。但生的基础上也可能会是面面俱差,除了生死康病,在一般情况下,其余几个方面可以说都与成败得失相关,所以,人们对命运的关注主要是对事业成败得失的关注。但仅用生存状态还不足以概括人生命运的全部内容,还应加上生命历程。生存状态是从存在的角度对人生的命运作横向观察,是人生命运的横坐标。而生命历程是从发展的角度对人生的命运作纵向观察,是人生命运的纵坐标,因此,生命历程是生存状态的变化和延续。

人是历史的存在,也是历史中的一员;人创造了历史,同时历史也创造了人类;历史不外乎是人的世代继承,历史的每一个阶段都遇到有前一代传给后一代的成果之积累,同时历史也因为人的改造而不断向良善的愿景而动。所以,人和历史是互动的:一方面,历史因人而鲜活,在已定的历史环境中,因为人的因素而"苟日新,日日新,又日新"(《礼记·大学》);另一方面,人因历史而生动,每个伟大的时代,都会铸造一批英雄,同时也有更多的人因为时代而幸福。但在人与历史的互动过程中,由于生存空间、社会关系、天生禀赋等种种机缘的不同,就形成了人与人之间命运的差别。

自古以来,对于"命运"背后力量的探寻,就从未停息过;古今中外,人们都试图通过对这种命运决定因素的解码而获得掌控命运的钥匙。如战争狂人希特勒在第二次世界大战期间,曾两度派遣纳粹党卫军头子希姆莱亲自组建了两支探险队,深入中国西藏,寻找亚特兰蒂斯神族存在的证据,寻找能改变时间、打造"不死军团"的"地球轴心"。这是因为在欧洲,长期流传着一个关于"亚特兰蒂斯"的传说。在传说中,亚特兰蒂斯大陆无比富有,居住着的神族同时也是日耳曼人的祖先。有关亚特兰蒂斯的记载,最早出现在古希腊哲学家柏拉图的《对话录》中:"1.2万年前,地中海西方遥远的大西洋上,有一个令人惊奇的大陆。它被无数黄金与白银装饰着,出产一种闪闪发光的金属——山铜。它有设备完好的港口及船只,还有能够载人飞翔的物体。"但在一次大地震后,这块大陆沉入海底,一些亚特兰蒂斯人乘船逃离,最后在中国西藏和印度落脚。这些亚特兰蒂斯人的后代分别成为雅利安人和印度人的祖先。一些纳粹专家宣称,亚特兰蒂斯文明确实存在,并认为雅利安人只是因为后来与凡人结合才失去了祖先的神力。希姆莱深信:一旦证明雅利安人的祖先是神,只要借助选择性繁殖等种族净化手段,便能创造出具有超常能力的雅利安神族部队。今天看来,这个计划固然荒谬可笑,但也通过希特勒这一极端人物,向我们展现了人类探索"命运"背后的极度渴望。

二、一命二运三风水

中国民间流传着一句对命运解码的玄学术语:"一命二运三风水,四积阴德五读书"。再加上《儿女英雄传》一书的杜撰,这句话的后面又对其他决定命运的因素做了整合:"六名七相八敬神,九交贵人十养生,十一择人与择偶,十二趋吉要避凶"。如果说前两句话是人情练达的话,那么后面四句则完全是五行阴阳之说,但民间流传的大多是生活经验之提炼,也是颇为贴切于中国人的基本命运关怀的,所以并不能套用西方的"科学"模式,把它简单地定位为"迷信"或"非理性"。生活处处有智慧,点滴之间皆是学问。

一命。"命"在中华文化传统关怀中,就是命定、命成、命数的意思。命运本身就是因,它就是今后人生发展的种子。生存在这个世间,人的生命总是受到时间、空间和外在条件的种种限制,出身决定了人的处境,环境影响人的性格、人生观以及处世态度,而性格、人生观、处世态度又反作用于人的处境,这些也就构成了人的命运以及其决定因素。

对命的决定作用过于笃信,就会显得荒谬了。如拿破仑时代的柯拉伊姆是一个典型的天生命定论者,他是埃及亚历山大城的首富,当拿破仑占领亚历山大城的时候,勒令他交出 30 万金法郎,否则要处死他。柯拉伊姆是这样回答伟大的皇帝的:如果命中注定我今年要死,那么交出 30 万金法郎,也是无济于事的;如果命中注定我今年不会死,那么我又何必交出 30 万金法郎呢?! 最后他选择了拒绝交出巨款,皇帝也成全了他的命。这个"命",其实就是外在的必然性,我们总幻想着有一只大手,操纵着世界、控制着人生,其实,这个"命"定,就是人生的必然性,比如普通家庭的孩子肯定要比有钱人家庭的孩子多付出努力,但这样也会有个良性的反复,即"穷人的孩子早当家"。

二运。如果说"命"让我们悲观,那么"运"则多少让我们看到希望。"运"是指"命"变动的情况,是人们对未来的肯定。"运"小至个人,大至国家、人类历史。"运"和"命"是息息相关的,我们通常统称为命运。"运"对于人的一生来说也相当重要,很大程度上它等同于"机遇",所以它并非是平白垂青于世人,而是永远只赐予有准备的人。当运气和生命有焦点时,便是"幸运"了。所谓"幸运",事实上是人生必然性与偶然性的一次相遇,同时也是命运不可知的一个明证,它让人们对命运心存恐惧且满怀欢喜。

"运"总来得太快也走得匆匆,所以对于它的到来,只能怀一颗感恩的心,而不能以求"运"为终生目的,正如老子所言:"祸兮福所倚,福兮祸所伏。"(《老子》第五十八章)《淮南子·人间训》中讲了"塞翁失马"的故事:

> 近塞上之人有善术者,马无故亡而入胡。人皆吊之,其父曰:"此何遽不为福乎?"居数月,其马将胡骏马而归。人皆贺之,其父曰:"此何遽不能为祸乎?"家富良马,其子好骑,堕而折其髀。人皆吊之,其父

曰:"此何遽不为福乎?"居一年,胡人大入塞,丁壮者引弦而战。近塞之人,死者十九。此独以跛之故,父子相保。

在这个故事里,塞翁的每一次好运都是以之前的坏运作为代价的,比如他意外得到了一批胡马,代价是之前丢的马在荒野带回来的;儿子逃避战争,远离死亡,是由于之前坠马摔断了大腿,所以皇帝征兵能免服兵役。这些都说明,对于"运气"我们不能苛求,只能它来的时候,我们紧紧抓住,它走的时候,我们心持平和。

三风水。《周易》中说圣人"仰以观于天文,俯以察于地理"(《周易·系辞上》),通过对外界的观察,来反观人生祸福。风水正是基于这种基本理念,将对命运的审视与地理的脉理相结合,以期寻求两者的结合点,实现趋吉避凶、避祸纳福的价值取向。中国风水学是中国传统文化的一个重要组成部分,是关于中国的地质、地文、水文、日照、风向、气候、气象、建筑、景观等研究综合环境的一门科学。风水学在我国建筑、选址、规划、设计、营造中几乎无所不在;风水学在长期发展过程中,与其他相关学科交叉渗透,具有了我国古代哲理、美学、心理、地质、地理、生态、景观等诸方面的丰富内涵。中国风水学的核心内容是天地人合一。

风水学的历史可以追溯到新石器时代,如中国人的祖先要在温带气候的国土建筑房屋,就不得不考虑到朝向、地质等,这些观念其实就是一种质朴的相地术。在《周易》产生之后,相地学便有了自己的哲学依据,将占卜的流程合法化;同时又将阴阳、五行、四神兽、八卦方位、鬼福及人的种种思想逐渐渗入相地术中,使相地术演变为风水术。此后风水学一直指导着中国传统建筑的创意和布局,到晋朝郭璞所著的《葬经》,开始系统地讲述风水理论,遂成为中国风水学开山之学。中国风水探求建筑的择地、方位、布局与天道自然、人类命运的协调关系。例如,当人们处在一种美观舒适、色彩和谐的环境景观中,就会感到心情舒畅,心旷神怡,甚至思维更加清晰敏捷,创造灵感也格外活跃。如果室内通风不好,光线阴暗,且背朝阳光,门庭矮落,则会易生霉菌,居住者自然就容易生病,也就是通常所说的"风水不好"。

风水是一门艺术,是人类对自然之道的一种向往,它通过对建筑的合理

人生三论

布局,试图实现阴阳平衡、气场互动,以利于居住者获得吉祥之气,从而促进健康,增强活力。风水理论集合与建筑相关的天文、地理、气象等方面的自然知识和相应的生活经验,并把它上升到哲学的高度。比如把"背山、面水、向阳"看做是最好的自然方位,把适量的"前低后高"看做是最佳的宅院地势,重视住宅建筑中"水口"(包括入水口和出水口)和"气口"(包括门、窗)的自然方位,主张居室空间的高矮大小、室内采光的阴暗程度均应适可而止等。这些环境因素,都是与人的身心健康密切相关的。

风水学,从字面说理解,就是"风"和"水",来自于自然界的这两种物质,其主要功能在于"活物",即能养活作物,同时也养活人。所以风水学强调一点,即在需要调整气场的时候,可以借助其他自然事物来调整气场,《相宅经纂》主张在房子的周围植树,"东种桃柳(益马)、西种栀榆、南种梅枣(益牛)、北种柰杏",有"青松郁郁竹漪漪,色光容容好住基"之说,提倡种松竹。上述貌似迷信荒诞的说法,却颇符合科学,因为它根据不同树种的生长习性规定栽种方向,既有利于环境的改善,又满足了改善宅旁小气候观赏的要求。作物的栽种也有利于培养居住者的情操,中国古人对于家居作物也是赞不绝口,如南北朝时谢朓就特意写诗《咏竹》,写的就是宅种竹:

窗前一丛竹,清翠独言奇。

南条交北叶,新笋杂故枝。

月光疏已密,风声起复垂。

青扈飞不碍,黄口独相窥。

但恨从风箨,根株长相离。

郭璞在《葬经》中指出:"气乘风则散,界水则止。古人聚之使不散,行之使有止。故谓风水。风水之法,得水为上,藏风次之。"从风水的起源来看,并未有迷信的成分,但很多人为了满足自己的私欲,试图通过对风水的改造达到改变自己一生命运的目的,无疑是缘木求鱼、舍本逐末了。

四积阴德。积阴德与佛教中的"六道轮回"有关,一般说法为人死后进入六道轮回重新投胎,或投生为人,或为花木,或为牲畜,地府阎王及判官根据生前功过善恶来决定灵魂投生为人或其他,以及投生后气运的好坏,例如投生大富之家或贫贱之户,日后显达富贵或潦倒等等。同时,地府的官僚机构还可以据此增削人的阳寿以及改变人的气运（例如富贵、后辈能够光宗耀祖等）。所以说，积阴德，就是为了积累在地府阎王与判官用于评判的善良值，改善、增强今生气运，求得来生有一个好的出生及气运。

对于阴德，民间称之为"阴骘"，意思是指人做好事或坏事，都会报应在自己和亲属身上的，也就是所谓的"近在己身，远在儿孙"。《周易》中也说："积善之家，必有余庆；积不善之家，必有余殃"（《易传·文言》）、"善不积，不足以成名；恶不积，不足以灭身"（《易传·系辞下》）。这些道理都表明"为善得福，造恶得祸"的朴素信仰。在阴德的阐述中，佛教以因果业力解释，而道教则用承负解说，二者之间虽有差异，但劝人向善的动机总是一致的。《太上感应篇》说："故吉人语善视善行善，一日有三善，三年天必降之福。凶人语恶视恶行恶，一日有三恶，三年天必降之祸。"这也是有道理的，比如多做好事、多结善缘，那就自然会"得道多助"，但与人恶言相加、小恶不断，就会积累与人的怨气，自然也就"失道者寡助"了。

五读书。中国一直是书耕传家的文化国家，古人说"万般皆下品，唯有读书高"，是讲读书人是国家的栋梁，应该得到社会的肯定与承认；同时又说："书中自有黄金屋，书中自有颜如玉，书中自有千锺粟"，则是鼓励读书人要免除心中的功利趋向，因为读书可以改变现状，眼界应该更开阔一些。传世文献《战国策》和《太平御览》中分别记载了苏秦"锥刺股"和孙敬"头悬梁"的故事，以期证明通过读书能够改变人生的轨迹：

战国时期的苏秦出身农民，少有大志，曾随鬼谷子学游说术多年。后辞别老师，下山求取功名。苏秦先回到洛阳家中，变卖家产，然后周游列国，向各国国君阐述自己的政治主张，希望能施展自己的政治抱负。但无一个国君欣赏他，苏秦只好垂头丧气，穿着旧衣破鞋回到洛阳。洛阳的家人见他如此般落魄，都不给他好脸色，连苏秦央求嫂子做顿饭，嫂子都不给做，还狠狠训斥了他一顿。苏秦受了很大刺激，决心争一口气。从此以后，他发愤读书，钻研兵法，天天到深夜。有时候读书读到半夜，又累又困，他就用锥子扎自己的大腿，虽然很疼，但精神却来了，他就接着读下去。这就是后来人们说的"锥刺股"，用来表示读书刻苦的精神。就这样用了一年多的工夫，他的知识比以前丰富多了。

人生三论

后来苏秦游说各国诸侯,提出"合纵"政策,佩挂六国的相印,成为显赫的人物。

　　东汉时候,有个人名叫孙敬,他年轻时勤奋好学,经常关起门,独自一人不停地读书。每天从早到晚读书,常常是废寝忘食。读书时间长,劳累了,还不休息。时间久了,疲倦得直打瞌睡。他怕影响自己的读书学习,就想出了一个特别的办法。他就找一根绳子,一头牢牢地绑在房梁上。当他读书疲劳打盹时,头一低,绳子就会牵住头发,这样把头皮扯痛马上就清醒了,再继续读书学习,后来成为著名的政治家,这就是"头悬梁"故事的由来。

通过读书改变命运的故事,激励着普通家庭出身的读书人,为改变自己的命运,而进行不懈努力。近来热播的《高考1977》引发了社会的热议,在那个时代,用一笔一纸来改变命运,不再是神话。尽管有人质疑读书究竟是否能给人带来幸福的权利,但更多的人愿意承认:读书虽不能普度众生,但却可以改变有准备的人的命运。或许通过高考这一象征性的"门槛"成为社会精英的人并不很多,但读书改变了大多数人的命运却是现实。

三、出身与命运

　　在传统中国人的眼睛里,除了认为"一命二运三风水"的命运决定因素外,也很讲究家庭成分,人的三六九等一般跟他的出身有很大的关系,"龙生龙,凤生凤,老鼠生来会打洞"就是对一个人出身的最好诠释。

诺贝尔奖获得者、美国的经济学教授丹尼尔·麦克法登说:出身实在是一件碰运气的事情。比如你有幸生在德国,那么你的日子会过得非常好——无论如何会比非洲的儿童过得好。此外,也许你会幸运地拥有这样的父母:他们有着一份体面的职业,有一座花园式的住房,可以带你去海边度假。也许有一天,你还会继承你们父母积聚起来的财产,这就意味着,你得到许多的钱,但你却不曾为此做了什么。

几年前,一位网友写了一篇名为《我奋斗了18年,不是为了和你一起喝咖啡》的文章,故事大体讲一个农家子弟经过18年的奋斗,才取得和大都市里的同龄人平起平坐的权利,让万千有着同样经历的网友唏嘘不已。

因为出身的不同,同样的生活,有人轻而易举地就能得到,而有的人却要洒下无数的汗水和泪水。有时候,我们会莫名其妙地被一种恐惧感所折磨,尤其是当我们清楚地意识到:这个世界本来就不公平,有些人含着金钥匙出身,因而他注定会比一般人拥有更多的资源;而有些人从一出生,就注定他必须从此奋斗不息。现实有时是残酷的,对于没有富爸爸的大多数人来说,生命的"生"字,就像是一幅"牛在独木桥"的景象:桥的对面可以看到令人垂涎欲滴的牧草与清澈的泉水,后面是追捕的人,被他们抓到的话,就得任人支使,等到老了、无法工作了,还会被拖去屠宰场,结束余生。因为"出身"的决定,命运竟是如此凄凉!

事实上,不只是在"咖啡时代",早在人类诞生之初,"出身"论就有大批的忠实维护者。如人类历史上第一个社会形态的"母系氏族"时期,人际关系主要建立在母性亲和为主导的血缘伦理基础上,支撑人际关系的核心力量是血缘本能。再如,宗教的起源也与"血亲"有关,不管是东方宗教还是西方宗教,都是人类与自然界的一次"套瓷",试图将自身存在的合法性与"神"挂钩。西安半坡遗址(距今 7000 年前),发掘了一个"人面鱼形花纹"的陶罐:这里的鱼不是生物学意义上的物种,而是动物图腾崇拜中的"鱼神"。这种想象并不为中国人所独有,如古埃及的狮身人面像,古希腊神话中有关于人头与兽身怪物的描述。在对神的崇拜上,人总希望这个"神"是本部落的保护神,距离自己很"近",这种虚拟血缘的"亲近感",让人感觉到安全。比如《周易》造卦的基本原理是"近取诸身,远取诸物","近"的身与"远"的物竟然是"同构"的,人与物或人与天之间有神秘的感应,所以中国人对"神"崇拜与"(心灵)感应"(天人合一)有关,这种崇拜本身就是"关系判断",也就是说通过关系的亲疏,来判断崇拜的虔诚度。

中国儒学几千年的文化传承,其核心就是"仁",孔子认为"仁"就是"亲亲",就是首先要对自己的亲人"亲近",要公开承认人伦关系中的不平等、不对称。人伦社会交际的基本原则就是由近及远,就家族关系而言,差等表现为血缘关系的远近或亲疏;就社会关系而言,差等表现为等级关系(社会的关系之网)的远近或亲疏。社会关系在这种社会状态下,就是一种扩大了的家族关系。如《礼记·礼运》总结中国人的情感皈依时,指出:"父慈、

人生三论

子孝、兄良、弟悌、夫义、妇听、长惠、幼顺、君仁、臣忠。"在这个情感序列中，血亲感情，是与人最近的自然感情，这的确是人的天性。违背这种天性的行为，反而被认为是不正常的。比如《东周列国志》中记载了"易牙烹子"的故事：

　　易牙是齐桓公宫廷里的一个厨师，后来因为一手好厨艺而被获得国王的重用，最后被提拔为大臣。历史上的齐桓公是一位开明且很有作为的国君，他任用管仲治理国家，使得国富民强，获得春秋时的第一霸主。后却因易牙的一手好厨艺而乱了方寸，让他升为掌管大权的宠臣，致使齐国大乱而衰。易牙治国不行，但他厨艺相当高超。据说他能分辨出山东境内渑水及淄水两河水的差异，能运用煎、煮、炖、熬、燔、炙等各种烹调技法，做出许多美味筵席。易牙的得宠和他的亲手"烹饪"自己的儿子有极大的关系，有次齐桓公讲自己山珍海味都吃过了，唯独没吃过人肉。本来是一句玩笑话，易牙听到后，回家就把儿子杀了给齐桓公烹成一道菜。

与此相类，《东周列国志》还记载了竖貂、开方的故事：

　　在齐桓公重用易牙之初，就遭到了管仲的反对，认为易牙"杀子适君"违反道德人情常理，此人用不得。但是齐桓公不听规劝，还指责管仲嫉贤妒能。与此同时，齐桓公重用的另外两个人，放弃自己太子之位的开方和宦官竖貂，也遭到了管仲的极力反对。齐桓公三十七年，管仲病重难起，齐桓公到他病榻前探望并询问国家未来之事。管仲交代说："易牙、竖貂、开方，均是小人，不能将国家大权授予他们。"齐桓公辩解道："易牙把他亲生儿子烹了给寡人吃，表明他爱寡人超过爱他儿子，为什么不能信任？"管仲回答："人世间亲情莫过于爱子，他对亲生儿子都敢下毒手，怎么会爱他的国君！"齐桓公又辩解道："竖貂阉割自己以求进宫侍候寡人，证明他爱寡人超过爱自己，为什么不能信任？"管仲说："他对受之于父母的体发都不爱惜，怎么会爱他的国君！"齐桓公再问："卫国公子开方放弃太子之尊到我手下称臣，他父母死了也不回国奔丧，这表明他爱寡人超过爱父母，为什么不能信任？"管仲说："人生在世，孝道为先。卫公子不当太子、不回国奔丧，证明他有更大的政治野心，这种人你还可以信任吗！"管仲死后，齐桓公迫于管仲的遗嘱和大臣的压力，不得不将易牙、竖貂、开方三人免职，但不久，又将这三人复职。这三人被召回宫廷后，便沆瀣一气，朋比为奸，培养奸佞，打击忠良。后来齐桓公病重，他们用齐桓公的名义张贴了一张布告，禁止任何人入宫，又在齐桓公寝室周围筑起三丈高的围墙，不给送饭送水，终于把齐桓公活活饿死在宫禁中。这三个权臣见齐桓公小白已死，秘不发丧，欲先除掉其他众公子而后自立。导致王宫内外大乱，各大臣拥护各个公子互相争斗。等大家都缓过神来，想起死去的国王时，齐桓公尸体已是皮肉腐臭，蛆虫满身了。

齐桓公的故事，其实从另一个侧面证明了"血亲决定命运"的真实性，借管仲之口说出了社会的亲疏序列，人作为社会的一员，只能是遵循这个序列并生存于这个伦理社会中。"血亲"的确是命运的主要决定因素，这是人类的天性所决定的，对社会基本伦理的违背，只可能导致社会秩序的失衡。当代著名学者 G. K. 切斯特顿（G. K. Chesterton）曾经说过，传统同我们先人的思想血脉相系。血缘不管是对命运的基因影响，还是对命运现实的影响，都是不可估量的。但如果个人过分强调出身的决定作用，那无疑是为自己的失败寻找理由，毕竟这是个充满可能性的世界，如果人人都以"血亲"作为命运的标杆，那么就不可能带来社会的整体性进步。

四、橘与枳

法国大思想家伏尔泰曾经用一句话来断定命运的决定，即"性格决定命运"；而早在几千年前古希腊哲人赫拉克里特则说："一个人的性格就是他的命运"。从心理学的角度来分析性格，性格就是人对现实稳定的态度和习惯化的行为方式的总和。生活习惯成为性格的表现，在现实生活中，生活习惯的好坏，直接影响到人的发展，所以"性格决定命运"事实上就是"习惯决定命运"的"变形"。对于每一个人来说，性格是与生俱来并伴随终身的，永远不可摆脱，如同不可摆脱命运一样，所以可以说，性格决定了一个人的一生。但性格的背后是什么呢？或者说什么决定习惯的呢？

《晏子春秋·内篇杂下》说："橘生淮南则为橘，生于淮北则为枳，叶徒相似,其实味不同。所以然者何? 水土异也。"这是"晏子使楚"故事中的一个典故:齐国的晏子到楚国,楚王想戏弄他,故意将一个犯人从堂下押过。楚王问:此人犯了什么罪? 回答:一个齐国人犯了偷窃罪。楚王就对晏子说,你们齐国人是不是都很喜欢偷东西? 晏子回答:淮南有橘又大又甜,一移栽到淮北,就变成了枳,又酸又小,为什么呢? 因为土壤不同。晏子是用自己的机智来回讽楚王的挑衅,但同时也道出了一个真理,那就是性格在很大程度上是由人的成长环境所决定的,换而言之,命运是由人的成长地域所决定的。

伏尔泰在法国大革命前期除了鼓吹革命之外,还致力于地缘和民俗的研究,以期寻找决定人类性格的因素,进而解读命运的决定机制。伏尔泰在《民俗学》一书中,以地缘说来解读各民族的性格,进而指出各民族的发展命运。如他引用欧洲的民间诗歌来说明各个地区、各个国家性格的不同:

> 加泰罗尼亚女子美貌异常,
>
> 热那亚人灵巧勤快,
>
> 雷维索人翩翩起舞,
>
> 普罗旺斯人歌声嘹亮,
>
> 英国人双手皮肤柔嫩,
>
> 托斯卡纳人快乐欢畅。

哲学家用民歌的形式将各个民族的性格生动地展示给世人。在《风俗论》一书中,伏尔泰从"地球的变迁"谈起,首先追溯了地球的历史,而后谈到"各民族的远古时代",力图追寻各个民族的历史发展。在考察某一具体民族性格时,伏尔泰分析了该民族的精神风俗,并以地域分歧作为支持民族性格的差异原因。如在介绍埃及文明时,伏尔泰首先从埃及的地理环境和气候出发,然后论述埃及民族性格铸造了伟大的人类文明。伏尔泰在《风俗论》中指出,一切与人性紧密相连的事物在世界各地都是相似的;而一切可能取决于习俗的事物则各不相同,如果相似,那是某种巧合。习俗的影响要比人性的影响更广泛,它涉及一切风尚、一切习惯,它使世界舞台呈现出多样性。而人性则在世界舞台上表现出一致性。宗教、迷信、好的或坏的法律,奇风异俗,都各不相同。而人性和风俗的力量是巨大的,在人性和各民族的风俗习惯面前，法律有时显得有些苍白和无能为力。立法要反映一定社会的风俗习惯的自然要求；世俗的立法者不要伪称神明的启示或口授而颁行律法。那些体现人类理性的自然法则的自然法，是基于人的本性而形成的，是一切人间的政治性法律的基础。这种自然法体现了人类对正常秩序的向往。人类的命运就是服从于这种法则，而这种法则正是源于人类生存的境地。

就拿中国的南方人与北方人来比较，一般来说，给人的印象是南方人黝黑、瘦小，北方人高大、白皙；南方人细腻、多思、聪慧，北方人豪放、耿直、豁达；等等。南北的性格差异除了文化传统的不同外，和地域因素关系很大，南方人与北方人处在不同的地理、气候和历史环境下，塑造了南方人与北方人不同的性格和体态。比如中国的北方，多以平原地势为主，给人的感觉是简单而安全，所以生活成本比较低，也正如地理的简单那样，北方人的思维也是简单而直白，长此以往就形成了豪放、耿直、豁达的性格特征；相对而言，南方却以山地为主，地形崎岖、丛林密布，地理环境变化多端，充满着复杂性和不安全性，生活在这种复杂和不安全的周边环境中，就养成了南方人细腻、多思、聪慧的性格。在中国的民族战争史上，北强南弱是一个基本规律。在历史上的冷兵器战争时代，骑马民族往往会更彪悍、更尚武有力，北方少数民族利用马背上的优势将战火一直推向南方，但却停滞于长江天堑之险，因为南方人则利用地形、智慧和时间，换取战争力量的平衡。

从国家的角度来说，中国领土东临太平洋，北接荒无人烟的西伯利亚，西北是塔克拉玛干大沙漠，西南为喜马拉雅山，在这样一个封闭的环境之内生存，养成了国人含蓄内敛、保守中庸、忍耐的农耕性格。国民性格的形成，与历代政府采取的重农抑商政策也大有关系，正是地理环境加上政府引导，更容易形成农耕文明的基本类型。但这种文明也容易生成民族性格中的缺点，如林语堂先生在《中国人的国民性》一文中所讽刺的中国人的"老"和"大"：

中国向来称为老大帝国。这老大二字有深意存焉，就是即老又大。老字易知，大字就费解而难明了。所谓老者第一义就是年老之老。今日小学生无不知中国有五千年的历史，这实在是我们可以自负的。无论这五千年中是怎样混法，但是五千年的的确确被我们混过去了。一个国家能混过上下五千年，无论如何是值得敬仰的。国家和人一样，总是贪生想活，与其聪明而早死，不如糊涂而长寿。中国向来提倡敬老之道，老人有什么可敬呢？是敬他生理上一种成功，抵抗力之坚强；别人都死了，而他偏还活着。这百年中，他的同辈早已逝世，或死于水，或死于火，或死于病，或死于匪，灾旱寒暑攻其外，喜怒忧乐侵其中，而他能保身养生，终是胜利者。这是敬老之真义。敬老的真谛，不在他德高望重，福气大，子孙多，倘使你遇到道旁一个老丐，看见他寒穷，无子孙，德不高望不重，遂不敬他，这不能算为真正敬老的精神。所以敬老是敬他的寿考而已。对于一个国家也是这样。中国有五千年连绵的历史，这五千年中多少国度相继兴亡，而他仍存在；这五千年中，他经过多少的旱灾水患，外敌的侵凌，兵匪的蹂躏，还有更可怕的文明的病毒，假使在于神经较敏锐的异族，或者早已灭亡，而中国今日仍存在，这不能不使我们赞叹的。这种地方，只可意会，不可言传。同时老字还有旁义。就是"老气横秋"，"脸皮老"之老。人越老，脸皮总是越厚。中国这个国家，年龄总比人家大，脸皮也比人家厚。年纪一大，也就倚老卖老，荣辱祸福都已置之度外，不甚为意。张山来说得好："少年人须有老成人之识见，老成人须有少年人之襟怀"；就是少年识见不如老辈，而老辈襟怀不如少年。少年人志高气扬，鹏程万里，不如老马之伏枥就羁。所以孔子是非常反对老年人之状况的。一则曰"不知老之将至"，再则曰"老而不死是为贼"，三则曰"及其老也，戒之在得"。戒之在得是骂老人之贪财，容易患了晚年失节之过。俗语说"鸨儿爱钞，姐儿爱俏"，就是孔子的意思。姐儿是讲理想主义者，鸨儿是讲现实主义者。

大是伟大之义。中国人想中国真伟大啊！其实称人伟大，就是不懂之意。以前有黑人进去听教师讲道，人家问他意见如何，他说"伟大啊"。人家问他怎样伟大，他说"一个字也听不懂"。不懂时就伟大，而同时伟大就是不可懂。你看路上一个同胞，或是洗衣匠，或是裁缝，或是黄包车夫，形容并不怎样令人起敬起畏。然而试想想他的国度曾经有五千年历史，希腊罗马早已亡了，而他巍然犹存。他所代表的中国，虽然有点昏沉老耄,国势不振,但是他有绵长的历史,有古远的文化,有一种处世的人生哲学,有文学,美术,书画,建筑足以西方媲美。别人的种族,经过几百年文明,总是腐化,中国的民族还能把河南犹太民族吸引同化。这是西洋民族所未有的事。中国的历史比他国有更长的不断的经过,中国的文化也比他国能够传遍较大的领域。据实用主义的标准讲,他在优胜劣败的战场上是胜利者,所以这文化,虽然有许多弱点,也有竞存的效果。所以你越想越不懂,而因为不懂,所以你越想中国越伟大起来了。

林语堂先生所讲的国民性格缺陷,如国民对经验的盲目崇拜、对历史的盲目推崇,都与国家的农耕文明类型有很大关系,而国家的性格直接决定了国家的命运和前途。当然作为个人来说,出身或成长的地域对个人命运所起的作用更为明显,英国《泰晤士报》2007 年曾刊发一篇题为《未来是橙色的》的署名文章,科学家通过数据研究证明每年 12 月出生者最长寿,而北纬 53 度这一"命运线"则盛产数学家。研究显示,出生地的纬度和你在子宫中时受到太阳辐射的多少影响着你的健康、财富、幸福程度、寿命和创造力。因为太阳发出的紫外线会给发育中的胎儿带来或有利或不利的基因改变。这可以解释为什么我们中的很多人认为在一年的相同时间出生的人有着同样的特征和命运。美国缅因州的科学家通过研究证明,较高的辐射水平会给胚胎和胎儿的免疫系统增加压力,或者会使他们的 DNA 发生突变,从而使他们更易患上或更不易患上疾病。这种突变还会对大脑的特征和寿命的长短造成影响。太阳辐射的峰值对个人特征和所患的疾病也有影响,紫外线可能会在胚胎发育的早期改变大脑的化学反应,从而影响诸如创造力这样的特征。科学家使用理论数学作为表征创造力的一个指标,认为世界上大部分最富创造力的数学家的母亲是在接近夏至的时候怀上他们的。

五、英雄与时势

如果说性格是命运决定之说中的"内因"的话,那么更多的人愿意认为,时势是决定命运的"外因"。如此分析命运似乎过于简单,但"时势造英雄"之说,却早已是人间定论。或许没有历史时势,汉高祖刘邦只是一个坊

人生三论

间刘邦,蜀帝刘备也只是一个编鞋农夫,宋太祖赵匡胤只能是纨绔子弟,而一代天骄成吉思汗也只能是个普通的牧人。历史之河激起每个不甘寂寞的人,都汹涌澎湃,但最后也是大浪淘沙,留下最绚烂的那朵浪花。"英雄和时势"一向是既给人兴趣又使人困惑的问题。用梁启超在20世纪初曾说过的话说:史界因果之劈头一大问题,则英雄造时势耶、时势造英雄耶? 则所谓"历史为少数伟大人物之产儿","英雄传即历史"者,其说然耶否耶? 以梁启超的话为围绕中心,英雄与历史时势之辩一直是人类命运的中心话题。

历史没有宠儿。对于人类来说,它永远是沉默乃至于冷酷的,当我们欢喜于或失意于历史的"情绪"时,只能说我们依然匮乏对历史与命运之间关系的体验。人类每次对历史的挑衅,均向我们证明这无非是盲目的乐观主义者的一场荒谬的躁动,它注定要将暴动者拖入挣扎无望的沼泽汪洋。即使能够人为取得暂时的胜利,胜方也无法就此收获一世的安宁。因为这场看似充满正义的暴动,可能压根就是指认错了敌人。毕竟,命运是从来不会以一种故意与我们作对的身份正式登场的。当人们自以为在同命运勇敢抗争之时,或许我们并没有想到,这种抗争行为本身同样也属于我们的命运。命运的处境并不是与我们相对,而是将我们随时随地整个包容。或者说,命运不是我们的对象,而是就存在于我们自身之中。我们的一举一动都只能从属于命运。诺贝尔文学奖获得者、德国作家黑塞曾说过:谁已对命运有所认识,便绝不会要求改变命运。希图改变命运是一种道道地地孩子气的奋斗,人们因此而互相纠缠不清,互相拼死斗殴。

历史就是如此冷酷。为了善待我们自己的命运,所以必须善待历史,珍惜时运。因为在一定的意义上,我们就是历史中的一员,命运与历史是有着如此深刻的渊源关系。命运最终是以历史的面相显现出来的,历史在成就着我们的同时,也一并成就了我们的命运。诚如俄罗斯思想家别尔嘉耶夫所言:人的灵魂深处存在某种历史命运。从原始时代到历史顶峰的当今时代,一切历史的时代都是我的历史命运,都是我的"历史的东西"。人类一直是历史叛逆的顽童,当命运被历史排斥时,我们总会将对历史的神秘感上升为对历史的信仰,将命运与历史绑定,将自己的失败归罪于历史或天命。

例如,项羽垓下悲壮之死,并未承认自己是败于人心尽失,而是"天亡我,非战之罪也"。《史记·项羽本纪》中有关项羽战死前的描述十分详细:

> 项王乃上马骑,麾下壮士骑从者八百余人,直夜溃围南出,驰走。平明,汉军乃觉之,令骑将灌婴以五千骑追之。项王渡淮,骑能属者百余人耳。项王至阴陵,迷失道,问一田父,田父绐曰"左"。左,乃陷大泽中。以故汉追及之。项王乃复引兵而东,至东城,乃有二十八骑。汉骑追者数千人。项王自度不得脱。谓其骑曰:"吾起兵至今八岁矣,身七十余战,所当者破,所击者服,未尝败北,遂霸有天下。然今卒困于此,此天之亡我,非战之罪也。今日固决死,愿为诸君快战,必三胜之,为诸君溃围,斩将,刈旗,令诸君知天亡我,非战之罪也。"

> 乃分其骑以为四队,四向。汉军围之数重。项王谓其骑曰:"吾为公取彼一将。"令四面骑驰下,期山东为三处。于是项王大呼驰下,汉军皆披靡,遂斩汉一将。是时,赤泉侯为骑将,追项王,项王瞋目而叱之,赤泉侯人马俱惊,辟易数里。与其骑会为三处。汉军不知项王所在,乃分军为三,复围之。项王乃驰,复斩汉一都尉,杀数十百人,复聚其骑,亡其两骑耳。乃谓其骑曰:"何如?"骑皆伏曰:"如大王言。"

项羽战至28骑时与众人讲,我从8岁就跟随军队作战,但现在为止已经经历了七十多次战斗,从来没有战败过,所以才有今天的霸王之业。今天被围困至此,并不是我不能战,而是天要亡我。死之前我要向你们证明,我们只有区区28个人,也能斩将驰兵。英雄如此悲壮,让历史的冷酷之感更加贴切。对于历史的拒斥,事实上就是人类对于命运的抗争。对于历史,我们只能将它作为一个外在的观察对象,而不可能成为一种信仰。

但项羽并非是因为时代的原因才造成如此凄凉的悲剧,因为同时代的刘邦则完成了创建一个伟大帝国的创举。《汉书·刑法志》称"高祖躬神武之材,行宽仁之厚,总揽英雄,以诛秦、项。"刘项的时代,是中国历史英雄最多一个时代,"秦失其鹿,天下共逐",被秦亡国的贵族在秦朝内乱之时,纷纷掀起复国运动。在群雄中保持不败之地,关键在于对人才的驾驭能力。刘邦曾经得意地说过:"夫运筹策帷帐之中,决胜于千里之外,吾不如子房。镇国家,抚百姓,给馈饷,不绝粮道,吾不如萧何。连百万之军,战必胜,攻必

人生三论

取,吾不如韩信。此三者,皆人杰也,吾能用之,此吾所以取天下也。"(《史记·高祖本纪》)刘邦能"总揽英雄"且人尽其用,项羽却做不到这一点。

在《历史中的英雄》一书中,悉尼·胡克是这样说的:英雄就是具有事变创造性并且能够重新决定历史进程的某些人。人类历史中不乏英雄,正是许许多多的英雄铸就、连接和延续了历史,也因此在我们的现实与历史之间构建了一条时空隧道。斯人已去,其志尚存,英雄或许在"命运"面前并不是以一个"智者"的面目出现的,但他却用自己的生命证明了人类不屈的精神,正是这种"知其不可为而为之"的执著,才铸造了人类的光辉历史。

六、贵人还是屠夫

讲命运,就要讲机遇,讲机遇,就要讲"贵人"。我们事业的成功,除了需要良好的个人素质之外,最重要的是需要贵人的帮助。好莱坞流行一句话:"你的成功与否不在于你是谁,而在于你认识谁。"我国自古以来也有"贵人相扶如天助"的说法。两种不同的文化传统,却有相同的理念,那就是:贵人是我们成功之路上必须碰到的那个人。"历史不能假设",但若能假设,回顾历史,假如姜子牙没"钓"到周文王,假如诸葛亮没有遇到刘备,假如曾国藩没有遇见穆彰阿,那么历史的一切又将是如何呢?

其实,"贵人"之说并不是迷信。命运是属于客观必然的,而人是主观能动的,命运是单向度的,而人却是可以选择的,命运是独立于世的,而人却能通过群居来改变自然,所以"贵人"机遇之说,也是人迫于命运的强势,而不得不通过结缘、依附等努力,试图改变自己的生存状态。

通过经济规律来调整物价,这是天经地义的事情,但人也可以通过利用经济规律,为自己的成功奠定基础。如"奇货可居"的本意是把少有的货物囤积起来,等待高价出售;或者引申为以人之专长作为资本,等待时机,以捞取名利地位。《史记·吕不韦列传》:"吕不韦贾邯郸,见(子楚)而怜之,曰:'此奇货可居。'"吕不韦早年经商,后来他在赵国遇到秦国的人质、太子安国君的儿子子楚,子楚并非嫡子,且在楚国做人质,社会地位很低,吕不韦却认为这个子楚将是自己的政治"贵人"。通过一系列的宫闱运作,子楚被确立为秦国的太子。吕不韦得到的回报是丰厚的,他成了秦国丞相,被封为文信侯。子楚在位仅三年就病逝了，新王嬴政（即后来的秦始皇）即位时，年仅13岁，秦国国事由吕不韦一手把持，嬴政还称吕不韦为"仲父"，吕不韦的权势达到了顶峰。子楚为人质时，吕不韦是他的贵人；子楚回国后，又成为吕不韦得势的贵人，两人互惠互利，都实现了自己的心愿。溯及源流，吕不韦奇货可居的思想是这一系列历史事件成为可能的主要原因。这正应了那句俗话："冷庙烧高香。"吕不韦让暂时不得志的子楚成为自己将来的贵人，可谓深谋远虑。

当然，"贵人"并非就是庸俗意义上的"交换"关系或是"互利"关系，只要用心生活，就会发现"贵人"就在自己身边，他们可能是良师、好友，可能是同事、路人，甚至可能是自己一直认为的"敌人"。这些"贵人"不一定给予自己的是一个升官发财的机会，也不一定给予自己的一个遗产馈赠或是"飞来横福"，可能他们只是几句话的轻描淡写，却解开自己长时间的一团郁气，也可能只是一次拥抱，就让自己倍感人间温暖。比如《墨子·耕柱》中有这样一个故事：

耕柱子是一代宗师墨子的得意门生。但耕柱子老是被老师责骂。有一天，耕柱子忍无可忍，于是愤愤不平地问墨子："老师，难道在这么多学生当中，我是最差劲的吗？要惹您老人家天天骂我？"墨子很平静地回答说："我现在要上太行山了，你认为我是应该要用良马来拉车，还是用老牛来拖车？"耕柱子回答说："当然要用良马来拉车，马上山，牛耕地。良马更能担负上山的危险重任"。墨子说："你说得一点也没有错，我之所以时常责骂你，也只因为你能够担负重任，值得我一再地教导与匡正你。"

所以，"贵人"不需要刻意寻找，他就在自己的身边，我们所做的只需要自己成为被"贵人"发现的人。所以说，成功不能没有贵人相助，然而人生最大的贵人还是我们自己。如果个人具备成大事的优良品德如真诚、忠诚、善良、度量等，具有担当大任的能力如知识、技能、智慧、创新等，还有成就一番事业的决心和勇气如理想、勤奋、志气、责任等，这些才是个人成功的基础，只有具备了这些，那么，当贵人来临的时候，才能抓住他，不至于手忙脚乱。香港首富李嘉诚总结自己的成功经验为一句话：良好的品德是成大事的根基,成大事的给予是靠遇到贵人。

但"贵人"有时候可能是识才的伯乐,有时候也可能是自己好运的刽子手。比如"萧何月下追韩信"的时候,世人都看到萧何为刘邦求贤若渴,同时郁郁不得志的韩信正因为萧何的极力推荐,才能在汉军中得以立足,并成为百万军中的上将军。但当江山打下之后,萧何也成为"倒韩"派的主力,最终协助吕后将韩信除掉。其实,这个故事并不能证明"贵人"转眼能成为命运的屠夫,而是告诫后人,当好运来临时,并不能妄自得意,要用平和的心态看潮起潮落。如果韩信真的一如既往地做他的忠臣孝子,那么,也不会惹来杀身之祸了。

另外,对"贵人"也切莫迷信,把自己的命运过分信任地交给别人"打点",就如同将命运之车交给了别人,开往哪里、行程如何,便都是未知数了。有人因为笃信"贵人"而忽略自我价值的存在,最后大呼上当,也有人因为将"贵人"作为转运的唯一砝码,最后却压错了赌注。所以有人说,人生最大的"贵人"就是自己,也不无道理。

七、人生如戏

命运是一场人间剧。"人生如戏,戏如人生",如果我们剔除这句话中多少含有调侃人生的味道外,则会发现人生真的如同一场戏,我们每个人都是这场戏剧中的一个角色,这个剧本或为喜剧、或为悲剧,人们所做的就是安排好自己的角色,然后尽心尽情地去扮演。虽然我们很难说清楚"命运"背后的东西是如何"摆布"我们的生命,但可以确信的是"上帝"或是冥冥中的那些绝对性、必然性,如同一位聪明的甚至近乎于狡猾的编剧:他让生活在"人间"大银幕上的人们个性、境遇迥异,他让"人生"这场戏异彩纷呈。

其实对于命运的思考,不光是古希腊文明将其表现为悲剧的艺术形式,中国亦如是。如元杂剧《朱砂担》讲一个秀才王文用通过占卜的形式,预知自己将有百日血光之灾,于是便借故离家出去避难。百日之期已到,在王文用返乡的路上,被强盗白正劫持。王文用用计将白正灌醉,然后潜逃,但不想又住进了黑店。几度周旋后还是没逃过恶人的暗算,最后的结果是王文用被杀害,一家惨遭灭门之祸。在中西方的很多哲学家看来,命运是一种

"无用"的抗争,因为人们只是舞台上被命运玩弄的"玩偶"。

但历史却一直是人类与命运抗争的过程,因为人除了顺从于命运的规律,还有自由之意志:一方面,命运的线将人牢牢地拴在他既定的轨道上,机械的前行;另一方面,又可以看到这个人并不甘心做屈服的囚徒,他一路前行、一路挣扎。所以,克尔凯郭尔讲从任何一个角度来看,宿命的观点都可以看做是一种失败。命运之旅就是发现真我、寻找自我的一出大戏,每个人可以找到自己的角色,可以寻找自己的定位,但因为个人意志的力量,让这出戏更出彩、更激情。美国著名发明家爱迪生在小时候被学校老师视为不可教的弱智儿童,但这并不成为"上帝之手"对命运的断定,后来他成为世人闻名的天才,当有人问及他成功的秘诀时,他答道:天才就是百分之一的灵感,加百分之九十九的汗水;同时他又补充道:伟大人物的最明显的标志,就是他坚强的意志。不管环境变换到何种地步,只要他的初衷与希望仍不会有丝毫的改变,就会终于克服障碍,以达到期望的目的。专门研究科学与艺术的贝弗里奇在总结科学家的品质时指出:几乎所有有成就的科学家都具有一种百折不回的精神,因为大凡有价值的成就,在面临反复挫折的时候,都需要毅力和勇气。所以,命运既不是伤感的悲剧,也不是无厘头的荒诞剧,它是一出"正剧",每个人都是自己命运的主宰,既可以是崇高伟大的英雄,也可以是平凡幸福的公民,既可以讨论形而上的人之存在,也可以私聊鸡毛蒜皮,剧情中既有令人感伤流泪的环节或不完美结局,又有轻松、畅快的节奏。人在正剧中,是"带着镣铐在跳舞"的角色,带着"命运的镣铐",却尽情地为自己的命运而跳舞。

命运是没有"黑哨"的一场游戏。对命运的"解读"或是对命运的"预测",都是因为命运太过神秘,而成为一个"暗箱",人们无法知道这个"暗箱"的操作程序,也无法窥测到坐在"暗箱"里为自己的命运记录的是人还是"神",但好在这场轮回没有"黑哨"。老子说:"天之道,损有余而补不足。人之道,则不然,损不足以奉有余。孰能有余以奉天下?唯有道者。"(《老子》第七十七章)有余与不足是自然的客观存在,但公平与正义也是人类追求的理想和目标。不公平是人类社会在发展进程中的长期客观存在,并且由于人的自私本性,人之道常损不足以奉有余,但人却可以效法于天,损有

人
生
三
论

余而补不足,使自然社会达到一种平衡与和谐。所以说,命运尽管可以是不尽如人意的,但却是相对公平的、没有"黑哨"的,每个人在自己的命运线上都体现着自己的意志力自由。

因为命运是自己的一场正剧,也因为命运是一场没有"黑哨"的游戏,所以好心态才至关重要,好心态意味着与命运的和谐磨合,最大可能地把握命运的偶然要素,紧紧地抓住属于自己的那个机遇。陈抟老祖在《心命歌》里,指出心态和命运的关系:一是"心好命又好,富贵直到老"。认识命运、把握命运,心态平和,所以能富贵长久。二是"命好心不好,福变成祸兆"。天生富贵,但却心生不平,最后失去了拥有的,得不到该有的。三是"心好命不好,祸转成福报"。因为心态好,所以能遭遇贵人,变被动为主动。四是"心命俱不好,遭殃且贫夭"。两条中一条也占不了,那就只能成为命运的弃儿了。

命运的提出,事实上是人类自我意志觉醒的结果。在人类的童年,自我意识尚未从对象意识中明确地区分出来,理性之光因为图腾崇拜之蒙昧并未开启。命运问题是人类对自身存在深度思考的结果,比如在社会等级产生之后,有人锦衣玉食、有人饥寒交迫,有人诸事顺利、有人一生坎坷,正是对于现实问题的关注,进而产生了对命运的质问。命运问题的侧重,并不仅仅是对现实问题的反思,更多的是对未来的憧憬和向往。关注于未来,便会产生希望,这希望便是火星,多少能照亮人生的旅途,让这段人生路程充满意义。

第二节　关于天职

人尽其责,各顺其命。

《中庸》讲"天命之谓性",天命至大。这个"天命",最初并不是人格神,而是自然之天,因为日月星辰的运行决定了四季更迭,季节之变则决定了万物的生长衰亡;作为农耕文明的国家,国人最看重的莫过于"风调雨顺"了,所以这个"天命"决定了农牧业生产的成败,最终也决定了人类社会的兴衰存亡。在人类的蒙昧时代,这种决定作用尤其强烈。人类社会要兴盛,就必须安排好农牧生产,就必须掌握四季变换的节奏,最后就一定要掌握日月星辰运行的规律。

《荀子·天论》讲:"天行有常,不为尧存,不为桀亡。应之以治则吉,应之以乱则凶"。这里是说,天的运行是不以人的意志为转移的,不因善心而长久,也不因恶行而消亡。人类必须服从于它,顺之则昌,逆之则亡。要顺从天命,首先要认识天命,古人通过自己的智慧,来贴近与"天命"的距离,比如天文历法就是人类认识天命的结晶,根据往年气候变化的基本规律,而制定出一套适合农业耕种和人类起居的"法令",这个"法令"是顺天而为的。

天命需要人去认识,也需要人去遵循,更需要人在遵从天命的基础上,去执行天命,但人类社会并不会主动地、自觉地遵循天命,所以产生了政权的合法性探讨,统治者的天命是在人间的"代言人",他的职责就是"替天行道"。而普通人也应该遵守天道,找到自己的位置。

事实上,早在孔子创立儒学之后,"天命"的神秘色彩就已经褪去。孔子说:"天何言哉?四时行焉,百物生焉。"(《论语·阳货》)这个"天"就是自然意义基础之上的境界之天,它把整个宇宙万物视为一体,同时将人对"天"的遵从与未来融合进去,将个人的生命精神与"天"同流一体。但天并不是绝对意义上的"上帝",人尽管是"天"的一分子,是因"天"而生,但并不是"天"的奴隶。如此一来,"天"又如何降"命"呢?不少学者将"命"字解释为必然性,认为天是形而上的宇宙本体和道德本体,"命"字便是先验的道德必然性。但是,"命"字是从"上帝"的命令演变而来的。上古时代,天是"上帝",天命便是人格神的绝对命令。自孔子创立儒学以后,认为"天"是自然界而不是上帝,"天命"便由上帝的命令而演变成自然界的目的。所以,"命"是指自然和人生的目的性,在这种目的伦理之中包含着强烈的责任意识,即对自然界的万物负有保护、生养的"天职"。所以中国哲学还讲"天地以生物为心,人以天地生物之心为心",这就明确地肯定了自然界的目的就是自身生命的目的,而自身生命的目的绝不仅仅是"生"出生物性的存在,而是具有生命情感甚至道德情感的。单从生命存在的意义上

人生三论

说，人与自然界是有机整体，不可分离，是自然界的一部分；从人的角度来看，自然界则是人的生命的组成部分；从表层看，人与自然的关系是主体与客体的关系，但从更深刻的角度来看，人与自然则是互动互磨、互为主体的，这即是"天人合一"之说。既然人是"天"的一分子，所以人的职分也取得了"合法性"的依据，这即是"天职"。

一、天道与正义

好奇的人类总是试图想与外在的自然攀附上血缘关系。如常说的"天道"、"人道"，事实是人类试图效法天行、取法星辰运行的一种认识观点。"道"字早在殷周之际的金文中就已经出现，其原意是指人走的路线、道路。如《易经》的"履"卦说："履道坦坦。"但后来逐渐被抽象化，引申为法则、规律、方法等。到春秋时期，人们便开始把"道"分为"天道"和"人道"，希望用"道"的范畴来认识自然、社会与精神。所谓"天道"，是指日月星辰运行的轨道，天气变化遵行的法则。如春秋时期越国范蠡讲："天道盈而不溢，盛而不骄，劳而不矜其功"（《国语·越语下》）；又说："天道皇皇，日月以为常，明者以为法，微者则是行。阳至而阴，日困而还，月盈而匡。"（同上）这些都是证明日月星辰、阴阳消息都有其固有的变化规律，正因为如此，在至大的"天道"之下，世间的万事万物的运动变化，也像天体运行一样具有内在必然性。比如兴兵打仗，必须认识和遵守天时、阴阳、刚柔的变化规律，达到进退攻守莫不顺时，才能常胜不败。但是，由于历史条件的限制，天道给世人展示的外表，除了它冷峻无情的一面，更多的则是一种人力无法抵御的神秘力量，这种"天道"认识，就包含了"敬畏天命"的宗教精神：即使是作为自然存在的天，也不可能完全纳入到人类的认识领域之内，"天"是有"神性"的。"神性"包含着全智、全能和至善的意思，从"天道"、"天理"的层面上说，天是无所不能的。人之所以要敬畏天命，就是要时时警惕自己的行为，如《易经·乾卦》九三爻辞所言："君子夕惕若，厉无咎。"《周易·乾卦·文言》还说："夫大人者，与天地合其德，与日月合其明，与四时合其序，与鬼神合其吉凶。先天而天弗违，后天而奉天时，天且弗违，而况于人乎？况于鬼神乎？""知进退存亡而不失其正者，其唯圣人乎！"这段话的意思是说，圣人的德行像天地一样覆载万物，像日月那样普照大地，他的进退像四时一样井然有序，他的吉凶与鬼神的吉凶相契合。他的作为，先于天象而行动，天也不违背他；后于天象而处世，仍能奉行天道运行的规律。上天尚不违背他，更何况人呢？更何况鬼神呢？圣人深知进取、引退、生存、灭亡的规律，而使自己的行为绝不偏离其正道者。在中国传统文化中，对"天道"最为体贴的人，就是"圣人"，因为他能把握"天道"的脉搏，所以进退都能恰如其分。

"正义"一词，在西方出现的很早。在古希腊神话里，主持正义和秩序的女神是忒弥斯（Themis）。按照《神统纪》，她是大神乌拉诺斯（天）和盖亚（地）的女儿，后来成为奥林匹斯主神宙斯的第二位妻子。她的名字的原意为"大地"，转意为"创造"、"稳定"、"坚定"，从而和法律发生了联系。早期神话里，忒弥斯是解释预言之神，据说她曾经掌管特尔斐神殿，解释神谕，后来转交给阿波罗。她还负责维持奥林匹斯山的秩序，监管仪式的执行。在古希腊的雕塑中，她的造型是一位表情严肃的妇女，手持一架天平。她和宙斯所生的女儿有贺拉（时序女神）、欧诺弥亚（秩序女神）、狄刻（正义女神）、厄瑞斯（和平女神）、莫依赖（命运女神）等，为她分担职责。其中和法律最有关系的是狄刻（Dice），据说这位正义女神掌管白昼和黑夜大门的钥匙，监视人间的生活，在灵魂循环时主持正义。她经常手持利剑追逐罪犯，刺杀亵渎神灵者。她的造型往往是手持宝剑或棍棒的令人望而生畏的妇女形象。在苏格拉底之前的时代，正义已经是一个引人注目的概念了，但这时的"正义"范畴作为自然的一个特性，乃是自然秩序"命运"的"报应"，没有人选择的自由和权利。正如阿那克西曼德曾说：万物由之产生的东西，万物又消灭而复归于它，这是命运规定了的。因为万物在时间的秩序中不公正，所以受到惩罚，并且彼此互相补足。这里的"公平"与中国的"天道补偿"的观点并无太大区别，同时也是自然秩序的同义语。

在中国的先贤思考"天道"的时候，古希腊的天体学、物理学和逻辑学也都得到了长足的发展。1901年，希腊潜水员在安梯基齐拉岛附近一艘沉船上发现了一个神秘的机械装置，这个神秘的机器上面大约有80块青铜碎片，其中包括大约30个不同型号的齿轮，而这个装置后来被命名为"安梯

人生三论

基齐拉器械"。这个已经锈蚀的装置可能是古代希腊人制造的一台"天文计算机",可以追踪日月运动,精确预测日食和月食,模拟从地球上看到的月球的不规则轨道,或许还能预测一些行星的位置。通过分析碎片上的希腊铭文,专家认为这个装置大约制造于公元前150年至公元前100年之间,可能来自古希腊天文学家喜帕恰斯的故乡罗得岛,而根据历史记载喜帕恰斯曾经计算出月球的轨道。而早在天文学家喜帕恰斯之前300年,柏拉图就接受了毕达哥拉斯学派关于形式和数的神秘主义理论的影响,提出了三维粒子学说,他认为这种三维粒子的每个不同的形状对应一种元素,再由这些元素组成万物。亚里士多德几乎完全承袭他的老师柏拉图那一套宇宙结构的思想。在宇宙结构方面,亚里士多德在《形而上学》一书中把宇宙分为八个天层,地球居于中心,依次为月球、水星、金星、太阳、火星、木星、土星诸天层,最外一层为恒星天。这些球怎样会运动起来的呢?亚里士多德认为,一个物体的运动需要另一物体和它直接接触来推动它。每一个运动的最终运动必须归属于神灵之体。在恒星天层之外,亚里士多德又添了一个原动力天层,即是"第一推动力",认为神灵之体一旦推动了天上最外层的球壳,便把运动逐次传递到日月五星上去,进而引发世界的运动。所以,古希腊的物体学目的是为了论证世界的合理性。

在柏拉图看来,球是世界上最完美的造型,宇宙因为完美,所以必然是球形的,天体所作圆周运动是上帝使然,星星是自由地在空间中浮动的,靠它们的神性的灵魂而运动。人类社会与天体运行是类似的,都存在着共同点,都要靠"神"才可以有秩序的存在。所以,人类社会必须是"正义"的,而每个人都必须找到属于自己的位置。在柏拉图看来,正义意味着一个人应当做他的能力使他所处的生活地位中的工作。他认为,社会中的每一个成员都有其具体的职责,并且应当将自己的活动局限于对这些职责的恰当实施。一些人有命令的权力,即统治的资格;另一些人则有能力辅助那些掌权者达到其目的,他们是政府的附属成员;而其他的人则适合于当商人、手艺人或士兵。在柏拉图的政治巨著《理想国》一书中,他提出不同的人是神分别用金、银和铜铁铸造的,金质的人应当是统治者,他们必须是哲学家,在柏拉图看来,统治权如果不和哲学相结合,就无法消除国家中的恶行。统治者将被授予绝对的权力，以使其能为了国家的利益而理性地、无私地行使权力。银质的人应当成为军人，保卫国家并辅助统治者履行其统治的职责。铜质和铁质的人将组成生产阶层。为了能够全心全意地执行公务，前两个等级必须放弃家庭生活和私人财产；这两个等级中男女的所有结合都应当是临时的，而且应当由国家根据优生目的加以调整配偶关系；然而第三等级亦即人数最多的那个等级的成员，则可以在政府的严格监督下建立家庭和拥有私人财产。每个等级都必须将其活动严格限制于适当履行本等级的具体职责。在柏拉图的政治梦想中，所确立的当是一种界分严格的三个等级间的劳动分工。每个公民对于政府按其特殊能力和资格而分配给他的任务必须恪尽职守。统治者、辅助者、农民和手艺人，都必须固守自己的天职而不干涉任何他人的事务。各守本分、各司其职，就是正义。所以，古希腊哲人讨论"正义"问题，是从自然的角度出发，来探索社会存在的合理性，"正义"作为一种天启的秩序是凌驾于人类现实之上的。

二、人道与职分

无论是古希腊的哲学传统，还是中国的儒道文明，都试图通过探索宇宙的和谐性，来为人类社会的秩序寻找一个"法度"，同时也为每个人找一个"合适的位置"。《左传·昭公十七年》记载，郑国星占家裨灶预言郑将发生大火，人们劝子产按照裨灶的话，用玉器禳祭，以避免火灾。但郑国的宰相子产却回答说："天道远，人道迩，非所及也。何以知之？"人道就存在于社会人事之中，是人们必须遵守的共同的思想行为准则。"天道盈而不溢，盛而不骄，劳而不矜其功"，客观而自然地在那里起作用。天道与人道两不相及，人们用祷禳祭祀去求天道恩赐，是毫无益处的，人所能做的就是"安之若命"，对于国家来说如此，对于人来说也是如此。这种"安之若命"的态度，和宿命论完全不同，它是将对自然的必然性与个人的人生信仰结合起来，找准自己的位置，不怨命、不恨命，"走自己的路，让命运去说吧"。

与"天道"对应，有了"人道"。所谓人道，即是人的天职，也就是说人在效法自然的基础之上，寻找人之所以为人的根据和原则，这些也包括人的自然本性和道德伦理规范，以及社会群体的典章制度、组织、原则等。如《国

人
生
三
论

语·晋语》说:想到欢乐就高兴,想到危难就畏惧,人之道也。这是就人的自然本性而言。对于父母、师长、君主,应专心事奉,"报生以死,报赐以力"。《左传》则认为天灾流行,有钱人应该输粮救灾,抚恤邻里,这是就人的社会义务与责任而言;反之,背信弃义,违礼叛教,就是逆天道而行。道家以天道说明人道。道家认为,道是永恒的自然运行,是生成天地万物的宇宙秩序和人类秩序。天地万物和谐完美的秩序都是道的自然生成、无为自化的结果。人为万物中平等的一员,人类社会的秩序应该效法天地之道而自然运行不妄,而且人群秩序本身即在天地秩序之中,"治人"与"事天"是同样的事情。人类社会的治理原则是天道的自然无为原则,对待人类的伦理原则源自于对待自然的原则。

正因为如此,每个人都应该像自然的星辰一样,找准自己的位置,"东有启明,西有长庚",各报其时,互不埋怨。有一句很经典的话:"垃圾是放错了位置的宝贝",可见找到自己的位置、安放自己的命运何其重要。《庄子·秋水》中讲了一个古书,说是楚威王听说庄子很有学问,就派了使者带了很多礼物去请庄子出山来做楚国的宰相。但庄子对此不屑一顾,哈哈大笑说道,千金固然是重利,卿相也是尊位,可是你们难道没有看到那些作为牺牲的牛羊吗?人们饲养它们,把它们收拾得干干净净,并不是要它们好好活着,而是为了把它们牵到太庙去祭祀啊!到那个时候还想做一只自由的畜生,还由得了它吗?所以我宁愿做一头在烂泥中游戏的快乐的猪,也不愿被这世俗的条条框框束缚着。庄子找对了自己的位置,他就是个天生的哲学家,他只需要每天快乐地生活、快乐地思考,而不必去寻求一个社会地位的肯定。

如中国古典小说《三国演义》中,鼎足而立的曹操、刘备、孙权三方势力,都是手下战将如云,谋士济济。正因为如此,曹操能"挟天子以令诸侯",一举统一北方;孙权才可以将父兄创下的基业守住;而刘备白手起家,得益于诸葛亮为其出谋划策,大将关羽、张飞、赵云为其奋力拼杀,才可以在四川立住脚跟。曹操与刘备曾煮酒论英雄,自信地讲"天下英雄,唯使君与操耳",除了英雄的豪迈之气,曹操和刘备也确实称得上一代英雄,他们都具有杰出的领导才能,知人善任:曹操文武双全,唯才是举,惜才若渴;刘备虽出身寒门，但打着"皇叔"的招牌，为人诚恳，有长者之风，所以能聚得人气。在长坂坡之战，赵云出生入死，救出阿斗，他接过儿子直接掷于地上，说："为这孺子，几损我一员大将"。赵云感激知遇之恩，死心塌地追随；白帝城托孤之时，他又叮嘱诸葛亮，刘禅当扶则扶，若不能也可取而代之好了。诸葛亮更是诚惶诚恐，发誓一定鞠躬尽瘁。三国王者之英雄，都有王者之气概，找准了自己的位置，认同了自己的历史使命，所以能成就一番帝王之业。

而这一时期名将如云，文臣璀璨，也各乐其命，不能不说是历史上的一大壮观景象。如关羽、张飞、赵云若是离开刘备，不过是一介武夫，或是默默于市井，不可能有万世英名。诸葛亮躬耕于隆中垄亩之时，将自己比做管仲、乐毅等一代名相，如果没有刘备的知遇之缘，恐怕也只能悠然一生；诸葛亮于刘备死后统率三军，六出祁山兴师伐魏，纵然无功而返，"出师未捷身先死，长使英雄泪满襟"，但也不失一代贤相之名。如果他真的于刘备死后"取而代之"，称帝自立，于天时未必能总揽全局，复兴汉室，于自己则遗臭万年、骂名千古了。

三、丛林法则

不管人类伦理是否接受，"丛林法则"在人类进化几百万年之后，依然存在于人类社会之中。当太阳升起的时候，非洲草原上的动物就开始了奔跑。狮子知道如果它赶不上跑得最慢的羚羊，就会饿死。对羚羊来说，它们也知道如果自己跑不过最快的狮子，就会全部被吃掉。出生时，每个人都是一样的，长大以后，随着环境的变化，有的会变成狮子，有的会变成羚羊。然而，在这个世界上，每个人所面对的竞争和求生的挑战都是一样的。因此，一定要有跑赢别人的智慧和勇气，否则不是饿死，就是被吃掉。这是一则有关进化论"物竞天择，适者生存"的自然法则；而就当前的社会现状来说，可以说在一定程度上也同样适用于人类社会。

两千五百多年前，古希腊有位哲学家名叫安提西尼，他是苏格拉底的学生，是犬儒学派的创始人之一。当时的古希腊政治体制采用的是城邦制度，拥有公民权的人必须是自由人，因为他的母亲是一位色雷斯女奴，所以他不是全权的公民。安提西尼在青年时期曾跟随智者高尔吉亚学习，并传授智者的学说。后来一直跟随苏格拉底学习，自视为老师的精神传人，并亲眼见证苏格拉底饮鸩而死。安提西尼的学说主要集中在伦理学方面。他发挥了苏格拉底重视德行的思想，认为美德是唯一必须追求的目标，只有经过肉体的刻苦磨炼才能得到，这是唯一可能的幸福，从而鄙视一切舒适和享受。这一伦理学原则后来被这个学派的人所发挥并身体力行。安提西尼在阐述自己的哲学思想时，很少用那些枯燥乏味的术语和高深莫测的概念，而是大量运用生动形象的动物寓言故事。比如他就通过寓言的形式提出了"丛林法则"：

> 丛林里的动物们聚在一起，希望通过民主的方式来建立一种丛林里的新秩序。兔子抢先发言："丛林里的动物应该一律平等，丛林里的事情应该大家一起讨论，然后再根据少数服从多数的原则来决定。"兔子的发言得到了麋鹿、山羊、松鼠等食草动物的热烈支持。就在动物们要举手通过这个决议的时候，狮子发言了，它亮出自己的利爪大吼一声："我反对！"于是，食草动物们纷纷四散而走，丛林又恢复了它原有的秩序。

人类社会所表现的竞争的残酷性，大体也效仿了"丛林法则"。《圣经·马太福音》说："凡是有的，还要给他，使他富足；但凡没有的，连他所有的，也要夺去。"无论是资本积累，或是人脉作用，往往导致了两极分化的严重程度。比如在亚热带的森林里，时常可以看到一棵伟岸的大树，长在丛林中，它的顶端极力向上生长，以寻求最多的阳光雨露；它粗大的枝干尽可能地占领着空间，以呼吸最新鲜的空气；它的根系极尽繁茂，以汲取大地最多的精华。然而，在大树旁边，几棵瘦弱的小树却在生存的边缘挣扎，它们枝干细脆，叶片已接近枯黄。自然界中存在"丛林法则"是必然的。因为，整个自然界的生存资源在总数上是有限的，为了生存和繁衍后代，自然就会出现有我没你、有你没我的竞争，实力不够的生物只好被淘汰，成为生物链中上一级生物的口中餐。俗话说："大鱼吃小鱼，小鱼吃虾米，虾米吃淤泥"，就是对这一现象最通俗的描述。

但是，多数人认为"丛林法则"不是完全适用于人类社会，因为毕竟人类社会不同于无序竞争的原始丛林。首先人类是理性存在，在长期的进化过程中，已经将道德或伦理的标准"内化"为自我的真实表现，比如仁爱、友情这些基本的人伦规范，都是对"兽性"的排斥和否定，同时也是人类文明的象征。其次，人类社会在发展的过程中，的确存在"强权即真理"的历史阶段，但这些历史阶段都属于人类社会的不健康或"亚健康"状态，并不是人类社会的常态，人与人之间追求平等和谐的关系才是历史的主流。第三，人类社会发展到今天，并不是某一个人或某一个民族的功劳，而是多种族、多国家共同贡献的结果，没有任何一个族群能"一极独大"。

四、格乌司原理

"丛林法则"不仅在人类社会会面临"适用的有效范围"问题，即使在"丛林"生态中，也并非是"放之四海而皆准"的真理。自然界不仅仅只有血肉模糊的弱肉强食，互利互惠也是丛林生存原则的重要组成，和其他生物合作未尝不是一个明智的选择。鱼类和鸡类的群居可以壮声势，以避免出现被强者全体消灭的惨境；一只狼面对更强大的对手或许势单力薄，而狼群则可以与更强大的食肉动物抗争。

俄罗斯科学家格乌司在一次试验中，将一种叫双小核草履虫和一种叫大草履虫的生物，分别放在两个相同浓度的细菌培养基中，几天后，这两种生物的种群数量都呈 S 形曲线急剧增长。这时，他又把这两种生物放入同一环境中培养，并控制一定的食物。16 天后，双小核草履虫仍自由地活着，而大草履虫却已消逝得无影无踪。经过观察，并未发现两种虫子互相攻击的现象，两种虫子也未分泌有害物质，只是双小核草履虫在与大草履虫竞争同一食物时增长比较快，大草履虫被赶出了培养基。为了更好解释他所看到的"不正常"生物现象，格乌司又做了一组试验，他把大草履虫与另一种袋状草履虫放在同一环境中进行培养，结果两者都能存活下来，并且达到一个稳定的平衡水平。这两种小虫子虽然竞争同一食物，但袋状草履虫占用的是不被大草履虫所需要的那一部分食物。在"格乌司试验"的基础上，人们又对其他的物种生存空间进行了观察，发现在自然界中，凡是存在的物种都有自己的"生态位"，亲缘关系接近的、具有同样生活习性的物种，就不会在同一地方竞争同一生存空间。若同时在一个区域必须有空间分割，即使

人生三论

弱者与强者共处于同一生存空间,弱者也仍然能够容易地生存。换而言之,物种的生存竞争不是人类社会所想象的"平面"开展的类型,而是"立体"进行的,所以"鹰击长空"、"鱼翔潜底"各得其乐。同时,对食物依赖也是分时间、空间的秩序进行的,如有吃肉的就必有吃草的,吃肉吃草的分时供应,狮子一般白天狩猎,老虎傍晚发威,狼群则深夜觅食。

"格乌司原理"是对"丛林法则"的部分否定,它承认了物种的"生态位"现象,也就是说每种生物都有自己的"位置",都可以找到自己生存的合法性,同时也可以找到自己的"食物源"。"生态位"现象对所有生命现象而言是具有普遍性的一般原理,同样适用于人类,因为生物所具有的各种属性,人类也都具有。对于每个人来说,都必须找到适合自己的生态位,明确自己的"生态环境",如根据自己的血缘、性格、地势、学历等先天或后天条件,确定自己的位置。

山川河流、小草大树、英雄凡人、自然界和人类社会的一切存在,都有它的合理性。草原上,茂密的草地饲养了羚羊,羚羊又给狮子提供了食物,狮子死亡之后逐渐腐烂,最后变成有机物质为植物提供了肥料。如此循环往复,构成一个完整的生态系统。一切总是有原因的。这个世界的一切生物都将朝着最适合生存和最具繁殖成效的特性进化。人类作为自然的一部分也不可能逃脱这种法则,每个人都有自己的位置,每个人都有自己的幸福,每个人都有自己的价值。一朵花就有一朵花开的理由,这是一种自然的选择,人也如此。

《庄子·逍遥游》中记载了这么一个故事:有一天,惠施告诉庄子说:"魏王曾经给了我一些大葫芦的种子,现在长出来的葫芦果实虽然很大,可以容纳五升的水,但是装满水之后拿起来就破了。如果把葫芦剖成两半当勺子,但这些勺子却太宽、太浅,所以也无法使用。我一气之下就把它打破了。"庄子听后,惋惜地说:"惠施呀,这些葫芦被毁了,太可惜了。这个葫芦既然不能用来装水,也不能做勺子,那您为何不编一个网把葫芦网住,然后系在腰间,这样不就可以在水上漂浮、优哉游哉,多逍遥自在啊!所以,世间的物件,若懂得使用它,它就是很好的东西,可惜您不会用,竟然把它给毁坏了!"

庄子曾经讲了许多类似的有趣的寓言故事,主要是为了校正世人对

"才用"的偏执，人们往往使用自己的标准来判断他人存在的价值，其实"天生我才必有用"，每个人来到世间，都有各自的使命和作用，小鸟有小鸟的快乐，雄鹰有雄鹰的理想，唯有尽量发挥自己的长处，"人尽其才，物尽其用"，把握自己生命的脉搏，才能展现生命的妙用。但人生往往会用世俗的标准来判定一个人的价值，使得有许多人深陷这种迷惑而不自知，虚掷青春与光阴虚度一生。

五、两只老虎与一缕阳光

西方有这么一个童话：有两只老虎，一只被关在笼子里，一只天生天养。那只在笼子里的老虎，是国王的宠物体，每天不用为三餐狩猎，但却享受不到自由，看不到蓝天白云，感觉不到鸟语花香；而那只在野生的老虎，每天跋山涉水，自由自在，想到哪儿就到哪儿，但却常常为了一只猎物而愁苦不堪，还要时刻警惕猎人的袭击。一次偶然的机会，两只老虎相遇了，笼子里的老虎羡慕野外老虎的自由自在，野外的老虎向往笼中老虎的悠闲安逸，两只老虎彼此都感觉对方的生活比自己更好，便向上帝祈祷，希望上帝能满足它们互换活法的愿望。上帝满足了它们的愿望，于是笼中的老虎走进了大自然，它很兴奋，在原野上驰骋，在山林中跳跃；野外的老虎也走进铁笼子，它也感到很快乐，风雨无忧，饭来张口，不再为一日三餐劳苦奔命。但是没过多久，两只老虎都死了：从笼子里走出来的老虎获得自由的同时，却没有获得捕食的本领，饥饿而死；走进笼子的老虎获得了安逸，却没有获得在野外生活的心情，忧郁而死。

在人生这一出大戏中，有人出身豪门，衣食无忧，背景强势；有人一出生就输在起跑线上，每天疲于奔命，一生操劳。我们不得不承认，人与人之间有时候的确是存在天壤之别的，伟大与渺小，强势与弱小，富足与贫穷，高贵与卑微，这其中的差距有时真的难以跨越，但这并不意味着就一定要去做可望而不可即的物种换位。因为笼中的老虎与野外的老虎尚且不能换位，何况是人这一更为复杂的存在呢？所谓的"成才"，并不是说一定要成为别人眼睛中"那样的人"，而是要成为真实的自我。如果不是一头狮子，就老老实实地做一匹狼；如果不是一匹狼，就认认真真地做一只羊。当"生态位"

人生三论

决定自己是一只羊的时候，就不必梦想去做狮子、老虎，做一只羊也有自己的幸福，嫩草嫩蕊，晨吸朝露，暮吮晚霞，也是羊的价值。自然界检验一种物种，不是看它究竟能捕获什么食物，而是看它能否做到"适者生存"，能否成为自然选择的结果，寻找到适合自己的"生态位"。恐龙固然强大，但却一朝灭亡；老鼠虽很渺小，但却熬过进化。所以，人生在世，并一定非得高尚伟大，也不一定非要显达尊贵。翻开史书，叱咤风云的英雄帝王固然很多，然而能够寻找到自己的位置，并得到世人首肯的确是少数：孔夫子一生与权无缘，周游列国，屡屡受挫，但纵然是千古一帝也难与他堪比伯仲；颜回一生未尝求官，学术上也未有过多建树，在世时也不曾闻达于诸侯，但却以"孔颜之乐"留名千古；李白前半生求官求名，在官场里头东奔西窜，高唱"仰天大笑出门去，我辈岂是蓬蒿人"，但一朝终于看破浮沉，改吟"呼儿将出换美酒，与君同销万古愁"，世人并不曾在意李白究竟权贵几多，而是将他视为"诗仙"转世。

公元前323年某一天，古希腊最伟大的两个人同时去世：一位是征服了几乎四分之三文明世界的亚历山大大帝，在他从戎15年间，在横跨欧、亚的辽阔土地上，建立起了一个西起希腊、马其顿，东到印度恒河流域，南临尼罗河第一瀑布，北至中亚的药杀水（今锡尔河）的以巴比伦为首都的庞大帝国；一位是第欧根尼，伪币铸造者，被法庭判为有罪的人，流浪在科林斯城邦的广场上，居住在一个木桶里，所拥有的所有财产仅有一件斗篷、一支棍子和一个面包袋，他躺在光溜溜的地上，赤着脚，胡子拉茬的、半裸着身子，如同狗一般地生活。

但人们提到第欧根尼的时候，都会想起亚历山大大帝"欠"他的"一缕阳光"。在亚历山大20岁的时候，已经成为年轻的马其顿国王，当他视察科林顿城邦时，在场的所有古希腊人都涌向科林斯，向他宣誓，希望在他麾下效忠，甚至只是想看看他。唯独第欧根尼依然居住在属于自己的那个木桶里，拒不觐见这位新君主。亚历山大是哲学家亚里士多德的学生，显然接受了其老师德性教育的真传，他彬彬有礼，为了显示自己的宽宏大量，决意造访第欧根尼。这天，他穿过两边拥挤的人群，走向第欧根尼的木桶，两侧所有的人都肃然起敬。而可爱的哲学家只是一肘支着坐起来，一声不吭。

一阵尴尬的沉默之后，亚历山大先开口致以和蔼的问候，他打量着那可怜的破桶，孤单的烂衫，还有躺在地上的那个粗陋邋遢的哲学家，问道："第欧根尼先生，我能帮您什么忙吗？""如果您愿意的话"，第欧根尼平静地说，"请站到一边去，你挡住我的阳光。"围观的人群先是一阵出奇的沉默，然后那些穿戴优雅的希腊人发出一阵窃笑，官兵们则认为这个糟老头儿甚至不值一推，也跟着哄笑起来。亚历山大仍然沉默不语，最后他对着身边的人平静地说："假如我不是亚历山大，我一定做第欧根尼。"

在这个故事中，亚历山大大帝的威严和虚心，哲学家的淡泊和骄傲，都把我们拉到了2500年前的古希腊。在这个时代，亚历山大大帝带领他的军团，征服了当时世界一半以上的领土，但同时由于帝国的膨胀，人文精神开始堕落，浮躁与虚荣充斥着整个帝国。而第欧根尼是古希腊传统精神从城邦退缩到灵魂的一个象征，他在野心家和欺诈者作乐的世界中寻求完整无缺的人格，拒绝一切官方的和传统的宗教，拒绝参加一切公民生活，讪笑与财富、权力和声望相联系的尊严，而称誉具有勇气、理性和诚实的简朴的生活，这种如同"狗"一般的生活，体现了他人之为人的高贵。亚历山大大帝讲"假如我不是亚历山大，我一定做第欧根尼"并非是违心之论，他所缔造的帝国会彪炳千古，也必将被历史湮没，而第欧根尼尽管卑微贫贱，但也将被历史铭刻。

亚历山大大帝和第欧根尼不是那两只交换人生的老虎，他们都知道自己的定位，都知道自己的价值：如果历史决定你的命运是千古一帝，不管中间要忍受多少的煎熬，也要勇敢地承受；如果历史决定你的命运是一个快乐的哲学家，不管要忍受多少白眼和误解，也要实现自己的义务。高山有高山的气势，小溪有小溪的风流，不要自怨自艾，不要总觉得别人比自己好。自己是什么并不重要，重要的是把自己做好，让自己更快乐更充实。在非洲草原上，当每天早晨旭日东升，所有的动物就开始了奔跑，老虎奔跑，羚羊也奔跑。老虎的妈妈教育孩子：孩子，你必须跑快一点，更快一点，你要是跑不过最慢的羚羊，你就得饿死。羚羊妈妈也在教育孩子：孩子，你必须跑得快一点，更快一点，如果你不能跑得比老虎快，你就会被吃掉。老虎和羚羊都没有生存的绝对优势，但都要选择接受自己，选择奔跑，做老虎必须做跑得最

人生三论

快的老虎,做羚羊也必须做跑得最快的羚羊。

六、天人合一

其实,人生的意义并非一定要从某种角度上实现所谓的"价值",或是说某人有用或没用,以为有用与无用是相对的,往往只是我们无法看出一般事物真正的价值所在,或是偏执于自己的观点进行判断,结果导致郁郁一生。每个人的"天职"皆不相同,命运也不尽相同,世界上本来就没有完全相同的两片树叶,何况是更为复杂的人。德国哲学家海德格尔在《存在与时间》一书中,提出人是"在世界中存在",哲学家是在表明自己对天职、对命运的态度:人是不可能避免命运的,他无缘无故地来到这个世界上,而且是来到一个已经确定的世界上。因而在他来到这个世界之前,确定的文化背景、社会背景、传统观念及风俗习惯,他所处的知识水平、精神和思想状况、物质条件,他所从属的民族心理结构、语言等等决定因素就已经存在,所以他一来到这个世界,就已经注定了他的命运。但是,面对这无从逃避的命运,人并不是坐以待毙的,他会无所旁涉地面对"原本赤裸裸的本真的自我",从而认清那原遮蔽在各种偶然地挤上前来的各种可能性中最为本我的可能性,这种"最为本我的可能性"就是天职。

《庄子·逍遥游》中记载了另外一篇庄子与惠施的故事。有一天惠施对庄子说:"我家种的有一棵樗树,它的主干上长了很多树瘤,它的树枝也是凹凸扭曲,完全不合乎绳墨规矩。它长在路边,可是从来没有木匠会去理它,因为这棵树太没用了。"庄子则说:"现在你担心这棵树大而无用,不如把它种在空旷的郊外,你就可以很悠闲的在树底下盘桓休息,自得其乐。这棵树既然不能作为材料,就不会有人来砍伐它,把它种在无人之境,它也不会妨碍到别人,这还有什么好操心的呢?"在庄子看来,即使是不成材的树,也有它的价值,何况是人呢? 其实人各有优缺点,世界上也不可能有真正完美的人,我们所做的并不是要使自己完美以取悦他人,而是要寻找属于自己的"天职"。古希腊哲学家普罗泰哥拉的著作久已失传了,只有后人记载下的片言只语,他讲:人是万物的尺度,是存在的事物存在的尺度,也是不存在的事物不存在的尺度。原来人们早被自己的"偏见"所蒙蔽,我们提出的

"价值"并非是本我的追求。其实，每一个人都有不同的人生轨迹，就像每颗流星划过天空留下不同痕迹一样。人的一生要经历自己的独特成长过程，在这个注定孤单但不一定寂寞的旅途中，痛苦与快乐如影相随，挫折与成功接踵而至。有的人衔玉而生，衣食无忧；有的人"早为田舍郎，暮登天子堂"；有的人尝尽人间冷暖，试遍世间百态；有的人浑浑噩噩，终老一生。虽然不同的人生际遇时常让人们感叹不已，但人生相同的是，都要"安于其位，尽其职责"。在演员的位置上，就要学会表演；在观众的位置上，就要学会欣赏。社会是个大舞台，而我们却总是分不清我们到底是在表演，还是在欣赏。或许，这正好能校验一个人随时调整与适应的能力。当每个人在奋力向上爬的同时，并不会想到高处不胜寒，一旦身居高位，行动处处受到限制，虽然有居高临下的优越感，却失去了简单的快乐和珍贵的自由。站在山脚下呼吸，尽管看不到满目风光，但却有潇洒和自由伴随，也不失为一种难得的乐趣。

无论是中国哲学对"天人合一"的追求，还是古希腊哲学对于"天道"的不懈探索，抑或是宗教意义上的天命服从，都是人类对于自然规则的效仿与追求；我们试图通过实现对同时生活在这个地球上物种的探索，来寻找自己生存方式合法性的依据，然后抹平人类作为孤独物种的伤痕。但人终究是人，他无从选择自己的"命运"，他所做的就是找到本我、真我，然后顺应"天职"，这就是他所选择的"正义"。荀子讲"天有其时，地有其财，人有其治，夫是之谓能参"（《荀子·天论》），天地各有各的职责，人则因为自己的主观能动性，能够寻找到适合自己的人生之路，效法天地自然之道。如果掌控公器，则尽心为公；如果是社会普通的一分子，则安之若素，追求幸福，也就真正地做到了"天人合一"了。

第三节　识命与识运

认识命运，就是自己与异己的一次战争。

莎士比亚在《亨利五世》中，借助国王之口说出自己对命运的认识：

> 命运女神给人家画成个眼前蒙片布的瞎子,叫你明白,她是个瞎眼儿;人家又把她画在一个轮子上,叫你明白——意义深就深在这里——她是在变动的,是不定的、无常的、变化莫测的;她那双脚——你听着——是站在一个石球上,石球滚呀滚呀滚。

原来命运就是瞎子站在石球上,一则我们无法把握命运,因为我们不知道石球下一步要滚到哪里;二则我们无法认识命运,因为在莫测的命运面前,我们永远就是失明的瞎子。

我国古代著名唯物主义哲学家王充在《论衡·逢遇篇》中记载了这么一个故事:

> 有个周代的士人因为自己命运多舛屡遭挫折而在大街上失声痛哭。路人问他:"你为什么哭得如此伤心呀?"他回答说:"我皓首穷经,腹有诗书,但终身却没有被朝廷起用,如今已垂垂老矣,非常难过,控制不住,所以才失声痛哭。"路人问:"您老人家年纪应该也在八十上下了,我朝天子也应该历经三代了,为什么一次也没被起用呢?"老人说:"我年轻的时候,专攻文史、熟读百家,但天子不喜欢年轻人,所以就没被起用;天子驾崩后,新天子尚武,我便转攻军事学,但我学成之日,这个皇帝又死了。现在的这个天子,是第三代君主,上台后好用年轻人,而我却已是白发苍苍了。"

或许人的命运真的是命运之神给人类留下的一个未知之谜,我们一直无法摆脱偶然对于我们必然探索的嘲笑。王充故事中的那个老人,只是芸芸众生中被湮没的才子佳人的一个缩影:命运只需给人开一个小小的玩笑,对于生命如此脆弱的人来说,已经是无法承担之重了。

但命运之谜并未阻止人类对于命运探索的脚步。好奇是人类的天性,对于未知世界的探索,是人的本能。古今中外,从最原始的八卦占卜,到汉代盛行的相面、占梦,都是人尝试认识命运的途径。在西方,从宫廷御用的占星术到今天惯用的塔罗牌以及如催眠术、通灵术等带有神秘气息的命运探索法术,都是人类试图预见生死、判断祸福的传统方式。

命运既然如此深奥费解,众人却依然穷其一生去追求命运之真谛。文艺复兴时期西方著名哲学家马基雅维利在《君主论》中,多次提到"命运"一词。在马基雅维利那里,命运是人类与自然斗争的产物,由于受到了文艺复兴时期思想家的影响,在他试图剔除神学对于政治学的影响时,又不可避免地遭遇"上帝"这一概念。既然善与恶的斗争是人世间永恒的现象,那么人也只有通过自己的智慧来认识到斗争的规律,才能逃避无知所带来的惩罚。所以,马基雅维利的命运观是积极的,是建立在对历史深刻认识的基础之上的;一方面,历史和社会总有它独自的运行规律,这种必然性是不以任何人的意志为转移的,正是由于这种必然性,导致我们的一切愿望和目的受挫、预言落空,这个时候人类便会产生对命运的喟叹;另一方面,我们总会在对历史必然性尊重的基础上,寻找到行动的明智依据,由此改变自己的命运,如《周易·乾卦》九三爻辞所说:"君子夕惕若,厉无咎。"

命运之所以如此玄奥,在于只要有人的生命存在,他便是无法更改更无法逃避的。命运的不可改变,在于历史的不可逆性,已经发生的事情不可能以另外的形式发生,过去了事情就注定无法改变。而未来的事情总被已经发生的事情所决定,所以现实之中的人,对于命运来说,是无可奈何地接受它对自己的摧毁。命运不是"境况",不是具体,而是人的内在本质。例如某贫困山区的孩子通过努力学习,考取大学,最终融入城市,改变贫穷,这在很多人眼里是"知识改变命运"的明证,但事实上,通过知识改变的并不是这个孩子的命运,而是他的处境,是他的生活状态,他的命运走向是通往成功的,知识只是他改变命运的一个手段罢了。所以,命运并不是今天或明天展示给我们的万象,而是万象后面的"本相",对于这个"本相"的认识,才是真正的"识命"。

一、相与命

中国古代一直都有"识命"的传统,通过如对骨相、时辰、卦象、星象、姓名、笔迹的判断,来预测今后的命运信息,进而设计自己的人生,对自己的人生取舍、得失作出判断。中国古代的占命之术大体可以划分为两大类,即相术和命术。

所谓"相术",是指占卜者通过观察人的骨骼、面相、体形等生理形态和人的神情、声气、举止等外在形态,来推断人的寿夭、贵贱、吉凶、祸福的一种命学,古时也被称为"风鉴"或"看相"。

看相可看人的外相,外相以"奇"为贵。如明代袁珙在所著的《柳庄神相》一书中,认为人相以"奇"为贵。在古代传说中,黄帝生有一副龙颜;尧帝身高八尺,眉分八彩;舜帝的眼睛是重瞳;颛顼载牛而出;禹的耳朵有三个漏洞;皋陶生有马口;孔子反羽。另外,还有帝喾、周公、武王、商汤等,即古人称为的12圣者,他们都有异于常人之相。这里的异即为奇,奇相也就是贵相。在《衡真》、《神相全编》等相书中也多有对奇骨、奇相这种"奇"之论述。

《新唐书·袁天罡传》有对当时著名的相术师袁天罡事迹的记载,其中最有名的就是他对尚在襁褓中的武则天命运的判断:

> 则天初在襁褓,天罡来至第中,谓其母曰:"唯夫人骨法,必生贵子。"乃召诸子,令天罡相之。见元庆、元爽曰:"此二子皆保家之主,官可至三品。"见韩国夫人曰:"此女亦大贵,然不利其夫。"乳母时抱则天,衣男子之服,天罡曰:"此郎君子神色爽彻,不可易知,试令行看。"于是步于床前,仍令举目,天罡大惊曰:"此郎君子龙睛凤颈,贵人之极也。"更转侧视之,又惊曰:"必若是女,实不可窥测,后当为天下之主矣!"

据记载,袁天罡到武府先是给武则天的父母、哥哥和姐姐相面,先说其母必生贵子,后说武则天的两个哥哥将来可以官至三品;见到武则天的姐姐,也即是后来的韩国夫人,则认为她可以做到诰命夫人,但却克夫;当见到武则天时,则说武则天长着龙睛凤颈,因"奇"相而必至于极贵,能成为天下之主。

在我国文化中,对"神"的赏识、探究、阐发,可谓爱之有加。如传统的书法艺术,就有神品、妙品等之区分。绘画艺术,更是以重神似而区别于西方绘画艺术的形似。文章写作,强调"文章本天成,妙手偶得之",讲究"形散而神不散"。同样,在相术里也强调对"神"的究涉与发扬。如在曹魏时期著名相学家刘邵在《人物志》中阐述了人的命运与精气之间的关系,他认为,人的筋、骨、血、气、肌与金、木、水、火、土五行相应,分别呈现人的弘毅、文理、贞固、勇敢、通微等气质,表现为仁、义、礼、智、信"五德"。换言之,自然的血气生命,具体展现为精神、形貌、声色、才具、德行。内在的材质与外在的征象有所联系,呈现为神、精、筋、骨、气、色、仪、容、言"九征"。《人物志》曰:"凡人之质量,中和最贵矣,中和之质必平淡无味,是故观人察质,必先察其平淡,而后求其聪明。"在刘邵看来,一个人淡定自若的神情或说是素质最为可贵,这种气质和神情是修之于内而显现于外的个人的神采。精神显现于形貌,就像一个人的情感从眼睛向外流露。因而说,仁是眼的精气凝聚,看起来诚实而忠厚。勇是胆的精气凝聚,看起来则会目光炯炯,强烈有力。事物产生有其形貌,形貌又相应地体现于内在的精神,能够把握住这一点,对人对物则可以穷理尽性,知晓其概略了,进而可以对自己的命运走向进行判断了。

其实,相面并非是"力、乱、怪、神",如曾国藩就专著《冰鉴》一书,详细阐述自己的识命观。其开篇第一章讲"神骨":

> 脱谷为糠,其髓斯存,神之谓也。山骞不崩,唯百为镇,骨之谓也。一身精神,具乎两目;一身骨相,具乎面部。他家兼论形骸,文人先观神骨。开门见山,此为第一。

人的精华,如同稻谷和谷糠的关系一样。去掉稻谷的外壳,就是没有多大用途的谷糠,但稻谷的精华,仍然存在着,不会因外壳磨损而丢失。这个精华,用在人身上,就是一个人的内在精神状态。山岳表面的泥土虽然经常脱落流失,但它却不会倒塌破碎,因为它的主体部分是硬如钢铁的岩石,不会被风吹雨打去。所谓的"镇石",也就是人的骨骼。一个人的精神状态,主要集中在他的两只眼睛里;一个人的骨骼丰俊,主要集中在他的一张面孔上。像工人、农民、商人、军士等各类人员,既要看他们的内在精神状态,又要考察他们的体势情态。作为以文为主的读书人,主要看他们的精神状态和骨骼。精神和骨骼就像两扇大门,命运就像深藏于内的各种宝藏物品,察看人们的精神和骨骼,就相当于去打开两扇大门。门打开之后,自然可以发现里面的宝藏物品,从而测知人的气质了。所以,曾国藩认为,神情和骨骼是观人的第一要诀。曾国藩所谓的神,不仅仅是指其精神,更主要的是指人的精神状态。一个人的个性、意志、学识、修养、气质、风度等,往往会通过其言谈举止、行为动作等"神"和"态",尤其是通过眼睛表现出来。孟子说眼睛是

人生三论

心灵的窗户,指的也是这个道理。把握住了一个人的神态,进而再从其自然常态里去辨识一个人的具体动机和趣味。

曾国藩在其行军之余,也以相人为乐。清咸丰末年某日,李鸿章命三位新进淮军将领往谒曾国藩,次日李鸿章向他请教三人面相如何。曾国藩说:"那位脸上长麻子的,将来会有大成就;高个子的也不错。只有矮子前途有限,顶多不过是个道员罢了。"李鸿章则请他进一步说明,曾国藩于是解释道:"他们三人来到后,我要其在大厅外台阶上站着等,过了大约一个时辰,就叫他们走了,始终未与他们正式见面,也未说一句话。这中间我来回走动,借厅内屏风观察他们。那个麻子可能认为我不传见,是刻意羞辱,因此咬牙切齿,面红耳赤,足见他有威武不屈的气概。高个子则一直从容冷静地站着,显现此人沉毅有为。至于那矮个子,我面对他们时,他规规矩矩站好,我一背过去,他便放松下来,这个人实在没出息。"曾国藩所讲的"麻子"就是后来的台湾巡抚刘铭传,在台湾与法军在基隆淡水一带苦战,结果大败法军。其后治台六年,修筑铁路,兴办实业,政绩斐然,遗爱在民,为郑成功以后之第一人。"高个子"是张树声,后来转战南北,积功升至两江总督,政绩卓著。"矮个子"的人姓吴,作战常畏缩不见、投机取巧,后来真的只做到道员而已。

当代国学大师南怀瑾先生认为,真正的相法,是眉毛、眼睛、鼻子等都不看的,主要看一个人处世的方法和条理,就如现代人所总结的,态度决定一切。这个态度,就是处世的方法。又如,"细节决定成败",怎样对待细节,每个人的态度和方法也是不同的,这种态度和方法的不同,也决定了事物的成败差异和一个人未来的差异。不难看出,古人的相法并不是那么神秘,无非是种经验的积累罢了。同时,相学思想也不是机械呆板而一成不变的。古人说,相由心生,心能转相,相随心转。如古人认为,一个人积累阴德,面相上就会出现阴骘纹,"阴阳纹现,必主儿孙富贵"。人有先天相,也要看到有后天相的一面。曾国藩所说谦卑涵容、心存济物等就是相随心转的道理。

二、时与命

所谓的"命学",则是根据人生之时辰、占卜之卦象、天文之星象及因果报应之学,来判断一个人的命运走向。如"八字"命学,它的理论基础是禀气说,认为人的命运是由出生时所禀阴阳五行之气决定的。根据生辰说,可以将某一时辰生的人根据阴阳五行之气的运动以及生克制化的规律,来揭示这个人动态命运的消息。"八字"命理研究是易学的一个分支,是古圣先贤发明的一套认识世界的数理模型,其中蕴涵着博大、睿智、辩证的哲学思想和禅机,并不能作为封建迷信一棒子打死。如美国芝加哥大学科学家研究发现,一个人出生时母亲年龄如果不到25岁,他们活到100岁的几率是出生时母亲超过25岁的人的两倍。同时,因为月份不同而出生的人,其寿命也大体不同。再如当前所提倡的优生优育,在母亲怀孕期间就注重胎教、营养等,其目的就在于给子女一个强壮的体魄,以迎接未来的挑战。这一点也是被现代科学所证明的:

东京大学医学系的三浦教授翻阅着该系校友名录时,意外发现故世的10名校友中有半数出生于5~7月,夏季出生的死亡率高,这难道是偶然的巧合吗?同时,他又统计了1890年以前出生的校友中生月与死亡的关系,以及1979年日本厚生省调查的全国100岁以上的348名男性老人的生月与死亡的关系。结论与上面的完全一样,5~7月出生的人,特别是男性,比起其他月份出生的人来说,寿命要短一些。为了证明自己的观点,三浦先后对德国、美国及日本的大量数据进行调研,在掌握的大量数据的基础上,对不同月份出生的人作了如下有趣推断:2~4月份出生的人,长寿居多;3月份出生的人,特别是男性,很少患脑溢血致死;4月份出生的人要注意防止患乳腺癌;5月份出生的人患精神分裂症的最少;6月份出生的人要注意防止患肠癌;8月份出生的人,特别是男性,很少患高血压;10月份出生的人患食道癌居多;11月份出生的人,如果是在同一月份生孩子,那么生女孩居多;12月份出生的人,大都是健康的人。(《出生月份决定人生命运》,载《大科技》1999年第12期)

中国传统哲学认为,再独立的人,也是天地的产物,其命运是与天地一体的。如《左传·成公十三年》有语:

吾闻之,民受天地之中以生,所谓命也。是以有动作礼仪威仪之则,以定命也。能养之者以福,不能者败以取祸。

人是禀受天地之性而生,故人之行为当顺从天地之性。其实这一思想,在《周易》、《尚书》、《论语》中均有显现,如孔子说:"天生德于予,桓魋其如予何?"(《论语·学而》)也是反映了当时社会的"天生人性"的观点。当礼乐文化的氛围已经淡化的时候,《中庸》就精辟而提炼地提出了这一思想:"天命之谓性,帅性之谓道,修道之谓教。"其时就表现了一种哲学的内在发展。《中庸》将人性的来源,归之于儒家学说中最为坚实的一个宇宙本体,即是天。人之性,即是天在生人的时候就把"命"给了人,所以人之性也就是天之性,从而开启了儒家对以天为本体的宇宙论的哲学思考与构建。

中国民间一般将"命学"等同于占卜,即是占卜者首先通过特殊的筮法,得出一个卦象,然后根据卦位、卦象和卦辞来预测人或国家的命运。早在春秋战国时期,就有人使用《周易》的占卜方法对战事进行预测。如《左传·宣公十二年》有晋楚之战,晋国的有个士人知庄子引用《师》卦之《临》,认为不利出征。晋将先縠不听,强行渡河击楚军,荀首断定必败。他根据《周易》占卜的基本原理,预测晋军必败:

> 《周易》有之,在《师》之《临》曰,"师出以律。否臧,凶。"执事顺成为臧,逆为否。众散为弱,川壅为泽。有律以如己也,故曰律。否臧,且律竭也。盈而以竭,夭且不整,所以凶也。不行之谓"临",有帅而不从,"临"孰甚焉! 此之谓也。果遇,必败。彘子尸之,虽免而归,必有大咎。

知庄子认为,《周易》中的《师》卦就曾经讲过,军队的作战、守卫、训练、都必须有统一的步伐、齐全的兵器、明确的目标、严格的纪律等。这样的军队去作战,就不可能有被敌人覆灭的危险。由于军队涣散,所以即使有将领在,其权威也不能得到有效的发挥,所以这支军队是必败的。反观知庄子对晋军的战事预测,并不玄空,而是根据实际军情、结合《周易》的基本原理来进行的。换而言之,也就是说,知庄子遵循了事物发展的基本规律,仅仅是借助《周易》来论证自己的推测罢了。

由于《周易》源于生活经验,最初虽为卜筮之书,但称其为真实记载周人的自然与社会经验的早期史书也并非过誉。《周易》既是经验之记载,必然是长期实践的结果，应当是周人共同长期实践经验的积累，所以可以将《周易》看做是先民的智慧结晶，当然也就会对当代人的生活产生启发，如上文所说的《师》卦，为后人治军所用。但神秘的《周易》，也多被后人滥用，如当下"地摊文化"中多有出现的《推背图》，传闻是一千三百多年前，由唐朝司天监李淳风和袁天罡合著的，由唐代开始一直预言到未来世界大同，其间共包括 60 象。由于李淳风推算上了瘾，一发不可收，从"自从盘古迄希夷"开始，竟推算到唐以后中国 2000 多年的命运，直到袁天罡推他的背，说道："不如推背去归休"，《推背图》由此得名。《推背图》的预言，主要是针对中国治乱兴替之间的重要关键事件作出的，或可以理解为占卜者根据《周易》的基本演化原理而人为制造的时代更迭谱系。它之所以"精准"且为人所信，在于历史之演变，在宏观叙事主题上只能呈现两种基本形态，即盛事与乱世，而乱世必将出现"武人干政"，进而产生朝代的更迭。与西方预言家诺查丹玛斯所著《诸世纪》不同，《推背图》并没有打乱历史的顺序，而且更具系统性和完整性，因而更具有文化研究的价值。最令人感到欣慰的是，它与《诸世纪》预言的悲观世界正好相反，它预言世界大同，未来世界其乐融融。或许这是一幅更值得我们期待的人类前景图。

三、星象与命

识命之学的另一个表现就是星象学。星象学认为，人的命运在出生时，已经与星象之气形成了互动，天地之气的运行在不同的时空里有着不同的奥秘，人在出生时所禀赋的星象之气，与天地运行是一体的，由于星辰的理数、气运不同，故而每个人的命运也不同。中国的天文学起源很早，三代之上已有之。《帝王世纪》载《击壤歌》："日出而作，日入而息。凿井而饮，耕田而食。帝力于我何有哉？"这是原始人对天体无意识的也是最直观的观察。《周易·系辞下》记载："古者包牺氏之王天下也，仰则观象于天，俯则观法于地，观鸟兽之文，与地之宜，近取诸身，远取诸物，于是始作八卦，以通神明之德，以类万物之情。"伏羲氏根据身边的事物，上观天文、下察地理，根据万事万物的基本规律而画八卦。郑州大河村遗址出土的一批新石器时代的彩陶，其中一片上绘有简单的星座，大河村遗址大约在五千年，与伏羲

人生三论

氏所处年代大略相当。中国最早的文字甲骨文、铜器铭文及先秦古籍《尚书》、《国语》、《左传》、《诗经》也都有古人对天体星相的观察记载，且多以星象来记时。到秦汉之际，"天人感应"之说开始萌发，并为汉儒董仲舒所总结，人们对星象观察更加细微，在天文学上所取得的成就更加突出，但迷信意识也不断掺入。如《周礼·春宫·保章氏》讲："封域皆有分星，以观妖祥。"明显掺进了迷信色彩，使中国的天文学具有明显星占成分。长沙马王堆汉墓中出土的帛书《五星占》则力图从天象变化中力求找出与其相应的人事变化规律，并以此预卜君王、将相、国家、百姓的吉凶祸福，而决定兵家进退取舍则是非常迷信的，且对后世影响深远。《三国演义》中诸葛亮足智多谋、神鬼莫测，能占卜吉凶、呼风唤雨，"多智而近乎妖"。如《三国演义》第四十九回中写道诸葛亮向周瑜提出，要建"七星坛"，祭风以助火烧赤壁：

> 来南屏山相度地势，令军士取东南方赤土筑坛。方圆二十四丈，每一层高三尺，共是九尺。下一层插二十八宿旗：东方七面青旗，按角、亢、氐、房、心、尾、箕，布苍龙之形；北方七面皂旗，按斗、牛、女、虚、危、室、壁，作玄武之势；西方七面白旗，按奎、娄、胃、昴、毕、觜、参，踞白虎之威；南方七面红旗，按井、鬼、柳、星、张、翼、轸，成朱雀之状。第二层周围黄旗六十四面，按六十四卦，分八位而立。上一层用四人，各人戴束发冠，穿皂罗袍，凤衣博带，朱履方裾。前左立一人，手执长竿，竿尖上用鸡羽为葆，以招风信；前右立一人，手执长竿，竿上系七星号带，以表风色；后左立一人，捧宝剑；后右立一人，捧香炉。坛下二十四人，各持旌旗、宝盖、大戟、长戈、黄钺、白旄、朱幡、皂纛，环绕四面。

祭风成功后，周瑜却感到了压力，讲："此人有夺天地造化之法、鬼神不测之术！若留此人，乃东吴祸根也。及早杀却，免生他日之忧。"小说家之描写，固然夸张、扭曲，但孔明深知天文星象之学确实是可信的。诸葛亮筑坛方位是以古人对星相的划分区域施行的。古人把天空星相分为二十八个区域，分别是：角、亢、氐、房、心、尾、箕是东方七宿；斗、牛、女、虚、危、室、壁是北方七宿；奎、娄、胃、昴、毕、觜、参是西方七宿；井、鬼、柳、星、张、翼、轸是南方七宿。这就是中国古代天文学中所说的"二十八宿"。这"二十八宿"又按四方分为四组，即苍龙（东）、白虎（西）、朱雀（南）、玄武（北）。诸葛亮祭风正是依据"二十八星宿"的方位设坛的,虽然祭风带有"天人感应"的巫术迷信思想,但其中也涉及天文地理的基本知识并将其运用于战争,这多少是有科学成分的。例如,第二次世界大战期间的"斯大林格勒保卫战",斯大林格勒的严寒冬季来了,德军却毫无准备,后勤供给不足,寒冷的天气让坦克根本无法行动,严寒也让德军无法挖掘壕沟,各种车辆的光学仪器也有不同程度的损坏。士兵们缺乏冬装,浑身冻疮成片,严重降低了战斗力,最后德军弹尽粮绝,10 万人穿着单衣在零下 24 度的雪地上向苏军投降。如此看来,利用星象、气候等天文知识所作出的预测,并不完全是迷信。从占卜或预测的出发点上讲,它的根据是天文星辰,物飞星驰这一现象是不以个人意志为转移,是有必然规律的,但星象师往往会根据自己对生活的理解,附会以很多想象的东西,由此也给星象学蒙上一层迷信的色彩。

四、因果报应

同时,谈及命运,宗教学不可回避。无论东方宗教或西方宗教,其命学的基本原理都是"因果报应",即认为行善的人必是有福的,为恶的人必将遭殃,即使现在不报,也会在来世实现报应。宗教命学事实是个"命运悖论":一方面,它承认人在命运面前是无能为力的;另一方面,人却可以通过自己的努力,如积德行善等来改变自己的命运。"因果报应"说是佛教的基本理论,但在我国的传统观念里就有类似的思想。"报"和"报应"的思想最迟在先秦时就已经出现了,如《周易》讲"积善之家,必有余庆;积不善之家,必有余殃"。《左传·宣公十五年》记载了"结草"的故事:晋大夫魏颗不服从父亲病中的乱命,在父亲死后,嫁了父妾。后魏颗在辅氏之役大败秦师,生擒杜回,就因为父妾的父亲在冥中报恩,结草绊倒了杜回。李贤注《后汉书·杨震传》则记载了"衔环"的故事,讲杨震之父杨宝在 9 岁时救了阴山下的一只黄雀。后来这只黄雀化为黄衣童子给他白环四枚,使杨宝子孙皆成显贵。"结草"、"衔环"的故事在世间流传甚广,影响很大。"报"和"报应"的思想早已成为我国的一个传统观念了。

所谓"因果报应"之说,在明清之际的小说中多有体现,最为著名的莫过于"三言二拍"。其中"三言",即《喻世明言》、《警世通言》、《醒世恒言》

人生三论

三部小说的总称,这些作品辑录了宋元明以来的传奇小说、戏曲、历史故事等。"三言"的作者是冯梦龙,自幼接受儒学的影响,又生长在商业经济十分活跃的苏州,熟悉市民生活,故"三言"书中多有宣扬报应、轮回之说。"二拍"的作者是凌初,写作形式与"三言"不同,它基本上是个人创作,"取古今来杂碎事可新听睹、佐谈谐者,演而畅之"。这两种白话短篇小说集,基本反映当时社会的风俗和面貌,但从书中可以看到"因果报应"之说,随处可见,耳熟能详的故事如"月明和尚度柳翠"、"明悟禅师赶五戒"、"闹阴司司马貌断狱"等,都是教导人在阳世要积德行善,死后到了地狱才能轮回转世。其中"司马貌断狱"最为著名:

> 汉灵帝时有个秀才,名叫司马貌。一生才学,但直到50岁仍未发迹,于是就写了一篇《怨词》,并且对灯焚烧,发愿诅咒,结果惊动上天,命司马貌一夜断狱,断得好则转世富贵,断不好则打入酆都地狱。故事由此展开,司马貌在有限的6个时辰里审断了积压350年的西汉时期沉冤的8大案件,以及秦朝时的吕不韦等案子。这前后12大案子一并在有限的6个时辰内审断得完满并让人心服口服,最后将含冤负屈的韩信、彭越、英布、项羽、范增、樊哙、龙且、纪信、周珂、枞公、钟离昧、郦食其、韩生、吕不韦、秦始皇、嫪毐、赵姬等冤魂分别去投胎降生为三国时期叱咤风云的三国群雄,其中司马貌判韩信转世为曹操,英布做孙权,彭越做刘备,刘邦吕后成汉献帝夫妇,萧何做杨修,蒯通做诸葛亮,许复做庞统,樊哙做张飞,项羽做关羽,纪信做赵云,戚夫人母子做甘夫人母子,害死项羽的六将就做了五关六将,被项羽转世的关羽斩杀等。因司马貌断狱有功,就命他转世为司马懿,日后子孙也得天下。(《喻世明言》第三十一卷)

从这个故事可以看出,中国民间的"轮回"观念是自古就有的,而后来佛教东传能融入中国文化,与这一观念也是极有渊源的。所谓的"轮回"转世,梵文 Samsara,就是指有情会依业力在欲界、色界、无色界三界之内的天道、人道、畜生道、阿修罗道、饿鬼道、地狱道进行六道生死流转,多修善业则能转生到有福乐少祸苦的家庭,多造恶业则必沉沦于畜生、饿鬼、地狱恶趣之中备受苦楚。这种宗教"惩戒"式的观点,事实上就是一种"有益补偿":德行必将得到奖赏以及与它相配称的福乐,恶行必将招致使自己痛苦的结果。而世人多接受这种"有益补偿"的观点,是因为如果这种观点是真实的,那么进入轮回后,肯定是可以得到福报的;即使是一种宗教预设,那么它也可以转化为"心理补偿",让此生的痛苦不再煎熬。

五、塔罗牌与命运几率

在对命运的探索问题上,中西方似乎是一致的,即是从肯定命运的先验性出发,通过对命运发生概率的计算,来完成对命运的总结或预测。从科学的角度来分析古今中外的命运探索方式,这些占卜术固然有它迷信的一面,但同时也通过占算工具给人提供了部分正确信息。例如,在日耳曼文明、伊斯兰文明和吉卜赛文化中被用来算命的"塔罗牌",和许多古老的事物一样,它本身带有明显的宗教色彩,牌中的图片大多给人以窒息感的压抑,同时牌中的女教皇、世界等牌,则给人以浓厚的不同于基督教和天主教的异教气息。也许正因为塔罗牌内涵的精神与西方正统宗教相悖,所以在很长一段时间里,它被西方主流社会视为异端邪说,不能公开地传授,只能在一些秘密学校里,以一种地下的方式来传播。早期的塔罗牌的出处并未能得到考证,有学者认为早在古埃及时代,它已经成为法老们的"行事指南",中世纪末期,塔罗牌被吉卜赛人从印度带到了意大利,后来又由意大利经法国传到了英国。当时的塔罗牌包括四种花色,每种花色标有从 1 到 10 数字的10 张牌,此外还有包括皇后、国王、骑士和侍从的宫廷牌。这副牌还包括 22张带有象征性图案的牌,它们不属于任何一种花色。这种套牌用于玩一种名为凯旋的游戏,类似于桥牌。在塔罗牌中,22 张特殊图案牌中的 21 张是永久性王牌。这种游戏很快风靡了整个欧洲。在公元 1530 年前后,人们开始称其为 tarocchi,这是法语词 tarot 对应的意大利语单词。在 18 世纪末叶,法国和英国神秘学的信徒发现了塔罗牌,他们认为牌上的象征性图案比起当时作为王牌的用途拥有更多意义。他们把这些牌作为一种占卜工具,神秘学作家将其记载为"塔罗牌",此后,塔罗牌成为神秘学哲学的一部分。

其实,塔罗牌和很多占卜术一样,是数学概率和心理暗示的运用。概率论是数学的一个分支,它的研究对象是随机性所蕴涵的必然规律。比如一

人生三论

枚硬币,投掷的时候只会产生两种结果,或正面或反面。在投掷次数少的情况下,可能会出现反面或正面偏多的现象,但假使投掷了1000次或更多,则出现正面或反面的两种情况,会趋向一致,即正面和反面出现的次数各占总投掷次数的50%。人的命运尽管有随机性,但这种随机性并不大,一般来说总是会在福祸、安危、得失两个对立面之间徘徊,有时倾向于对立面中的这个面,有时则倾向于另外一个面。同时,对于命运的"预测",必然是对未来时空将要发生但还未发生的事情进行推算,所以即使是"测不准"也会因为这种时空的拉长而显得"精准"。

塔罗牌对于命运的预测除了具有一般的占卜术的原理依据之外,同时也与心理分析学有很强烈的关系。卡尔·荣格是在沿承了弗洛伊德的"潜意识"理论的基础上,将人类的"潜意识"进行了细分,具体划分为"个人潜意识"和"集体潜意识"。其中"集体潜意识"是他自己的独创,他认为人类在长期的历史发展过程中,有着共通的"心理技能",这种"心理技能"能透过遗传方式承接远古时期人类的潜意识。就这一点而言,颇有中国理学的味道,与朱熹齐名的理学家陆九渊提出:"宇宙便是吾心,吾心即是宇宙",接着又说:"东海有圣人出焉,此心同也,此理同也;西海有圣人出焉,此心同也,此理同也;南海北海有圣人出焉,此心同也,此理同也;千百世之上有圣人出焉,此心同也,此理同也;千百世之下有圣人出焉,此心同也,此理同也。"(《陆九渊集·年谱》)这个"心"就是"集体潜意识",因为中国千百年文明命脉不断,所以康熙皇帝在《朱子全书》作序说:"朱夫子(理学)集大成,而绪千百年绝传之学,开愚蒙而立亿万世之规,虽圣人复起,必不能逾也。"这种"集体潜意识"意味着在人类的心理基因中,有着远祖的血脉。

人脱胎于自然,由于工具的使用而使得人类某些天生的功能退化,但人与人之间,依然或多或少都存在着某种心灵感应,从另外的角度上说可以理解为"直觉"。法国哲学家亨利·柏格森认为,传统意义上的科学或理智的认识只能认识物质世界,或是认识世界展示的"假象",获得的只能是暂时的相对真理,而不能把握永恒的绝对真理或世界的本质。在他的文章中对实证主义哲学进行了批判,他认为实证主义和近代科学的职能就是分析,主要是运用符号进行研究。因此,即使是自然科学中最具体的科学,即关于生命的科学,也只能限于研究生物的可见的形式,这种出发点导致实证主义从研究世界开始就决定了其无法把握生命的本质。同时,柏格森认为,理智的特征就在于它天生地不能理解生命,他提倡直觉,贬低理性,认为科学和理性只能把握相对的运动和实在的表皮,不能把握绝对的运动和实在本身,只有通过直觉才能体验和把握到生命存在的"绵延",那唯一真正本体性的存在,提倡通过体认、领悟实在的方法,来"直觉"地把握世界。在《创造的进化》一书中,柏格森还提出和论证了"生命的冲动"这一范畴,所谓的"生命冲动"即是主观的非理性的心理体验,同时又是创造万物的宇宙意志。"生命冲动"的本能的向上喷发,产生精神性的事物,如人的自由意志、灵魂等;而"生命冲动"的向下坠落则产生无机界、惰性的物理的事物。

根据柏格森的哲学体系推崇"直觉",既然传统的理性主义都是使用了具体的符号表达形式,那么这种认识就总是从某一个角度去进行的,或是针对对象的某一个方面来说的,得到的结果也只能是相对的认识。"直觉"则不同,它使主体和客体直接融合为一。当主、客体达到某种无差别境界时,人们的认识便达到了绝对的领域,也就是运动变化、绵延、生命冲动的领域。直觉所需要的是一种意志的努力,人们在联系"直觉"的时候,要从理性思维的习惯方向扭转过来,要超出感性经验、理性认识和实践的范围之外,暂时放弃一切概念、判断、推理等逻辑思维形式,其结果当然也就不需要什么表达符号了。在柏格森看来,真正的哲学就是"直觉"。

"直觉"让生命变得多彩,假使人的命运可以用理性来操控的话,那么生存的价值就无从体现了。"直觉"、顿悟等认识方式,让人类将自己的命运放置于未知之中,进而在探索中寻得生命的快乐。青霉素的发现,改变了整个人类的生命状态,但它的发现也是很偶然的。青霉素的发现者佛雷明从事其他医学实验的时候,在一所旧房子里进行葡萄球菌的培养,由于多次打开玻璃盖,培养皿的边缘生长出很多奇特的绿色霉菌,而绿色霉菌周围的培养基却是清澈透明的,佛雷明立即认识到这种绿色霉菌具有吞噬葡萄球菌的功能,由此发现了青霉素。除了"顿悟"作为"直觉"的表现形式之外,"梦"也是深层自我的发现,同时也是人类灵性的体现。比如发现苯分子结构的凯库勒是通过"梦"来实现的,这个故事也一直是化学史上的一个趣

人生三论

闻。凯库勒在比利时的根特大学任教时，一天夜晚，他在书房中打起了瞌睡，眼前又出现了旋转的碳原子。碳原子的长链像蛇一样盘绕卷曲，忽然见到一条咬住自己的尾巴，并旋转不停。他像触电般地猛醒过来，整理苯环结构的假说，又忙了一夜。对此，凯库勒说：先生们，我们应该会做梦！那么我们就可以发现真理。但同时他又说：不要在用清醒的理智检验之前，就宣布我们的梦。

梦或顿悟，都是人的"直觉"感应，所不同的是有的人感应比较强，有的人感应比较弱，但无论有怎样的感应，都不是凭空的产生，必须是在一个因果链条中。比如人们有时候会预感到朋友的来访，并且这个预感实现了，在这个预感中，就有因果前提，即首先这个朋友是在自己的生活范围之内的。塔罗牌在进行占卜的时候，事实上就是将个人的直觉、感应，与历史经验的沉淀——"集体潜意识"结合起来，塔罗牌事实上是个桥梁，它将求占者潜意识中的意象、答案图像化，再通过占卜师的解读，把"集体潜意识"诠释的结果传达给占卜者。同时，塔罗牌的"游戏规则"和《周易》占卜也类似，即是"遇疑则卜"，占卜的人也要心存信仰。塔罗牌有很多的禁忌，如没有心理准备不占、自己可以决定的事情不占、不切实际的事件不占等，这些禁忌的设置，目的是为了让占卜双方重视塔罗牌，营造有利于冥想、唤起双方深层意识的氛围。塔罗牌共有 22 张，每一张塔罗牌，都包含着一个人生哲理，22 张塔罗牌象征一个人由生到死的完整人生旅程。利用塔罗牌占卜，并不单独看一张牌的好坏来决定吉凶，因为单看任何一张牌都没有好坏、褒贬、利弊之分，塔罗牌是中性的，要在求占的具体事例中预测事物的发展方向。

卡尔·荣格之所以推崇塔罗牌，主要是因为他认为，除了为科学世界提供强大基础的重复因果关系外，还存在另外一种关联原则，该原则不同于因果关系。他把这个原则称做"同步性"。"同步性"可以解释宇宙中的导向力，一些我们可能认为是巧合的事情实际上是种征兆，这些征兆可以帮助我们做决定、指引人们的生活。与塔罗牌的占卜体例相似，《周易》的占卜系统也是有其理性根据的，占卜者在经过占卜之后，首先得到的是卦象，而后是依据卦象，生成卦爻辞。而卦爻辞事实上是对历史经验的描述，并且卦爻辞是对占断结果的人为结论，所以《周易》占卜的最后卜辞，也必须结合卦象进行。"圣人设卦观象,系辞焉而明吉凶",在八卦整个系统完善之前,它的创作者是首先将"象"成型,而后才把"辞"系于其后,对它进行解释。《周易》的"象"本身也值得研究,如《坤》卦的爻辞是"初六,履霜,坚冰至",给占卜者的心理效果是,霜冻来临,寒冬将至,这种感觉不言而喻。中国古典哲学的推理方式是属于语境的背景推理,而不同于同时代西方的本体论式的哲学,中国古典哲学更重视"直观"等非理性的因素,但非理性不同于"反理性",非理性是通过理性思考之后,更高层次的思维方式。胡塞尔提出"本质直观",其实就是对境遇的把握,通过这种境遇背景推理的运作,可以直透境遇的本质。所以说,《周易》占卜将个人的生命律动与卦象所呈现的境遇的生命律动融为一体。

孔子说:"不知命,无以为君子。"(《论语·尧曰》)老子说:"上士闻道,勤而行之;中士闻道,若存若亡;下士闻道,大笑之。"(《老子》第四十一章)如此神秘的命运,让每个哲学家和世人都沉迷其中。当今社会文明不断进步、科学高度发展,但很多人并没有因此而感觉到幸福,相反物质越丰富、工业越进步,人类的心灵反而越感到茫然,这与古代社会人们在极其困苦的自然条件下,迫切需要用一种神秘的超自然的力量来指引一样,当今被"物化"的人类更需要认清自己的命运方向。

从哲学的角度出发,我们理应承认命运中的必然性成分,所以对命运的认识或是命运的预测是可能实现的。从命运的他主性来看,个人的命运并不是完全自由的,而是要受到自然属性和社会属性的双重束缚,就其关联性而言,也是有某些客观规律可循的。所以,通过对个体人生活的社会环境进行分析,虽不可能完全掌握生活中的"命运"细节,但却极有可能通过性格、血缘等的分析,对其人生历程展开的大致轨迹作出方向性的断定。命运除了他主性之外,也有自主的一面,作为意志存在的人,也可以通过自己的意志力来发现机遇、寻找机会。占卜、相面等传统的认知命运的方式,仅是一种形式。白居易曾经做《放言》诗讲命运的认识与把握:

赠君一法决狐疑,不用钻龟与祝蓍。

试玉要烧三日满,辨材须待七年期。

周公恐惧流言日,王莽谦恭未篡时。

向使当初身便死，一生真伪复谁知？

对命运的认识往往陷入到神秘主义之中，神秘感是一切信仰的基础。在宗教和类似宗教的信仰体系中，神秘的存在是心灵终极的皈依，是道德与价值的源泉，具有无限的心灵威慑力、震撼力。但"六合之外，圣人存而不论"，中国传统文化之中就有"道"、"术"之分，如果说对命运的预测仅仅是"术"，那么人这一生命意义的实现则是"道"。其实"将如何活"这个问题并不重要，重要的是"如何活"。命运确实是神秘的，神秘到我们不知道下一秒会发生什么；但命运也是可洞彻的，只要活出真我、发现本我，命运就不再是异己的外在力量，而是内化为自己生命前进的动力。

第四节　逆命与搏运

逆命，搏运，反思而后进取。

"命"是源自于"天"的规定性或必然性，"运"则是变化不定、难以捉摸的，"命"让我们敬畏，"运"让我们欢欣，"命"让我们成为自然的奴仆，"运"却给了我们继续快乐的勇气。人并不是要消沉地接受命运的判决，而是要奋起直追，逆风飞翔。

一、拈花一笑

在中国哲学的视域中，儒、道、禅三家都将生命的过程视为享受的美感，人的生理生命只是一个过程，而终极的追求，或此生"得道"梦想的实现，则是人之为人的真正目的。正因为如此，"命运"这一话题在中国哲学中是生动的、活泼的，且行且歌，尽管一路波折，但"逆命"而为，也是一种快乐。

据《大梵王问佛决疑经》里记载，有次大梵天王把一枝金色婆罗花献给释迦牟尼佛祖，请佛祖为众生说法。释迦佛祖对着台下众生，默然不说一句话，只轻轻地手拈婆罗花，向大众环示一圈，大家都不了解他的寓意，只有大弟子摩诃迦叶，会心地展颜一笑，于是释迦便当众宣布："吾有正法眼藏，涅槃妙心，实相无相，微妙法门，不立文字，教外别传，付嘱摩诃迦叶。"一花一世界，一笑一悟心；"拈花一笑"被后世列为禅门第一公案，以为禅宗发端。在如来佛面前，几千弟子"众皆默然"，只有禅宗的祖师迦叶能够"微笑"，这不仅是悟道的喜悦，也是中国"乐天知命"的会意表现。慧能在《坛经》中说："一切万法，尽在自身中，何不从于自心顿现真如本性！"那么，又怎样"从于自心"呢？就是在"挑水砍柴"之中，就是在"饥来吃饭、困来即眠"之中，就是在"乞食随缘过，逢山任意登"之中，就是在诸如此类的平常生活中持"平常心"。在各种宗教体验中都有某种精神上的愉悦或满足感，禅宗的特别之处在于非常喜欢讲平常讲自然，在平常生活中，特别在与天地大自然的交往中获得自己的愉悦。像"青青翠竹，总是法身；郁郁黄花，无非般若"、"时有白云来闭户，更无风月四山流"等，也体现了乐天知命的快乐。

但世俗的命运之旅，往往需要的不仅要有快乐的心，还要有接受磨难的准备。鲁迅先生在他的文章中，经常使用的一个词汇是"运命"而非"命运"。在鲁迅先生看来，"命"是生命，这是自然界的万事万物终极逃脱不了的归宿，而"运"则是社会机运，只有人才能认识和把握。三国时期的魏国人李康写下《运命论》一文，开篇写道：

> 夫治乱，运也；穷达，命也；贵贱，时也。故运之将降，必生圣明之君；圣明之君，必有忠贤之臣。其所以相遇也，不求而自合；其所以相亲也，不介而自亲。唱之而必和，谋之而必从；道合玄同，曲折合符；得失不能疑其志，谗构不能离其交；然后得成功也。其所以得然者，岂徒人事哉？授之者天也，告之者神也，成之者运也！

李康认为，一个人的飞黄腾达或穷困潦倒都是命中注定的。比如留侯张良生于秦末乱世，早年受到黄石公嫡传，熟读《三略》兵法，当他以满腹的文韬武略去游说群雄时，却像是把水泼在石头上一样，丝毫未被接受。而当他遇到汉高祖刘邦时，情况便大不相同，就像把石头投入水中一样，他的观点、主张被刘邦全部接受，没有丝毫抵触，二人互相投和、非常融洽。同是一个张良，他在游说陈涉、项羽时，并非是拙嘴笨舌，在游说刘邦时，也没有花言巧语，但结果却截然相反，这都是命运所决定的。

李康固然说出了"成功"的两个重要实现条件，即是命好、运佳。但就以张良为例，他并非是李康概念中的"完美好命人"：第一，他是亡国的贵

人生三论

族,如果他接受了"历史潮流",做一个宿命主义者,那么就不会在古博浪沙刺杀秦始皇;第二,他屡见群雄,却屡屡受挫,如果他当时认为这是命运的安排,就不会再去主动接触刘邦,而成为一代名相。所以,张良的"好运"并不是天生如此,而是不断反思、不断进取的结果。

二、天人之辨

"天人之辨"是中国哲学的一个中心问题,将如此形而上的论点落实到人的生存层面,则就是人的命运问题,或是人在"命定"的大前提下,为了追求自由而生存。传统的儒家精神,如孔孟等先贤,对人的命运抗争问题,采取了"存而不论"的基本态度。孟子说:"莫之为而为者,天也;莫之致而至者,命也"(《孟子·万章章句上》),"天命"是一种神秘的、超验的必然力量。面对命运的决定性和必然性,早期儒家认为,"死生有命,富贵在天",人的夭寿、富贵等都是先验已定的,这是人类的力量所无法摆脱的宿命。同时,将个体意志对命运抗争的结果,视为"谋事在人,成事在天"。老子、庄子在命运问题上,主张"无为"、"顺命",否认一切的积极人为。老子所谓"莫之命而常自然"(《老子》第五十一章),面对这种有规律性意义的自然命运,人是无能为力的。庄子讲"死生、存亡、穷达、贫富、贤与不肖、毁誉、饥渴、寒暑,是事之变也,命之行也"(《庄子·德充符》),而人只能是"无以人灭天,无以故灭命,无以得殉名"(《庄子·秋水》),"知其不可奈何而安之若命"(《庄子·人间世》)。墨家对命运的认识,一方面批判儒家的天命论,指出儒家所谓"天命不可损益"与"君子必学"之间的自相矛盾,既然天命已经如此,为什么还要继续格物致知、尽心知性。墨家认为人力是抗争命运的最佳途径,"赖其力者生,不赖其力者不生"(《墨子·非乐上》)。但由此一来,人类社会会陷入到无序的竞争之中,既然各赖其力,人类社会就无法整合,所以墨家又人为地设计了"天志"、"明鬼"等类似宗教惩戒的范畴,在人类活动之上,又添加了一个"鬼神社会"。因此,墨家的理论反而比儒家的天命论更加极端了。

在先秦百家中,荀子对于命运的态度最为积极。首先,荀子认为"天"就是外在的客观世界,"列星随旋,日月递炽,四时代御,阴阳大化,风雨博施,万物各得其和以生,各得其养以成,不见其事而见其功,夫是之谓神。皆知其所以成,莫知其无形,夫是之谓天。"(《荀子·天论》)天就是天,与人类社会无关,并没有一个"天命"凌驾于人之上,但人却可以通过自己的认识能力,来认识天,做到"制天命而用之"(同上书)。同时,荀子认为人对天的认识仅仅是改造外界世界的第一步,更重要的是人可以发挥个人的能动性,利用族群的优势,实现"天地官而万物役"(同上书)的目的,获得"经纬天地而材官万物,制割大理而宇宙里矣"(《荀子·解蔽》)的自由。荀子对命运认识的深化,张扬了人在力命之争上的乐观主义。孔孟从不同的人事领域出发,对力命之争分而治之,把自由局限在道德领域。墨子强调人力,却没有对自由问题谈及多少。老庄则以为只能无为顺命,追求所谓"独与天地精神来往"的逍遥。而荀子不仅论证了人具有认识世界的能力以及运用对世界的真理性认识来改变世界,实现人的目的,获得自由的能力,而且也初步地探讨了实现自由必须凭借的手段和环节,极大地张扬了人在力命之争即自由问题上的乐观主义。

三、命运是个势利眼

成就多从苦难出。贝多芬 1770 年出生于德国的一个音乐世家,自幼跟随父亲学习音乐,8 岁时就举办了个人音乐会,17 岁时得到莫扎特的真传,22 岁起在维也纳从事教学、演出和乐曲创作。在认真扎实的勤学苦练之后,贝多芬逐渐成长为一名杰出的音乐家,创作了数以百计的音乐作品。但从 1816 年起,贝多芬的健康状况越来越差,由于耳病而全聋了。作为一个音乐家,失去了听觉,就意味着将要离开自己喜爱的音乐艺术,贝多芬讲:我将扼住命运的咽喉,它决不能使我屈服。在担任乐队指挥的时候,由于贝多芬耳朵失聪而导致演奏无法进行,观众送来一张纸条:"请不要再指挥下去了"。但贝多芬没有消沉下去,他以极大的毅力克服耳聋带给他的困难。耳朵听不到,他就拿一根木棍,一头咬在嘴里,一头插在钢琴的共鸣箱里,用这种办法来感受声音。1824 年的一天,贝多芬又去指挥他的《第九交响乐》,博得全场一致喝彩,共响起了五次热烈的掌声,然而,他却丝毫没有听到,直到一个女歌唱家把他拉到前台时,他才看见全场纷纷起立,有的挥舞

人生三论

着帽子,有的热烈鼓掌。这种狂热的场面,令贝多芬激动不已。1827 年 3 月 26 日,贝多芬在维也纳病逝。他一生创作了 9 部交响乐,其中尤以《英雄交响乐》、《命运交响乐》、《田园交响乐》、《合唱交响乐》最为著名,此外还有 32 首钢琴奏鸣曲,以及大量的钢琴协奏曲、小提琴协奏曲等,成为人类历史上最伟大的音乐家。

从正常人的逻辑来看,贝多芬已经耳聋,已经失去了成为音乐家的基本条件,命运无疑是残酷的,但他却以"逆命"的意志与命运抗争,让自己在命运面前站了起来。命运是个"势利眼",《史记》的著者司马迁在《报任安书》中写道:

> 盖文王居而演《周易》;仲尼厄而作《春秋》;屈原放逐,乃赋《离骚》;左丘失明,厥有《国语》;孙子膑脚,兵法修列;不韦迁蜀,世传《吕览》;韩非囚秦,《说难》、《孤愤》;《诗经》三百篇,大抵贤圣发愤之所作为也。此人皆意有所郁结,不得通其道,故述往事,思来者。

在这一段文字中,涉及的历史人物如周文王、孔夫子、屈原、左丘、孙子、吕不韦、韩非子等人,之所以能在青史上留名,起先均是为命运所折磨,而后奋起搏击。司马迁本人为《史记》成书也承受了巨大的耻辱,因上言汉武帝而惨遭宫刑。"身体发肤,受之父母","不孝有三,无后为大",无论从伦理意义上,还是人格的角度,司马迁事实上都不再是个完整意义的人,因此他感叹道:"是余之罪也夫? 身毁不用矣!"(《史记·太史公自序》)这里面不光是对自己遭受不测之祸的愤慨,也有因这不测之祸而影响自己人生理想实现的一种深深的自责。但他选择了坚强地与命运抗争,实现自己的历史使命,他将自己对命运的抗争意识,渗透到《史记》的创作中,从而使得《史记》的许多篇章因此熠熠生辉。在为历史人物树碑立传时,司马迁给那些不屈从于命运而勇敢抗争之士以高度的赞扬,认为他们才是真正的大丈夫。他赞伍子胥不从父死,而隐忍受辱,最终得以报父仇。在写到《季布栾布列传》时,认为:"季布以勇显于楚,身屡典军搴旗者数矣,可谓壮士。然至被刑戮,为人奴而不死,何其下也! 彼必自负其材,故受辱而不羞,欲有所用其未足也,故终为汉名将。贤者诚重其死。"司马迁将这些英雄人物的"逆命"之意志,与自己"发愤著书"的出发点相互辉映,张扬中国历史的正义与生机。

逆命需要的不只是"意志",而且还要有勇气,如果单从成本的角度去分析的话,"逆命"是一个风险成本极高的选择。《韩诗外传》上记载了这么一个故事:春秋时期的齐庄公是一位得道的君主,深受广大臣民拥戴。一日,庄公带着几十名随从进山打猎。一路上,齐庄公兴致勃勃,与随从们谈笑风生,驾车驭马。忽然,前面不远的车道上,有一个绿色的小东西,近前一看,原来是一只绿色的小昆虫。那小昆虫正奋力高举起它的两只前臂,怒气冲冲地挺直了身子直逼马车轮子,一副要与车轮搏斗的架势。庄王和随从们被这只虫子震撼了,如此小小一只虫子,竟然敢与庞大的车轮较量,那太让人感到意外了。齐庄公问随从们:"这是什么虫子?"侍从回答:"大王,这是一只螳螂。"庄公惊讶道:"这小虫子要阻挡我们车子前进?"侍从风趣地回答:"大王,它要和我们的车子搏斗,它不想让我们过去呢。大王,螳螂这小虫子,只知前进,不知后退,体小心大,非常顽强!"侍从们都想从这只不自量力的螳螂身上碾过去。但是,庄公却制止了侍从们的行为,感慨地说道:"小虫儿,志气不小,它要是人的话,一定会成为最受天下尊敬的勇士啊!"说完,他吩咐车夫勒马回车,绕道而行,给勇敢的螳螂让道。"螳臂当车"固然其法不可取,但小小昆虫却勇往直前,奋力逆命,让人们体验到生命的可贵。

四、我命在我不在天

中国传统道教源于道家,但道教信仰并不完全等同于道家。如道家早期代表人物庄子针对命运问题提出"安之若命",并在《庄子·人世间》中对这一命运观作出解释:"自事其心者,哀乐不易施乎前,知其不可奈何,而安之若命,德之全也。"庄子等道家人物将"道"作为万物之源,否定了先秦神学观念中有关神或天帝的崇拜,认为天地万物的运动变化、人的命运都是遵循着自然之道,所以人要顺安其命,顺从自己的遭遇,不强求,不违命。但源于道家学说的道教,对于命运的态度却是积极的,葛洪在《抱朴子内篇·黄白篇》中说:"我命在我不在天,还丹成金亿万年。"《老子西升经》则讲"我命在我,不属天地。"道教修仙之人一反儒家"死生有命,富贵在天"的观念,为追求长生积极同自然作斗争,提出了这一力争自己掌握人生命运的口号。

人生三论

而道家体系中的内丹家和外丹家通过内修元气,外炼真丹,夺天地之造化,掌握自己生命。"我命在我不在天",是道教的重要教义之一,同时也是人向命运的直接挑战。道教认为个人的生命同天地一样,都是由自然之气所化生,人如果凭借智慧通过造化之理,"窃取"阴阳之机,修道守气,返本归根,就可以与道同在,寿比天长。

道教的代表人物葛洪继承并改造了早期道教的神仙理论,在《抱朴子内篇》中,全面地总结了晋代以前的神仙理论,同时将神仙方术与儒家的纲常名教相结合,强调"欲求仙者,要当以忠孝和顺仁信为本。若德行不修,而但务方术,皆不得长生也",将伦理纲常与求仙修道结合在一起,认为"心术"是修仙的第一要务。清末民初的星命学家袁树珊在《命理探源》一书中载有"心命歌",歌云:

> 心好命也好,富贵直到老。心好命不好,天地终有保。命好心不好,中途夭折了。心命俱不好,贫贱受烦恼。心乃命之源,最要存公道。命乃形之本,穷通难自料。信命不修心,阴阳恐虚娇。修心不听命,造物终须报。李广诛降卒,封侯事虚杳。宋祁救蝼蚁,及第登科早。善乃福之基,恶乃祸之兆。阴德与阴功,存忠更存孝。富贵有宿因,祸福人自招。救困与扶危,胜如做斋醮。天地有洪恩,日月无私照。子孙受余庆,祖宗延寿考。我心与彼心,各欲致荣耀。彼此一般心,何用相计较。第一莫欺骗,第二莫奸狡。萌心欲害人,鬼神暗中笑。命有五分强,心有十分好。心命两修持,便是终身宝。

可见,道教的"逆命"并不是违背伦理纲常,或是将外物视为自己的"魔障",相反道教认为修行并不排斥人的基本良知,要有善心、有善行,才可以实现与天地同参。

在"我命在我不在天"思想的指导下,道士们通过不同的方式,通过修炼丹药来实现不死梦想。在丹药修炼的过程中,道教对化学、物理学等学科深入研究,对中国古代科技的形成和发展起了积极的推动作用。正如世界著名科技史专家李约瑟博士在对中国科技史进行细致考察之后所得出的一番精辟见解:道家对自然界的推究和洞察完全可与亚里士多德以前的希腊思想相媲美,而且成为整个中国科学的基础。同时,道士们修炼的终极目标就是为了延年益寿、长生不老、飞升成仙。为了达到这个目标，他们首先对人自身进行全面细致的观察，探讨了人体奥秘与机理，寻求治病养生的良药，而探讨的结果，便产生了许多著名的医药学专家。例如，东汉"神医"华佗，发明了"五禽之戏"，模仿虎、鹿、熊、猿、鸟五种动物的活动姿态来锻炼身体，这可以说是世界上最早的健身操，也是体育科学史上最早的导引疗法；同时还发明了"麻沸散"，在施行手术前，对病人进行麻醉，使外科手术学获得了长足进展。这些都是对世界医学的重大贡献。

道教在炼丹的过程中，讲究恰当的气候、时辰、地理位置等，道士大多注重对自然现象的观察和研究，热心致力于对自然界玄妙变化的探索，如《道藏》中就有许多著作反映了道门中人观察天地的活动，像《太上洞玄宝元上经》主要是对天体星宿与地象的观察记录；《雨炀气候亲机》主要是对云雨气象的观察描述。对天的观察获得了天文知识，有些道士同时也是著名的天文学家，比如唐代著名的道教学者李淳风，便是当时杰出的天文学家，他博古通今博览广识，对天文、历法尤为精通，他所编撰的《麟德历》在唐代行用了六十余年，同时还撰写了《晋书》和《隋书》中的《天文志》、《律历志》及《五行志》，对中国天文学知识的积累和发展作出了突出贡献。"我命在我不在天"肯定了"逆命"而为，对蕴涵在人自身的潜在价值进行了充分肯定，强调发挥人的主观能动性，这是一种激励人不断进取的积极的人生观。

五、逆命与超人

从古希腊文明到基督教文明，西方的上空一直弥漫着"悲剧"的色彩，古希腊人认为人类真正的命运是悲剧，与命运的抗争到最后也只能是徒劳，人之所以明知道自己的宿命还继续抗争，也是因为人的宿命。到基督教诞生之后，宗教的慰藉很快地融入到欧洲人的精神生活中，但作为宗教的基督信仰，也是将个体的真正幸福放置到"彼岸世界"。但人并不甘心做"神"的玩偶，他需要通过掌握命运来证明自己存在的价值，这种价值实现的载体就是"意志"。在现代西方哲学体系中，从叔本华和尼采肇始，人类开始关注自我意志，其中叔本华的意志学说主要是叙说人生的痛苦、人生的艰辛，是将人类意志与命运悲观结合；但尼采则是憧憬超人的快乐、权力的诱惑，高

人生三论

呼"上帝已死",高扬了人的主体性。但二者异曲同工之处在于:送走了神的世界,迎来了人的黎明。

叔本华的哲学理论可以概括为"生活意志论"。叔本华认为,"世界是我的表象",世界是"我"的展示,所以世界的本质就是个人意志,而历史则是意志的证明。在叔本华看来,人是意志发展的最高产物,到了这个阶段,意志作为非理性的东西就会产生出自己的对立面即理智。有了理智和个性,人就不可避免地处于意志和理智的矛盾中。理智的目的是为了让自己的生活过得更好,但理智一出现,很快就意识到自己非理性的意志迟早要破灭,这对人说来不能不是一种痛苦。与人相比,地球上的其他动物并无这种自我意识,所以动物没有这种痛苦。这个痛苦就是"人间悲剧"的根源。痛苦使人生不感到无聊;痛苦有着导致清心寡欲的作用,从可能性上说还有一种圣化的力量;痛苦能激励人前进,造就伟大的事业。幸福经常是消极的,而痛苦则是人生的积极因素,痛苦是对生命意志的肯定。

与叔本华不同,尼采认为世界的本体、动力不是生存意志而是权力意志,所以人生的目的在于超越而非沉湎于痛苦。与叔本华的"生命意志"不同,尼采提出了"权力意志",但尼采的权力意志并不是世俗权力的意思,而是指宇宙万物所共有的释放和扩张自己力量的欲望,进行创造的欲望,占有、支配他物的力量。按照尼采的哲学原意,尼采的哲学"本体"更准确地说应该译为"强力意志"或"冲撞意志",即扩大自身、超越自身,具有旺盛生命力的意志,就是释放自己能量的"创作性意志"。在此基础上,尼采提出了"重估一切价值"的思想,这个价值标准就是人的生命力的强大,凡是有利于生命强大的思想和行为,就要肯定并加以利用。尼采主张用古希腊酒神狄奥尼索斯的精神来革新哲学,用"强力"来重建哲学的价值。依据自己的生命哲学,尼采把包括悲剧在内的艺术作为一种生命现象来理解。在他看来,美学不只是艺术哲学,也是一门艺术生理学。肯定生命并肯定生命的追求强力的本能,是贯穿《悲剧的诞生》全书的基本思想。他给希腊神话中两位神——日神阿波罗和酒神狄奥尼索斯赋予了丰富的内涵,日神和酒神被视为生命力表现的两种形式,日神的"梦幻"和酒神的"醉狂",既是两种彼此对立的生理现象,也是两种基本的心理经验。日神象征人类的恬静、节制、理性、道德、和谐、幻想，酒神则象征人类的变动、放纵、直觉、本能、疯狂、残酷。所以，尼采不满于叔本华万物归于虚无的观点，而认为意志世界处在"循环的欢乐"中，是个令人双重销魂的酒神世界，同时他也不满意叔本华的人生寂灭的悲剧主义论调。

在尼采看来，人生的终极目标并不是活着，或是仅仅为了生存而活着，要成为一个真正意义上的"人"，这个"人"既不是超越本能的"神"，也不是诗人的幻想，他是在现实生活中通过意志创造、自我超越的"人"，这个人就是"超人"。所以，尼采说现实中的人，并不是完整意义上的"人"，而只是一个桥梁，是实现从动物到"超人"过渡的一个桥梁。

尼采眼中的"超人"其实质是"权力意志"的理想化和人格化，这与理性派哲学和基督教传统所确立的人的价值观是相反的。尼采认为，超人是宇宙真正的精华，是全人类的统治者。"超人"是"天才"，是万物之灵长，是自颁法律、自我评价、自树道德和价值尺度的创造者，是真理与道德的准绳。"超人"敢于面对人类最大的痛苦和最大的希望，以冒险为乐，傲视一切，专门选择强者与之斗争，在最好的朋友中寻找最恶的人。他不怕斗争、不怕伤害、不怕痛苦，彻底摧毁一切使人堕落、腐化的东西。"超人"是超越人类的新种族，他集中体现了人类所不具有的高贵品质和独创精神，是理想世界的建设者，是人类的希望，是人类最终要达到的目标。

尼采认为，人应该用艺术的、审美的态度来考察命运，因为既然命运如此，与其怨愤不平，不如享受过程，将命运看做生命的流畅。明代大儒王阳明堪称儒家人格的典范、封建时代的完人。王阳明的一生颇具传奇色彩。古人将"立德、立言、立功"视为可彪炳史册的"三不朽"事业，王阳明则是中国古代少有的将这三者集于一身的儒家人物。从立德上看，王阳明同那些真诚的道学家一样，是一个身体力行的道德家，虽命运多舛，但终不移其志；从立言上看，王阳明为"破心中贼"，而综合和发展了朱陆的学说；从立功上看，王阳明由科举登第而进入仕途，他通晓兵法，善于用兵，屡平少数民族起义和王室的叛乱，建立起他所谓的"破山中贼"的功绩。但他一生坎坷，多次死里逃生。年轻时，王阳明因得罪宦官刘瑾而谪居龙场。"龙场在贵州西北万山丛棘中，蛇虺魍魉，蛊毒瘴疠，与居夷人鴃舌难语，可通语者，皆中士亡命。旧无居,始教之范土架木以居。时瑾憾未已"。王阳明此时自计得失荣辱皆能超脱,唯生死一念尚觉未化,乃为石墩自誓曰:"吾唯俟命而已!"所谓的"俟命"即是"认命",在他的谪居地贵州龙场驿,因为朝中宦官的监视与随时的生命危险,并没有让他从生命的紧张和焦虑中走出来,他感受到的依然是人生的无穷困厄。他希望自己不仅从世俗外部的得失荣辱中超越出来,而且从生命内部的生死存亡困扰中解脱出来。"因念圣人处此,更有何道?忽中夜大悟格物致知之旨,寤寐中若有人语之者,不觉呼跃,从者皆惊。始知圣人之道,吾性自足,向之求理于事物者误也。"(《王阳明全集年谱一》)困厄之处,却成就了他的这一源自生命内部的"呼跃"。从个人心路历程和生命历程来看,尽管王阳明幼年起就有了成圣成贤的生命志向,但却长期驰骋于辞章诗文,出入于佛老,以至于按照宋儒"尊德性"的要求,不断以向外"格物"的方法来提升自己,甚至于以 7 日之功来"穷格竹子",但外求格物以致良知,是不得其法的,还会使生命处于有限与无限极度对立的紧张之中,以致他不能不慨叹"圣贤是做不得的"。龙场悟道却是在生死威逼的边际体验中,直接把成圣成贤的功夫扭转为向内领悟生命的终极意义,从而使他最终发现了生命存在的本体依据,并返归到儒家正学的路途上来,自觉地以儒家精神价值为本位建构自己的心学体系。龙场悟道以后,王阳明的学问宗旨才发生了关键性转变,并找到了生命提升的最终归宿。王阳明《年谱》记载:

> 嘉靖七年十月,阳明病归,至南安时,门人周积侍见。阳明说:"吾去矣!"周积哭着问:"何遗言?"阳明略带微笑对周积说:"此心光明,亦复何言?"说完,瞑目而逝。

王阳明已能坦然、安详地接受死亡,获得了对死释然的心态。在历经千死百难后,王阳明才获得坦然面对生死的态度。这也正应验了王阳明自己说过的话:"人于生死念头,本从生身命根上带来,故不易去。若于此处见得破、透得过,此心全体方是行无碍,方是尽性至命之学。"(《传习录下》)

王阳明应该是尼采眼中的"超人",他用顽强的意志与命运抗争。正因为每个人都会成为"超人",所以尼采在西方古典哲学的废墟上喊出"上帝已死"的口号,但每个人都是"超人",都为自己立法、都为自己生命冲动而努力、都是自己的终极价值，那么人存在的合法性就无法得到解决，于是尼采提出了"永恒轮回"的概念。尼采在《查拉图斯特拉如是说》中借查拉图斯特拉之口介绍了一下关于永恒轮回的景象："凡一切事物之中能行的，岂不是必走过这条路么？凡一切事物之中能有的，岂不是曾经有过、做过，而且过去了吗？倘若一切皆已有过，侏儒你以为这'此刻'是什么呢？便是这孔道不是也曾经有过吗？一切事物岂不是皆这么紧相纠结，以至这'此刻'吸引去一切将来的事物么？这么——终于本身也随之而去？因为一切事物中之能行的，也是在这长路上向前出去——也必定再一起前行！——而这迟钝的蜘蛛，在月光里爬行的，和这明月光，以及在这道上的你和我，互相絮语及永恒的事物——我们这一切岂不是皆已有过吗？"尼采如同呓语般的著述，将人类的权力意志发挥到最巅峰。他对轮回提出质疑，即人类命运真如宗教论述那样，仅是一条走过的路吗？如果真是一个"来回"，那人的生命历程也是自我肯定的过程，而非如其他生物一般无意识。人的权力意志让整个族群与同时存在的生物体不同，人因此而高贵，因此而彰显价值。

2009年4月24日，本世纪最伟大的物理学家霍金，在走过40多年与绝症做斗争的光辉岁月之后，与世长辞。史蒂芬·威廉·霍金（Stephen William Hawking），1942年1月8日在英国牛津出生，曾先后毕业于牛津大学和剑桥大学，并获剑桥大学哲学博士学位，但在21岁时就不幸患上了会使肌肉萎缩的卢伽雷氏症，演讲和问答只能通过语音合成器来完成，也因为病痛，他被禁锢在一辆轮椅上达40年之久，他不能写，甚至口齿不清，但他却超越了相对论、量子力学、大爆炸等理论而迈入创造宇宙的"几何之舞"。尽管他那么无助地坐在轮椅上，但他的思想却出色地遨游到广袤的时空，解开了宇宙之谜。霍金的魅力不仅在于他是一个充满传奇色彩的物理天才，也因为他是一个令人折服的生活强者。他不断求索的科学精神和勇敢顽强的人格力量深深地吸引了每一个知道他的人。他被誉为"在世的最伟大的科学家"、"另一个爱因斯坦"、"不折不扣的生活强者"、"敢于向命运挑战的人"。

被物质化充斥的当今世界，人们的精神生活萎缩，精神信念缺失，这已经是一个不容忽视的精神现状。经济的迅速腾飞并没有带来精神的丰富充

人生三论

盈,在社会的巨大转型面前,身处其中的每个个体都感到巨大的困惑和不适。如果说,在以往的时代动荡面前,人们还有一个拯救与追求的目标的话,现在的人却在某种意义上陷入了"无物之阵",陷入集体的失语与焦虑。反观每个伟大历史时代或民族,其伟大之处在于都有其与众不同的精神理想,每个人的理想、信念和志向,就是从这种历史文化、社会和时代现实精神中获得的。对命运的探讨,其目的并不是让我们把自己的精神龟缩到躯体之中,而是扬起逆风飞翔的风帆,与命运抗争,活出真正的自我。

六、不如赌一把

人力与命运之争,从人类远古社会到今天一直持续地"在进行",仁者见仁,智者见智,但无论从哪种视角来观察命运,人类只能赋予它外在的意义,而无法把握它的最终结局。人在因果中旋转,所以对命运终结无知,因果变化无常,随时随地、随人随事迁移流转,但人却可以通过自己的努力来增加某种因果实现的可能性。"谋事在人,成事在天",事之成败与否,逆命是为增加生命个体在与命运博弈之局中的权重。

数学家、物理学家帕斯卡尔在《思想录》一书中,提出了"信仰赌注"的观点,如"信仰上帝"是一个人贯穿一生的一个选择,但依然有人选择了信仰。这个选择是"是非"判断题,既然是必须选择的问题,并且只能有一个答案,人类就应该作出这样的一个抉择:这个抉择的结果是即使犯了错,所蒙受的损失也是最小的。"信仰上帝"是个选择,如果真的有上帝存在的话,那么选择信仰,无疑是有福的;如果上帝不存在,那么选择信仰,又能有什么危害呢。所以,在这个问题上,若赌赢了,将获得一切;若赌输了,并没有失去什么。还有什么可犹豫的,就赌定上帝存在吧!

帕斯卡尔接着作了一个更复杂的假定,强化了信仰选择问题的严肃性与神圣性,即是信仰除了会有今生的幸福,还会涉及人类的"永生"问题:假若还存在着一种来世的或永恒的生命与福祉,人类又将如何看待这场意义非凡的人生赌注呢? 这场人生赌注实际上是不可避免的。一旦是人类不得不进行抉择而又舍不得以自己今生今世的一切作抵押,那将是很不明智的,因为尽管在数之不尽的机遇中可能只有一种结局是我们所盼望的,可它将带给你的却是一种永恒的生命、一种无限的福祉。也就是说,人的抵押是相当有限的,而收益则是无法估量的。更何况就输局与赢局的几率而言,后者诚然为一,可前者也并非无穷之多。帕斯卡尔认为,在这个时候,我们必须接受上帝的信仰。

换个角度来看人生,其实短短百年的人生是一场赌局,这个赌局是极不公平的,对弈的双方一方是人类无法测知其能量、变幻莫测的命运;另一方则是肉体凡身、极其脆弱的人,人的赌注小到命运都不屑于参加这一局"非对称"的赌博,人类又自卑于个体的渺小,所以在一场赌局中,多是因人毫无悬念的失败而告终。但总会有一些人,会如此认为:既然最坏的结果是输局,不如豪赌一把,输就输了,从头再来。"置之死地而后生",最大程度地发挥自己的潜能,"逆命"而为,实现意志,为自己的命运扳回一局。

"命运"是个沉重的话题,每个人究其一生都无所选择地与之为伍。其实,无论顺境、逆境,一切都好,顺境养心,逆境修性;无论善命、恶命,一切都好,善命载福,恶命进德;无论好运、坏运,一切都好,好运存道,坏运长志。这一章写到落笔之处,一首小诗,几丝感想:

> 如果你已经出生
> 那么,我要祝贺你
> 人生是一场精彩的游戏与遨游
> 能参与这场体验
> 真是你莫名的幸运
>
> 如果你正在变老
> 我会羡慕你
> 你又多了许多的从容与淡定
> 那是人生一种很高的境界
> 如果病魔正在折磨着你
> 灾难正在摧毁你
> 挫折正在打击你
> 恭喜你,理想已在这里起航

76

你将在净化中得到澄明

忽然间
死神已在追逐着你
疲惫已占据着你的心灵
那就,重新开始吧
那边——彼岸,是你梦中的天堂
你将在奋斗中得到永生……

第二章 论死亡

　　自从地球上出现一种叫做"人"的存在物以来，迄于今日，已经有850亿人在这颗行星上出现，然后消逝了。这些人当中有遥远的陌生人，也有我们的亲族父祖，一代又一代的生者持续不断地站在了这片埋葬着先人的土地上，就像是一个个轮回一样。人类作为一种暂时性的存在，有一些问题，是从"娘胎"里面就已经带出来的，是一出生就必须正视、必须面对的。无论你是皇亲国戚，权势遮天，还是混沌小民，身无片瓦；无论你是身强体健，健康壮硕，还是身体孱弱，柔不经风；无论你是家庭和睦，幸福安康，还是命运多舛，颠沛流离，你都无法摆脱人类的一个永恒归宿，也是人类不可避免的一个宿命——死亡。死亡是人生的一个基本主题，会伴随着任何一个人的一生。这一说法乍看起来似乎有些恐怖，也有些残忍——似乎在我们面前始终呈现的是一幅令人不忍注目的景象：在人生的旅途中，每一个人都是一位过客，其身后都有着一个叫做"死亡"的阴影，时刻跟随着他们，形影不离，就像是苗人的"蛊虫"一样时刻不停地在吞噬着我们的生命，随时准备作出致命一击，将你拖入那永恒的黑暗之中。这种阴森恐怖的说教似乎不很受到人们的欢迎，虽然世人们都了解死亡对于人来说，是一个不可逃避的命运，但依然希望能有一点点光明留给自己。他们认为，在人的一生中，童年是没有死亡概念的，而青年时刚刚能真正接触和思考死亡，中年时才会担心死亡之降临，而老年才是死亡阴影真正降临的时候。这种看法反映了人们在极不情愿承认死亡的不可避免性的同时，也"狡猾地"为自己留下了丝丝安慰的空间，仿佛这点空间就可以将死亡暂时放到一边去了，但残酷的往往是现实,而现实的另一个同义词就是残酷——死亡在任何时刻,在生命的任何一个阶段都不会置我们于不理。胎儿的流产,儿童的夭折,青年的早逝,中年的殒灭,老年的大限,我们在现实生活中已经看得太多太多了。在我们所在的这个世界中,死亡天使有着太多的面孔,以至于我们自己都不知道死亡会以一种什么样的方式来找到自己,如车祸、溺水、火灾、自杀、食物中毒、疾病等等。而2008年5月12日的汶川大地震更是以废墟下面的无数可贵生命的呻吟与天殇带给我们一曲震撼人心的死亡悲歌。漫天铺来的图片、文字一遍又一遍地向我们传达着这样一个信息——死亡的瞬间性和残酷性。刚刚还是神采飞扬、生机无限的儿童、少年,刚刚还是在辛勤劳作的工人、农民,刚刚还是在马路边上打麻将、喝茶的老人,只一个刹那,大自然的一次"呼吸"就将这一切统统带走了,不给人们留任何一点辩解的机会和借口,也没有留给那些受难者任何一丝的理由。死亡,最为吊诡的是,通常都是没有征兆的,就这么无声无息地降临在我们的同类身上了。

对于人类自身的脆弱性和死亡的残酷性,古今中外的先贤圣哲们已表达了很多无奈而悲伤的慨叹。古希腊有句名言:"神是不死的人,而人是会死的人。"古希腊人对人与神之间的区分并没有像后人尤其是犹太教、基督教、伊斯兰教信徒们所做的那样清晰那么烦琐,在他们的眼中,全知、全能、全善都不重要,重要的是与死亡之间的关系。人是始终被死亡所笼罩着的,而神是能够从死亡的魔爪中挣脱出来的,除此之外,别无他者。人类对于神灵的敬奉源自神灵不死这一事实。在敬奉神灵的过程中,虔诚的人们渴望神灵得到眷顾,告之不死的秘密,从而使自己也成为神灵的一分子。长久以来,这种灵魂不死的冲动一直驱动着人类历史的发展和演进。而对人类未能获得不死秘方的遗憾,则是文学艺术探讨的一个不朽的主题。伊斯兰正统苏菲的最伟大的辩护者伊玛目安萨里在《圣教之复苏》中对死亡有这样的感慨:

> 死亡是人的角斗场,
> 土壤是人的床榻,
> 蛆虫是人的伙伴,
> 猛克尔,乃克尔是人的同座,

坟墓是人的落脚点，

大地腹部是人的安身处，

世界末日是人的赴约地，

天堂地狱是人的归宿。

人，怎么能不思量死亡呢？

人，怎么能不惦记死亡呢？

人，怎么能不为死亡做准备呢？

人，怎么能不谋划死亡呢？

人，怎么能回顾死亡呢？

人，怎么能不关注死亡呢？

人，在死亡面前无能为力，

人，在死亡面前束手就擒。

死亡这个偷袭者，让人防不胜防。在死亡面前，人们除了怀着沮丧的心情聆听丧钟敲响之外，还能做些什么。在这一点上，我们似乎光有前人的话语是不够的。关于死亡的教益和哲理，在人类历史的长河中已垒砌成了一座座堡垒，但可悲的是，这些堡垒似乎不足以让那些活着的人对死亡有所准备，去真正了解死亡。究其原因，可能在于可怕的现实——那些对死亡左右观摩的先贤们自身也没有逃脱死亡的控制，其中也没有任何一位从死亡中"重生"过来，告诉我们死亡的景象，以消除我们对死亡的种种恐惧。我曾经在一本由佛教徒所写的传道书中读到，作者宣称自己这本书的写作，是由于受到观世音菩萨的点拨，被赐予了"神行鞋"，因而能亲身体验死亡，穿着"神行鞋"漫步于死亡之境，再从死亡的国度翱翔回到现实。他用这段所谓的"亲身体验"告诉世人关于死亡的故事和佛教教义的重要。我本人对他所宣扬的那些教益颇为信服，其中确实包含有很多对人生大智大慧的洞察。佛作为一个觉者，其教益在我看来大多是温和可信而中肯的，但对于所谓"神行鞋"的方式，我却抱着一种深刻怀疑的态度。我宁愿将这位信徒的说法当做是一种宗教性叙事的需要，而不是一个完全的死亡经历，就像是但丁在《神曲》中对地狱、炼狱的描述一样，虽然恐怖惊悚得令人愿意相信它是真实的，但依然是一种虚拟的或不完全的叙事。死神从不失手，借尸还魂这类故事,要么是善于自我胜利的人们在意境上的策略,要么是死期未至——生存的意志战胜了自己对死亡的恐惧,顺利地在死亡谷口隔着冥河和死神挥了挥手,带回来一片片关于死亡的不完整景象。也许正是因为死亡之景象的终极不可知,所以才成为活着的人都不愿意正视的问题。人们忙着工作、忙着挣钱、忙着享乐,企图将死亡从脑海中、从心灵中完全撵走。就像是鸵鸟一样,在死亡来临之前就将头埋在尘世喧嚣的沙土中了,今朝有酒今朝醉,明日杯空明日忧。忙忙碌碌,似乎"其为人也,发愤忘食,乐以忘忧,不知老之将至云尔"就真的是一种人生境界了,但死亡迟早还是会找上门来的。在世间的芸芸众生,绝大多数人的骨子里都是惧怕死亡的,但也有例外,这种例外表明了人类的无限可能性和高贵性。世间有少数人是无惧死亡的,正如鲁迅先生所说的那样,真正的勇士敢于直面惨淡的人生。从历史经验上看,尽管死亡之景象不可知,尽管死亡时刻威胁着我们脆弱的生命,但有两种人是不惧怕死亡的:一种是有极端信仰的人;另一种是睿智通达的哲人。具有极端信仰的人,由于某种精神信仰对持有者的思考和心灵能够产生强大的支配作用,从而使信徒从属于信仰的权威,陷入某种迷狂状态,甚至不惜为其牺牲自己的生命,如那些伟大的具有无私奉献精神的共产主义者、为圣战而前赴后继的穆斯林信徒们,甚至那些极端的恐怖主义分子也是这种极端信仰的产物,死亡对于他们来说是什么都不是,因为他们有一个至高无上的目标。而睿智通达的哲人,则是对生死进行研究与参悟的人。他们凭借睿智的大脑和豁达的心胸,凭借对人世百态的分析及自身丰富的人身阅历,对生死的问题早已想出了令自己深信不疑的答案。而在我看来,这两种对死亡漠视的人之间存在着一种本质上的差别。第一种人,因极端信仰而无惧死亡的人,在我看是一个勇敢的盲人,他们在一种自己都不知道原由的精神力量驱动下,莽撞地冲向死亡,无畏但无谓,就像是勇敢冲向火车的犀牛。前面是万丈悬崖,再进一步就是粉身碎骨,进还是不进?极端信仰者和通达智者的区别就在于,信仰者不问自己,而问信仰——你该为了信仰不顾一切,不应怀疑信仰,那信仰者就会义无反顾;而通达智者则会拷问死亡对于我们的意义,追问死亡的价值,在一定限度内,他们甚至会驾驭死亡本身。这才是我们应当从死亡中学到、汲取的东西。面对死亡,你首先应

人生三论

当成为一个智者。死亡是一池清水，人人都得在那里趟过，无一人可以幸免，但你可以选择的是正视死亡，从死亡中获取生的意义和价值。真是在这一意义上，当代西方哲学才开始将死亡当做是我们人类的一个基本生存背景，并将死亡当做是现实生活的一个部分——练习死亡，向死而生，这些提法看似恐怖，其实背后充满了无限的生意和活泼。

第一节　未知死，焉知生

人生的症结在于死。未知死，焉知生？

两千多年前，孔子就生死问题说过一句影响国人至深至远的话："未知生，焉知死？"（《论语·先进》）从此之后，天下的儒生们以及那些在儒生影响下的"草民们"皆以"生"为乐，大多已经忘记了还有"死"的问题。这种倾向并不是仅仅体现在儒家学说及其奉行者当中，还隐约地折射到了道家、佛家的教义当中去了。一时间，地处欧亚大陆东端的这片土地似乎是一个与死亡话题绝缘的区域。有位作家这样描述孔子生死观对国人的影响，认为中华民族似乎是盘旋在死亡上空的。在我看来，这种说法是一个积极描述国人对待死亡的版本，而一个消极一点的版本是，圣人之后，国人就再也没有正视过死亡了。长期以来，熙熙攘攘的众生们只是在思考生的问题：如何去获取生存资料、衣食住行，怎么样才能活的更久，吞食五石散、秋石、红铅等，怎么样才能家庭和睦、儿女孝顺，等等。似乎中国人对死亡的思考甚少或根本就不问及了。相反的是，我们有一种典型的思维是关注今天生之满足，比如我们一句经典的"国问"——吃了吗？吃了饭就能活着，而活着就有希望能吃上下一顿饭，下顿饭则又保证你能活着，如此则生命就真的无穷尽了。这种思维的另一个方面就是对死亡的避讳莫深，认为死亡是一个生者不能触及的话题，不吉利，会触霉头。记得小时候，小孩子由于不明白死亡在大人世界中的忌讳，总是会在好奇心的驱使下追问，"死是什么啊？爷爷、奶奶会不会死啊？"啪！基本上得到的回应都是大人们用各种工具给出的一个教训。"小孩子，别胡说八道！"这既是一种思维倾向，又是一种生死态度,而这种态度的典型代表就是孔子的那句"未知生,焉知死?"

一、死亡无禁忌

当我们一谈到孔夫子所说的"未知生,焉知死"时,人们似乎忘记了《论语》是孔子学生们的一个个对话记录,当时都有着特定的谈话对象和特殊语境的。后人,尤其是儒学后进者将这一句对话当做圭臬奉行了几千年,并将之深刻地嵌进了中国人的文化血脉当中,似乎是有一点点的草率。"未知生,焉知死?"出自《论语·先进》:"子路问事鬼神。子曰:未能事人,焉能事鬼?敢问死。曰:未知生,焉知死?"孔子的学生子路向孔子请教鬼神之事,孔子回答说,人世间的人情世故你都还没有搞清楚,问鬼神之事何用?子路还不甘心,老师不能就这么简单地打发了我啊,又向孔子请教关于死亡的问题。孔子回答说,关于生的问题你搞明白了吗?如果生的问题没有搞清楚,你又怎么能搞清楚关于死亡的问题呢?熟悉《论语》的人大概都知道,孔子在教育弟子方面确实是一个把好手,总是能够因材施教。不同的学生来问不同的问题,他总是能针对学生自身的特点给出适合每个学生特性、发展需要的回答。根据历史记载,子路这个学生,出身寒微,其性格耿直好勇,为人爽直、粗莽,任侠使气。在孔子游学期间一直担任车驾的职务,孔子对于这个学生应该说是很了解的,子路的这种性格吃亏在不够冷静,对于现实问题的利害关系处理得不够熟练,所以当子路这个"傻学生"兴冲冲地来问鬼神、死亡的问题时,孔子苦口婆心地劝他要关心现实生活,学学怎么处理好人际关系,求一个善生。但子路很明显没有领悟到孔先生的这番苦心,最后在卫国大喊着"君子死,冠不免",整结其缨而死。可见,孔子对子路关于死亡追问的回答,不能算做是孔子对死亡问题的真正认识。可惜的是,《论语》也没有记载孔子的其他学生来追问这个问题,如果颜回、子贡、子游这些学生来问孔子这个问题,相信孔子的回答肯定是有所不同的,而从这些回答过程中,我们应该可以更清楚地看清孔子对死亡的态度和看法。但现实是孔子对死亡再也没有作出过正面的回应了,而这种"未知生,焉知死"也因孔子的圣人话语而成为后世人们对死亡问题的根本立场。这恐怕是孔子自己也从来没有想到过的。

退一步说,孔子的"未知生,焉知死"在某一定意义和层面上其实也迎合了当时与以后的人们对死亡的观感、看法,否则也不会成为后世文化的主流价值取向。细究其中的原因,孔子的这句断言其实也是建立在他对死亡问题的深刻思考和判断的基础之上的。换句话说,孔子的"未知生,焉知死"是建立在人们对死亡问题的某些特殊性的理解之上的:

第一是死亡的不可体验性。虽然人从降生的那一刻开始,就无时无刻地生活在死亡的笼罩之下,不得不面对死亡。生命本身也就是一个走向死亡的过程,生死之间只有一线之差、一丝之隔,故此庄子才有"方生方死,方死方生"的说法。不过,说到死亡经验,却不是人类所能够切实体验的。西方谚语有云:死亡是一条没有回头的路。没有人能从死亡手中挣脱,带回来关于死亡的消息。因此,从经验的角度来看,死亡是不可能被人类所体验到,并被当做是一种知识性的教诲传递下来的。这恐怕是孔子不谈死亡的原因之一。从《论语》和其他记载孔子言行的典籍来看,孔老夫子是一个十分关注现实的人,其言传身教都是在扎扎实实地教导人们过一种现实的理想生活。在这一点上,孔子和苏格拉底是有着相似之处的。在古希腊,作为神谕中最为智慧的人,苏格拉底是在城邦中公开宣称要将哲学研究从自然带到人间的第一人。正是因为苏格拉底的努力,古希腊中后期的哲学才开始摆脱了自然哲学的影响,将哲学研究的主题从"世界的本源是什么"这一类本体论问题转向了"我应该过什么样的生活"这一类存在性问题。

而孔子所关注的核心也正是人类自身生存的这类存在论问题,如果说西方的人文传统是从苏格拉底那里开始的话,那么中国的人文传统则无疑是由孔子所开创的。正是由于孔子的这种人文传统,将理论研究的重点放在日常经验的基础之上,并将这种日常生活和经验当做知识的唯一基础,才使得死亡问题离中国人的理论思维越来越远。因为死亡从来就不是可以经历的。这种类似于西方经验论传统的思维认知模式在一定程度上也可以解释中国人为什么没有形成统一的宗教信仰的原因。宗教的一个核心功能就是将死亡问题放在其言论教义的中心地位,并为人们解决由此带来的种种不安和恐惧。但在中国人的思维模式中将死亡的不可体验性当成了死亡的第一属性,因而死亡也就是不可认识、不可言说的了。维特根斯坦在《逻辑哲学论》中宣称,对于那些不可言说的,我们只能选择沉默。而这种沉默在中国从两千多年前就已经开始了。死亡如同黑夜,而面对黑夜的唯一语言就是沉默。

第二是死亡的不可把握。存在主义哲学大家萨特在其一本小说中描绘了这样一个故事:主人公总是随身带着一小包剧毒的氰化物,之所以如此,就是因为他想享有死亡的自由,可以在自己想死的时候死。按照萨特的说法是,掌握死亡是生命自由的一种体现,更是一种要求。"如果我不尽力重新按照自己的意愿去生存的话,我总觉得活着是很荒谬的事。"但可悲的是主人公却始终没有机会实践这种自由——掌控自己死亡的时机。想起中国人常说的一句狠话,我要让你求生不得,求死不能。初听之后不禁让人脊梁骨发凉。死亡的荒谬之处在于,死亡通常情况下是不可把握的,即便你存着自我了断之心。某日闲翻报纸,看到一条新闻,心中不由得又是一阵难过和感慨:新闻报道称,广东省某学院一名男生从七楼跳楼自杀,没想到在下坠时竟将该学院一名路过的大二女生砸死。而真正令人叹息的是,该坠楼男生在报道之时却已没有了生命危险。寻死的,死亡却置之不理;想要活的,死亡却顺手牵走。死亡在人群中随意来去,随意收割,就像是人在羊群中随意来去,随意取食一般。

如此看来,死亡的不可把握不仅表现在不想死的时候却无缘无故地死了,还表现在想死的时候却折腾来,折腾去,一直死不了。基督教教导信徒说,不要试探上帝。这句话放在死亡身上,也同样合适,不要试探死亡,因为你根本不可能把握得住。有的时候,人靠携带一包氰化物,未必就能获得死亡的自由。萨特所想象的那种绝对自由和绝对责任在死亡看来简直是可笑而荒谬的。"阎王叫你三更死,不会留你到五更。"这种话反过来讲也是正确的。阎王五更天来收你,你在三更天就绝对死不了。小说里那些经常随身携带氰化物的人,好似大多数都是间谍之类,但即便是在小说中,他们的氰化物也不是总有机会咬到嘴里。

第三是死亡的不可知。孔子说:"未知生,焉知死?"他的确是在罔顾左右而言他。子路这个孩子实在有些可爱,自己活着的事都忙不过来,更不用说死后的事了。死亡在通达的孔子看来,就是空。对于死亡的谈论是建立

人生三论

在对死亡的一定认识基础之上的，但由于之前所说的死亡具有不可体验性和不可把握性，人们在死亡来临之前无法对死亡作出预期和判断，在死亡真正降临之后，无法将死亡经验带给意识。死亡本身就意味着意识的泯灭，除非鬼神真的是死者精神的某种幻化。死亡之人的意识是空，其意识的内容也只能是空。空，就从实体角度说就是什么都没有。但佛家的教义说空是什么都有，一切的有达到极端，无法分辨，极端充满。所谓"空不异色，色不异空"讲的其实更像是对死亡状态的一种猜想。但无论是鬼神，还是佛教的教义都没能给我们带出任何关于死亡的实质性描述——死亡已经超出了语言，也就超出了可知的边界。死亡是真正的彼岸，就像黑洞，已经超出了人类的思考范围，人类不能思考死亡后的状态，就像人类不能想象蝙蝠接收到超声波后的感觉一样。

二、死亡意识的沉沦

孔子的教义在儒家学者和普通百姓的奉行中逐渐养成了我们民族的一种心态，也逐渐成为了我们传统文化的一个部分。今天我们在 21 世纪反复强调要复兴传统文化，但我们似乎忘记了一个重要的问题——和西方、中亚等地区的宗教文化相比，我们的中华文明始终缺少关于死亡的一种形而上学思索，而这种思索在今天的现代化进程中看起来似乎是至关重要的。任何人都需要对关于死亡的问题进行思索，得到内心的安宁。虽然孔子关于"未知生，焉知死"的教义有着诸多客观上的理由，其中也包含着对死亡的真切体悟，但本质上是回避死亡的，其结果是使我们民族成为了一个在死亡问题上的落后分子，由此造成的影响是深远的，即传统文化中死亡意识"沉沦"掉了。

"未知生，焉知死"这句话中重生轻死的倾向和意味是很明显的。人生是丰富多彩的，需要人们关心和操劳的事情实在太多了，需要人们去解决的问题数也数不清。"一万年太久，只争朝夕。"在现实世界中的人们恨不得一下子把自己想要做的事情全都做完，然后在继续做下一个"一万年"里要做的事情。汉语中的"大"字，是在"人"字之上加上了一条"扁担"。这根扁担是让大人们来"挑起"现实中的种种问题、种种负担的。人活在世，小到柴米油盐酱醋茶，大到"修身、齐家、治国、平天下"，哪一件不是需要人们费心去做的。自在不成人，成人不自在啊！人到中年，经常会听到身边的朋友在抱怨：孩子的学习成绩太差，不听话；工作的压力大，升职空间大小；工作环境中的人际关系太复杂，人心险恶；爱人年纪大了，总是爱唠唠叨叨，闹心；天天出差，刚在家里坐一会，屁股都没有热，电话就来了；事情太多，成天待在车子里，家不像家了……永远是说不尽的现实话题，罕有朋友见面能聊聊生死问题，即便聊起也只是点到为止——死亡是人人都忌讳的。自己一个人经常会走神，思考一个有趣的问题：当你有时间的时候，你还小，不具备思考死亡的能力，而当你有能力思考死亡的时候，你却没有了时间，因为你已经被生的问题纠缠住了。人生一世总是忙，有事也忙，无事也忙。自身的事情尚且忙不过来，哪有时间和精力去顾及死亡的问题呢？所以，生活的第一要义是"务生"，人生在世，"吃、喝"二字也好，及时行乐、享受生活也好，都是先顾着"活"。其次或者临了才谈得上"知死"。平日袖手谈吃喝，临难一死报君王。在死亡的问题上，国人似乎始终抱有一种"临时抱佛脚"的想法，将死看得太过随意，也太多轻浮了。生，是可以体验的，而死，则是不可知的。即便要体悟死亡，也要在活得"够本了"之后，人们对于死的理解始终是应当以对生的认识为前提的。

对于死亡问题的存而不论，带来了死亡意识在人们生活视野中的"沉沦"和消失。海德格尔在《存在与时间》一书中说：此在，也就是人，通常都是以逃避的方式掩盖最本己的向死存在，他害怕死亡，因此也必将"以沉沦的方式死去"。身边的人经常把死亡理解为一种"到头"，在他们眼中只有作为一种"摆到眼前的事件"，死亡才能进入关注的视野，才是可以进行思考的。不知道死亡，也回避谈论死亡，带来的结果是，人们对死亡现象缺少认识，所以常会产生对肉体痛苦的恐惧。而这种恐惧则又会带来人们对死亡话题的刻意回避，甚至只要想到死，就会立即感到灵魂的纷乱和骚动。死亡，也就在这种漠视中一步一步从中国人的精神世界中"沉沦"下去了。而死亡的沉沦带来的形而上学的后果则是，常人实际上总是死着的，并且只要它没有面对死亡之际，就始终是死着的（海德格尔语）。

生死问题落实到生活的实践层面，孔子的"未知生，焉知死"就成为人们回避、消解死亡问题，成为人们的一种生活的技巧和策略。因为生的问题已经颇费思量了，死亡问题就无法进入人们的生活视域了，更加上死亡是生的毁灭、生的消逝，故而不愿意去思考死亡，似乎思考死亡问题就是将自己那本已经十分脆弱的生命置于炉火之上似的，似乎就是想死、找死。在生活中，各种与死亡有关的象征和景象都被我们有意识地排斥着。日常生活中使用的数字"4"，也因为在汉语的发音中与"死"相近，而颇为受到人们的鄙夷。一个车牌，中间有个"4"，就觉得死神会时刻跟着自己似的。挂着那个"4"字，车祸啊什么的就好像是在张开怀抱，随时准备迎接自己似的。就连什么手机号、门牌号、楼层号啊，都尽量避免与"4（死）"沾上边，甚至连身份证号也希望别有个"4"字。花点钱，选个好数字，不要"4"，似乎已经成为我们处理问题的一种惯性了。在这种潜移默化的习惯中，死亡问题就这样被关在生命的门外了。重生轻死、重生恶死，讲究现实的人生态度固然没有什么错，在某些方面还有着积极意义，能够让人们专注于现实人生的价值和意义问题，但作为一种生死观，作为一种健全的文化，对生命过程的完整叙事则要求我们不能回避、消解死亡问题。回避死亡的生死观有着一个致命的缺陷，那就是在人们的生活中容易将生和死相互割裂开来，使二者看起来似乎成了两件毫不相关的事情，人们在生活中丧失了思考彼此价值和意义的背景和平台，因而也就使我们的生活缺乏深度和力度。

死亡问题的消解还体现在中国人对鬼神、对信仰的模糊态度上。如果一位虔诚的基督徒第一次来到中国的话，那么他肯定会对中国人的如此混乱的信仰状态感到震惊：现实生活中的中国人，无论是农民、工人、知识分子，还是公务员，都似乎处在一种"亚信仰状态"之中。说是"亚信仰状态"，是因为中国人的信仰态度介入虔诚和唯物主义、无神论之间。说中国人没有信仰，但你可以在各地的寺庙、道观、祠堂里看见黑压压一片的"善男信女"，一个个都在那里五体投地、虔诚膜拜，至诚的眼神在迷离的泪花中看起来一样让人十分震撼，除了信仰的力量，你还能找出什么其他的力量来解释这种现象？说中国人有信仰，但你又会发现，一个刚刚从佛教的寺庙里许愿回来的人，马上就能跑到道观里将刚才的愿望重新在太上老君面前再祈求一遍，甚至在离家不远的土地庙里，他们也可以将信仰演绎到至真至诚。

试想，一个虔诚的信徒会在不同的宗教甚至原始巫术传统之间穿梭不已、乐此不疲吗？这种对鬼神和对信仰的态度在本质上源自国人对死亡的模糊态度，因为对死亡问题的消解，人们在死亡问题上基本不会采取严肃对待的态度，而那些与死亡密切相关的鬼神、信仰，则失去了对死亡的意义，而成为对生的服务者。中国人对宗教、信仰的功利主义态度是与西方宗教传统中的超功利态度截然相反的。《圣经·马太福音》中说："不要与恶人作对。有人打你的右脸，连左脸也转过来由他打。"而我们的祈祷词永远都是"大慈大悲的观世音菩萨啊，保佑我今年一帆风顺，发大财，发了财，我一定来还愿。"发不了财呢，愿肯定也是不会还的了。死亡的觉者——菩萨也是可以被现实利诱的对象，那么一切就只有在现实的意义中才会有被讨论的必要了。死亡问题就这么被现实的功利一步一步侵蚀掉了。

经过死亡意识的沉沦和死亡问题的消解，孔子的"未知生，焉知死？"逐渐在传统中国人的生活中用生的问题完全取代了死的问题。这一取代背后的逻辑其实也很简单：死被理解成是生命活动简单的反面。从一个正面的方式去了解生命活动，掌握生的意义，也就能够从否定方面理解了死亡；更进一步的推断是，死既然是对人生的否定，而且是最终极的否定，那么在生命活动的过程中，死亡就是人生中的最后一件大事。将死亡看做是生命的一个结尾，这种思想在古代文人的"自祭、自圹"的文化现象中体现得最为鲜明。陶渊明在传统文化中一直是被当做是阔达自由的文人代表，他在南朝宋元嘉四年（427）的时候已经是 63 岁的老人。这个年纪在当时应该算是高寿了。陶渊明在这一年预感自己将不久于世，便写作了一遍《自祭文》，趁自己还在世的时候祭奠一下自己的死亡：

> 岁惟丁卯，律中无射。天寒夜长，风气萧索，鸿雁于征，草木黄落。陶子将辞逆旅之馆，永归于本宅。故人凄其相悲，同祖行于今夕。羞以嘉蔬，荐以清酌。候颜已冥，聆音愈漠。呜呼哀哉！茫茫大块，悠悠高旻，是生万物，余得为人。自余为人，逢运之贫，箪瓢屡罄，绤绤冬陈。含欢谷汲，行歌负薪，翳翳柴门，事我宵晨，春秋代谢，有务中园，载耘载籽，乃育乃繁。欣以素犊，和以七弦。冬曝其日，夏濯其泉。勤靡余劳，心有常闲。乐天委分，以至百年。惟此百年，夫人爱之，惧彼无成，愒日

人生三论

惜时。存为世珍，殁亦见思。嗟我独迈，曾是异兹。宠非己荣，涅岂吾缁？捽兀穷庐，酣饮赋诗。识运知命，畴能罔眷。余今斯化，可以无恨。寿涉百龄，身慕肥遁，从老得终，奚所复恋！寒暑愈迈，亡既异存，外姻晨来，良友宵奔，葬之中野，以安其魂。窅窅我行，萧萧墓门，奢耻宋臣，俭笑王孙，廓兮已灭，慨焉已遐，不封不树，日月遂过。匪贵前誉，孰重后歌？人生实难，死如之何？呜呼哀哉！

这首充满了悲凉腔调的《自祭文》一方面反映出了陶渊明在洒脱的背后其实是对死亡的态度始终处在"一心处两端"的犹豫之中——从史料来看，陶渊明一直醉心于长生之术。当时流行一种观点，认为菊花能有傲霜之力，肯定有对抗死亡和衰老的能力，故而在道家中经常有某某服用菊花不死成仙之传言。所以，陶渊明那句名言"采菊东南下，悠然见南山"的意境未必就那么超脱，可能只是陶渊明求长生的一种行为方式罢了。但陶渊明这篇《自祭文》的另一方面却也折射出人们的一种普遍心态——在世的时候将一切事情都走好，就连死亡的事情也要准备。从这个角度来看，这首《自祭文》和普通老百姓在活着的时候就为自己准备棺椁没有什么本质区别，都缺乏对死亡意义的形而上思考。

在中国传统里，还有一个文化现象更能表达出生存问题对死亡问题的压倒性胜利，那就是"生圹"。根据史书记载，为自己修筑生圹的情况最早可以追溯到东汉，但将生圹发展到极致，将坟墓当做是自己的生活处所的却是后来的事情，尤其以明清为甚。《清代名人轶事·学行类第三十四》中记载了清代文人尤侗构建"生圹"，并生活于其中的事迹：

> 尤西堂侗，晚年尝言"不讲学而味道、不梵诵而安禅、不导引而摄生，此吾所以异于人也。"筑生圹宫山，自为之志，构丙舍于两旁。年八十时，偕老友二三人往来觞咏于其中，风流近代所少。

大家熟悉的金庸武侠小说中也有类似的描述，《射雕英雄传》中那位功夫天下第一的全真教教主王重阳在终南山也修筑了这么一座"活死人墓"。史书记载"活死人墓"确实存在过，王重阳在其中生活了三年。更有甚者，清代的程正夫甚至身前就躺在自己的棺木中休息。《清稗类钞·明智类》中有"程正夫知百年真梦条"记载，说程正夫，名先贞，夙具达观，尝制一棺，题曰"休息庵"，自作铭刻其上，酒酣便即偃卧于中。有诗曰："版屋萧然密四周，愚人息矣圣人休。百年恍惚真疑梦，万事纷纭已到头。广柳何时催去驾，猗兰此夕咏闲愁。相烦雅客来欣赏，莫待遥怜土一丘。"将坟墓当做是晚年交友、嬉戏之场所，将棺木当做是床榻，这种行为方式看似是文人们生性阔达，而在那些不曾真正思考过死亡的人来看，可能还是一种幽默、超然飘逸的境界，但不严肃地对待死亡、游戏死亡的背后其实是对死亡缺乏反思的结果，是将生之活动延续到死亡的场景当中去了，是完全用生的思维来取代了对死亡及其意义的追问和思考。

在孔子的"未知生，焉知死"对中国传统文化和民族心态带来了重生轻死、忽视死亡问题，消解死亡思考这种倾向的同时，也给后世儒家学说的发展带来了一系列严重的影响。在世界历史发展的进程中，凡是成熟的文明都是以某一种宗教形式为核心建构起来的。在东方的印度，其文明的建立大致是以佛教和印度教，尤其是以印度教为核心建立起来的；在中亚，伊斯兰教是整个伊斯兰世界灿烂文明的基石和支柱，其文化和日常生活基本上是围绕着宗教活动展开的；而在当今文明的核心区域——西方世界，基督教则是文明背后的基本背景。而且基督教的这种影响并没有因现代化的过程而遭到削弱，反而成为了西方现代化本身的一种动力。马克斯·韦伯在《新教伦理与资本主义精神》一书中更是旗帜鲜明地强调基督教的清教徒运动对于西方资本主义生产方式的出现和发展起到了决定性的作用。但中华文明是一个没有宗教信仰基石的文明，这一点是中华文明独一无二的地方，也是我们一直引以为傲的地方。关注现实、关注人生是中华文明的基本主题，我们不需要超越性的宗教就可以建立一个庞大而精致的文明。但我们经常会忽视的一点是没有形成宗教信仰的儒家学说本身在后世的发展过程中，也吸收了一些宗教性的因素，尤其是宋明之际的新儒学运动更是以"三教合流"的方式赋予了儒家学说以一种类宗教形态。这也是近现代康有为等人鼓吹"儒教"的一个原因。

康有为等人之所以认为儒家应当成为一种儒教，其背后的深层考虑是儒家对死亡的有意忽视，令大多数的儒家知识分子一旦在现实中遭遇挫折时，就很容易丧失对生活的一种积极心态，遁入空门。宗教正如马克思所

人生三论

说,确实是劳动人民的鸦片,有精神麻痹的作用。但在中医学当中,鸦片也一直是一味叫做"阿芙蓉"的中药。宗教这味药的一个重要功用在于其对死亡的思考,大凡宗教的关注核心都是死,而不是生。宗教对现实生活的谈论都是以死亡作为背景的。正是由于宗教对死亡的重视与儒家学说对死亡的消极和回避,在历史上曾经一度出现过"儒门淡薄,收拾不住"的景象,特别是在孟子之后,程朱之前的这一时间段内。南宋志磐和尚在《佛祖统记》中记载过这样一段对话,足以表明孔子"未知生,焉知死"对儒家自身发展的影响:

> 荆公王安石问文定张方平曰:"孔子去世百年,生孟子,后绝无人,或有之,而非醇儒。"方平曰:"岂为无人?亦有过孟子者。"安石曰:"何人?"方平曰:"马祖、汾阳、雪峰、岩头、丹霞、云门。"安石意未解。方平曰:"儒门淡薄,收拾不住,皆归释氏。"安石欣然叹服。后以语张商英,抚几赏之曰:"至哉,此论也!"

"儒门淡薄"的原因不在于儒家对于现实世界的关切不够,而在于儒家对于死亡问题的回避,让大量的儒家知识分子在内心深处没有安宁的空间。汲汲于现实、不顾及死亡的儒家奋斗图画就好像是始终悬浮在半空中的一片云朵,更像是无根的浮萍,最终难觅归处,于不得已之际,遁身佛老。就连曾国藩这样的成功儒者,其内心深处对死亡的疑问也只能向老庄处寻找。他在自己的日记曾这样记道:"圣人有所言,有所不言。积善余庆,其所言者也;万事由命不由人,其所不言者也。礼乐、政刑、仁义、忠信,其所言者也;虚无、清静、无为、自化,其所不言者也。"(《曾文正公手书日记》)对于生死、自化这类圣人不言的话题,曾国藩也就只能"以庄子之道自怡"了。既然对于曾国藩这样一位一生以儒生自居,并切实实践了儒家"正心、修身、齐家、治国、平天下"这一人生理想的君子而言都需要以庄子之道自怡,那么,对那些失意的儒家知识分子向死亡之处的宗教靠拢就更是习以平常了,"儒门淡薄",真正的醇儒越来越少也就是情理之中的事情了。

三、未知死,焉知生

孔子关于子路问死的回答"未知生,焉知死"如果被当做是对生死关系的一种普遍性陈述的话,那么肯定是错误的。无论人生的意义几何,对死亡的认识在其中所起的作用是非常巨大的。在小说家的笔下,死亡对于生命的意义往往能够以一种震撼人心的方式表现出来。俄国小说家托尔斯泰的长篇巨著《战争与和平》描绘了一幅波澜广阔的社会历史画卷,其中的主人公皮埃尔一开始是一位没有信仰的虚无主义者,对生活充满着迷茫与彷徨,但在战争中,他被俘并被判处了死刑。行刑队当着他的面枪决了几个人,而他则在最后一刻被暂缓执行,其中的戏剧性大有中国戏剧中"刀下留人"的冲突性。无论如何,皮埃尔在一只脚已经迈进死亡之境的时候莫名地活了下来。在经历过这一次近距离的死亡体验之后,以前那个如同行尸走肉一般活着的皮埃尔不见了,转而出现的是一个对生活充满热情和目标的皮埃尔。在目睹死亡之后,他开始歌颂生命,歌颂上帝:"生命是一切。生命是上帝。一切都在变化和运动,这个运动就是上帝。只要有生命,就有感应神灵的快乐。热爱生命就是热爱上帝。"

　　当然,关于死亡对生命意义的评述并不是直到托尔斯泰才开始的,西方先贤们一直不停地通过文字告诉我们"生死相倚"的道理。斯多亚学派的哲学家们将其对世人的教导集中在于,让我们认识到,学习如何好好生活也就是学习如何去死,同样,学习如何死亡也就是学习如何好好生活。古罗马那位杰出的雄辩家西塞罗说:思考哲学就是为死亡做好准备。那位因温家宝总理推荐而大热的畅销床头书作者——古罗马皇帝马可·奥勒留在《沉思录》中将死亡看做是符合宇宙理性,并不在个人的力量范围之内,人必须欣然地接纳。"死、荣辱、苦乐、贫富——所有这一切都是善者和恶者会共同遭遇的东西,从本质上说,它们并没有内在的高尚性或卑鄙性,因而,如果说它们是非善非恶的,也就没有任何不妥了。"因而对待死亡的态度要像看待花开花谢一样。"不要蔑视死亡,而是正常地表示满意,因为这也是自然所欲的一件事情。"唯一不同的是在死亡的大前提,要真理、正义和节制地将"把每一天都作为最后一天度过"。对于生命的珍惜是在对死亡认可和思考的结果。近代西方的哲人论述死亡对于生命之意义的代表人物应该要算是蒙田。蒙田也认为思考死亡是哲学家的一种天职,"从事哲学即学习死亡",不思考死亡的哲学家实在是不能算做一个合格的哲学家。蒙田在

人生三论

其哲理散文中将死亡看做是生命意义的一种激励和警醒。他认为我们每一个人的房间都应该有一扇可以俯视到墓地的窗户,凝视死亡的标示物会让一个人的头脑始终保持清醒。蒙田的这种主张有些夸张,一方面,让每个人的窗户下都搁一个坟墓,估计是绝大多数人不愿意看到的,与鬼为邻恐怕不是一件令人愉悦的事情;另一方面,即便每个人都愿意倚着窗户看墓地,这种与死亡接近的效果大概不会持续很久。看多了,墓地也就和身边的土丘没有什么区别了,起不到什么使人头脑清醒的作用了。但蒙田的意旨不过是在强调死亡对于生者的重要性,这一点无疑是有道理的。

　　其实不光是西方哲人关注死亡对于人生的意义,在中国传统中也有过关注,只不过这种关注在"未知生,焉知死"的大潮流下往往容易被人们所忽视了。孔子自己就曾经两次间接地谈论过死亡对人生的意义。第一次是,"子在川上曰:'逝者如斯夫,不舍昼夜'"(《论语·子罕》)。孔子因河水流逝,一去不复返,感叹人生时光的流逝,死亡的瞬间。我们当代人也视时光如流水,对孔子的言下之意却很少有人会想到。正是因为"冯唐易老,李广难封",死亡永远是在以一种加速度的方式在某个转弯处等着我们,所以才更要精进。孔子第二次慨叹死亡是在自己将死之时,《史记·孔子世家》记载:

　　　　明岁,子路死于卫。孔子病,子贡请见。孔子方负杖逍遥于门,曰:"赐,汝来何其晚也?"孔子因叹,歌曰:"太山坏乎!梁柱摧乎!哲人萎乎!"因以涕下。谓子贡曰:"天下无道久矣,莫能宗予。夏人殡于东阶,周人于西阶,殷人两柱闲。昨暮予梦坐奠两柱之闲,予始殷人也。"后七日卒。

孔子对于死亡的讨论来得有些太晚,也太过于间接了,以至于后人几乎都已经忘记了孔子在死亡方面的教益。

　　死亡使得生命具有价值。美国著名的生死学专家罗丝教授指出:很多人误以为死亡是一种威胁,其实不然,死亡如同生一样,是人类存在、成长的一部分,从积极一点的意义上来讲,你甚至可以将死亡看做是成长的最后一个阶段:"死亡可以说就是成长的最后阶段,也就是说你是什么以及你所作为的一切,都在死亡中达到了高潮。"虽然死亡不是一种威胁,但死亡确实是一种挑战。面对死亡，勇敢地接受挑战是人类成长和进步的基本动力。正是因为死亡的存在，我们才有了超越的欲望和动力。当我们以某种方式希冀超越这永恒的死亡时，我们关注的事情就从身边的、眼前的、当下的琐碎中暂时性地摆脱了出来，由切近的烦心延展到未来。没有死亡的威胁，人类也永远意识不到什么长远打算的必要，也就永远无法了解到自己来到这个世界的使命和责任。因为永生的"上帝"是不需要什么计划的，即便有错误，他也可以用无限的时间来弥补。永生者不会犯错，更不怕犯错。

死亡有的时候，还可以将生命变得伟大起来。莫扎特说得妙：死甚至能使平凡变得不平凡。确实如此，历史上许多伟大的人物，当代社会中出现的感天动地的英雄，都是在瞬间发生壮丽的死亡，而使得自己的生命升华到了一个崇高的境界。浙江境内有一条美丽的河流，就是以一位平凡女子的名字命名的，叫曹娥江。这里有一个关于生死关系的动人传说。据传汉代时期，有个叫曹娥的少女，为了寻找落水的父亲投江而亡，被历代奉为孝女。这个故事在很多文人笔下都出现过，《三国志》中有记载，鲁迅先生在自己的杂文中，也提及过这个故事，可见其影响之大了。但假如我们试想一下，人类如果像神一样，永远不会死亡，那么此类悚动人心、催人泪下的故事还会出现吗？我们可以无比地羡慕神灵，但是关于神灵的传说中从来就没有一个是能够激起我们心中血气的，没有一个是能够将崇高感和尊严感带给我们的。伟大、崇高只属于我们这些会死的人。我们这一辈人经常会被一些革命年代的平凡人物的遭遇所打动。在那个不平凡的年代，一批批平凡人才是真正的主角，才是真正的英雄。当你漫步在烈士陵园中，看到那巨大的石碑，石碑上没有一个个的名字，只有几幅石雕的画像。躺在其中的是无名氏，是那些为中华人民共和国的建立奉献出自己热血和生命的无名氏。而正是这些没有名字的平凡者作出了轰轰烈烈的不平凡的事业，创建了新中国，每每思及，总是会在内心深处感到一阵阵的悚动。西方有句调侃上帝的名言：在上帝的所有属性中，我最同情的是上帝不能自杀。没有死亡，也就没有了生命的不平凡，就像是河水中的鹅卵石，静静地在那里享受着流水的腐蚀。这一场景作为山水画来看，确实是没有的，但作为人生来讲，则是惨白而可怕的。

人生三论

人生在世面临的问题何其之多,其中最核心的是两件事——名与利。庄子说:"天下熙熙,皆为利来;天下攘攘,皆为利往。"(《史记·货殖列传》)多少人坐困其中,欲求不得,欲罢不能,徒增几多烦恼、几多痛苦。从生物学的角度来讲,人类对于名利的不懈追求源自于一条生物学定律——追求自我保护和自我延续是任何物种的本能。在一个自然规律支配的世界中,拥有越多的外在资源,也就意味着自我保护和生存的机会也就越大。而在人类社会中,名利的有无其实就是对于物质材料占有的一种抽象化。有名望的人自然也就有利,而有利之人为了使自己利益收成长期化、稳定化,则需要通过名这一手段。"名利"二字的最终落脚点还是人之肉体生存。因此,名利就像是田鼠过冬储存的粮食一样,是由肉体生存、延续需要所决定的。名利之得失关系到生死之念,也就成为了生死的关口。一方面,名利是生死观的关口;另一方面,生死的关口也是名利。看破生死的关口,名利自然也就应声而破了。庄子说得好,"吾所以有大患者,为吾有身,及吾无身,吾有何患?"看破了身体的生与死,那些源自生死关联而来的名利之争也就随之烟消云散了。一旦人们参透生死玄关,意识到死亡对于生命的意义和启示,那么对于名利的得失也就不会那么执著了,便能在名利得失之间变得坦然而豁达。明代文学家陈继儒在《小窗幽记》感悟到:

> 透得名利关,方是小休歇;透得生死关,方是大休歇;打透生死关,生来也罢,死来也罢;参破名利声,得了也好,失了也好。

虽然陈继儒的参悟对死亡之于人生意味的重要作出了很高的评价,但真正要将死亡赋予人生的这种意蕴实施起来却又是另外一种事,陈继儒本人就没有完全做到这一点,仍经常周旋于官绅间。后人蒋士铨作传奇《临川梦·隐奸》的出场诗来讥讽他。全诗是:"妆点山林大架子,附庸风雅小名家。终南捷径无心走,处士虚声尽力夸。獭祭诗书充著作,蝇营钟鼎润烟霞。翩然一只云间鹤,飞去飞来宰相衙。"

可见,死亡对于人生的价值没有一种真切的生死体验恐怕是很难做的,这就需要我们不断练习"向死而生"。

某一位政治人物曾经说过这样一句话:一个人的死亡是一场悲剧,而一百万人的死亡则是仅仅只是一个数字了。这并不表明死亡本身对于我们没有意义,只是一百万份悲伤对于我们来说有些太沉重了,借用一本小说的名字,我将之称为"不能承受的生命之重"。太多的死亡就像泰山一样,会将我们瞬间压得粉碎,变得麻木。但死亡,尤其个体的死亡也最容易激起我们对生命意义的审视。正是因为死亡存在,才提醒我们去珍惜生命,关爱生命中的那些人和事;正是因为死亡存在,生命才是一个可失去的东西,而正是因为这种可失去性,生命才是真的我们应该珍惜的;正是因为死亡的存在,我们才会明白时间对于自身的价值,我们的一生应该是在死亡降临之前完成生命的使命,关心生命自身的展开。因此,我们要去做一个有意义的存在着。保尔·柯察金的那段名言应该被看做是死亡对于生命的最大启示之一:"人,最宝贵的东西就是生命,生命属于我们只有一次而已。人的一生是应该这样来度过的:当他回首往事时,不因虚度年华而悔恨,也不因过去的碌碌无为而羞耻。"

《生死哲学》的作者段德智教授在书中这样写下自己对死亡的体悟:"如果精神害怕死亡,它就没有勇气直面自己的应当被否定的方面。""所谓承担死亡,就是不要害怕死亡,也不要躲避死亡,敢于去否定自己应当被否定的方面,不管自己经受怎样的风险和精神痛苦也在所不辞。而所谓在死亡中得以自存,就是要在不停顿的自我否定中求得自己的生存和发展,不断地超越自身又不断地回归自身,不断地实现自我和认识自我。"

将死亡当做是通向对生命重新认识和发现的一个手段、一个契机。我在这些智慧的言语中能够看见苏格拉底的影子,那个一生都在追寻智慧的人,直至死亡都那么坦然,死亡应该早在他的"算计"之中了,要不然他就不可能真正地实现"人啊,认识你自己"的豪迈宣言,要不然他也不会安安静静地在雅典的监狱里等待死亡,并最终让雅典人蒙受一个"谋害哲人"的罪名。

在我对中国近代作家的阅读中,我认为对生命认识最深刻、见解最独特的人物是鲁迅,这就要归功于鲁迅自身对于死亡的体认以及他对尼采哲学的关注。

鲁迅对死亡的认识,首先与他的身世有关。鲁迅出身官宦之家,但在他十几岁的时候,他的祖父因为科考行贿,刚开始被判了"秋后决",后来才被改判监禁。在清末的司法体系中，"秋后决"有些类似于我现在经常谈及的死刑缓期执行。但在具体的操作上又有所不同。"秋后决"的名称就暗含着秋后不一定会处决，但很可能决，决与不决都和被判者家属的态度有关。如果你打得通关节，路子走得正，孝敬送得对，那么，秋后就"不决"，否则，八成就给"决"了。鲁迅的祖父因行贿而获罪，他的家属又要用行贿的办法求其不死，这当中就有点黑色幽默的意味了。鲁迅祖父在大牢中面对的是死亡，他的家属面对的是亲人可能死亡的恐惧，而他的父亲，又不幸患了绝症——当时的绝症。不用说，面对绝症病人，这无异于面对死神的狰狞与狂暴，于是，一个原本富足的官僚家庭破落了。鲁迅生长在这样的家庭，又身为长子，种种畏惧、艰辛、人情冷暖，世态炎凉，以及由富足而破落的百般感受，尤其由此而引起的种种精神创伤，都使这位以后的世纪文豪，对家庭、对传统文化、对民族兴衰，有了不同于常人的见解。因此，鲁迅先生在其文章中经常会充满了一些对于生命的珍惜和关注，即便是在其针锋相对地辩论文中，也还是不经意地流露出一丝丝对于生命的感叹。《纪念刘和珍君》一文，相信大家都是阅读过的。在这篇文章中，除了在对北洋政府的暴行表示最激烈的抗议之外，更多的是对那些青年学生的如花生命之逝去而发自肺腑的疼痛和惋惜。

鲁迅对死亡与生命关系的体认，可能还受到他对尼采超人哲学研习的影响。《野草》一文可以说起这一影响的代表作。《野草》中蕴藏了鲁迅作为一个在中国现代文学史上略显孤独的思想者的幽暗、深邃的个性——类似尼采笔下的查拉图斯特拉。尼采笔下的查拉图斯特拉作为一个看破一切的智者，从山上来到人间，来将关于超人的哲学教授给世人，让世人在死亡面前能够更加勇敢地过一种超人的生活。鲁迅在《野草》一书中，尽管其基调是象征死亡的灰暗、破败，但鲁迅最终没有舍弃对人世间的爱、对生命的爱。

死亡令我们更加懂得生命的可贵。网络上曾经非常流行这样一个问题："如果你只剩一天，你会用它来干什么？"答案是丰富多彩的，正如这个世界本身就是丰富多彩的一样。而我则经常会陷入一种苦闷中：那些对于这一问题给出了各种答案的人们，再作出回答的第二天会不会去完成自己选的答案？如果他们没有这么做，那么究竟是什么才使得他们这么轻易就将自己认为真正应该去珍惜的东西舍弃掉了呢？大概他们是认为自己的时间还很多吧，总以为会、有一天能够去完成这个最后一天的梦想的。但我的经验告诉我，很多时候死亡并不会留给你这个时间。即便死亡真的慷慨地留给了你多余一天的时间，人们肯定还是会用这一天去干别的事情去了。早一点正视死亡，你就不用等到死神来的时候，才开始真正的生活。在你去世之前，无论使你生命中更有意义的事情是什么，你就早一刻去做吧，因为你始终是在朝向坟墓的方向上走去，而当你接到天堂或地狱的通知书时，你就已经没有时间或精力去完成了。

四、"借死反观生"与"以死界生"说

从孔子的"未知生，焉知死"出发，对于生死之间的相互关系，以及死亡对于我们生命的积极意义，我逐渐认识到在生死关系上有一种新的视角是可以被用来指导我们的生活以及行动的，那就是"借死反观生"。说"借死反观生"是一种新的视角，是相对于我们传统民族文化中的"以生代死观"而言的。之前已经谈到了我们传统文化中的生死观是一种单向度的生死观，其侧重点在于生上，而将死亡问题和死亡意识消解在对生之内容和意义的追寻当中了。死亡被看做是生命的终结，除了叹息，就是痛哭。说到痛哭，在这里我想讲一个有趣的故事，这个故事可以帮助我们从一种有趣的视角来看待传统的生死观。孟姜女千里送寒衣，哭倒长城的故事，大概在中国已经变得家喻户晓了，很多地方戏剧中都会有关于这方面的曲目。这个哀婉凄美的爱情故事不知道让多少国人留下了无尽的泪水啊。但这个故事的真实版本却是另外一个景象：东周时期，齐庄公手下的大将杞梁在莒城一次战斗中身重数箭，伤重而死，杞梁的妻子前来奔丧。《东周列国志》对于这段场景的记载颇为令人动容：

> 庄公即日班师，其妻孟姜女至莒城。涕泪俱尽，继之以血。时齐地莒地共降暴雨，天雷轰鸣。齐城与莒城忽然同时崩陷数尺。华周、杞梁之尸现于城角之上。原来黎比公令人于狭道掘沟炙炭，炭火腾焰，不能进步。庄公校四国火攻齐城。命人堆放柴草于北门，煅烧城墙。城墙

为之崩塌。原来黎比公自齐兵退后，恐齐君变卦，去而复返。灭国占土，到时宗庙不保。故急令军民修复城墙。然而物资匮乏，乃将城下战死者，混于沙土，充作修城物料。今天降大雨，城墙浮而不坚。雨水冲刷，顿时崩塌。或由哀恸迫切，精诚之所感也。后世传秦人范杞梁差筑长城而死，送寒衣至城下，闻夫死痛哭，城为之崩。盖即齐将杞梁之事，而误传之耳。

这个孟姜女哭夫事件的最大影响是使"哭死者"竟然成了一种风俗，孟子对其的评价是"华周、杞梁之妻，善哭其夫而变国俗"。（《孟子·告子下》）真是了不得啊，我们今天依然可以在全国各地看到这种遗风。对待死亡的态度是痛哭，将死亡当做是一种完全情绪化的表达，自然也就失去了冷静思考的机会，丧失了借死反观生的理性能力。

虽然我们的传统文化不大在意于"死亡"，但将死亡当做是对生命的一种积极背景，"借死反观生"，甚至将死亡美学化的文化和传统也是有的。在这方面，日本文化是一种典型的代表。直面死亡，把个体的有限性与宇宙的无限性联系起来。樱花之绚烂是日本精神的一种象征。每年樱花盛开的时候，赏花便成了每一个日本人必做的事情。据说樱花只有种在死人的尸骨边上才能开得最为绚丽。有一个史事大家可能不知道，西湖的苏堤上曾经也种满了樱花。在日军侵华期间，日军在占领杭州后，将苏堤上的桃花全部刨去，种上樱花。但这些樱花在抗日战争胜利后又被杭州市民自发地给刨去了，换上了原先的桃花。

我们文化中缺乏"借死反观生"的意识，这也成了我强调"借死反观生"的一个契机。正如我一直在强调的那样，"以生界死"和"借死反观生"是生死观的两个方面，也是我们度过有意义一生的两个方面。一个将死亡美学化、戏谑化的民族是危险的，因为对于死亡的轻佻态度不仅会给自己带来危害，还会给他者带来伤害和苦痛，就像是不结果实的樱花必须种植在死者的躯体上才会灿烂一样；另一方面，一个不敢于直面死亡的民族是有些可悲的，因为我们只能在不得已的情况下才接受死亡，就像是我们只能在万千危险的时候，才会被迫发出吼声一样，就像我们只有在桃花谢了之后会结出桃子的前提下，才愿意看到妖妖桃花的凋谢一样。

由此可见，人生的意义本身其实就是相对的、不确定的，只有当死亡存在，进入人们的视野之中，并被当做是生命的一个参考系时，人生的意义才有可能被确定。这就要求我们转换思考问题的思路，进入一种"以死界生"说。换句话来说，我们对于死亡的态度就决定了我们对人生、对生命的态度。只有借助于死亡，我们才能够真正看清楚生命。正如存在主义者所言的那样，提前进入死亡状态有助于我们摆脱那些现实的烦恼和琐碎，将人类的基本生存状态——"烦"暂时性地放到一边，只有神明清净，才能大智大慧地看清楚我们人生的真谛，明白自己想要的。"向死而生"就是要将人们从那种"只记吃，不记打"的状态中解脱出来，这不仅仅不是一种灰暗的人生观，恰恰是一种积极的人生观。"未知死，焉知生"，灰暗者从中看不到生命的意义，是因为他自己一开始就已经失去了面对死亡的勇气和力量，将自己置身于一种宿命论中去了。不愿意面对死亡的人就像拴在一辆不可捉摸的马车上的狗，绳子的长度虽然足以让它有一定的活动余地，但是绝不允许随意到处跑。马车的终点是死亡，而狗别无选择，只能在马车身后嗷嗷惨叫着被拖向死亡。

　　人生的症结其实就在于死亡，一旦很好地认识、体悟到死亡，理解到死亡对于人生的意义和价值，认识到池田大作所说的"有'生'必有'死'。把这一任何人都动摇不了的事实作为基本前提，我们的教育才会无限地、广阔地、博大而深邃地开展下去"。一旦我们从"未知生，焉知死"的思路转换到"未知死，焉知生"的思考上来，一旦我们，从"以生界死"的生死观转向"借死反观生"，并最终进入到"以死界生"说，我们也就进入了一种健全的人生观，也就能够真正通达地对待生死，对待自己的生活和工作，并将一种存在价值带入到自己的人生当中去。

第二节　死亡之谜

死亡才是真正的平等。

　　死亡是每一个人的最终归宿，在这个世界里，如果你想要找寻什么真正的平等的话,你大可不必费心地去寻找,因为真正的平等是在个人生命的终点处等着大家。死亡才是真正的平等。作为人类,死亡是不可避免的,但正如我们前文已经谈及的那样,死亡又是对生命具有重大意义的一种现象、一个事件。"未知生,焉知死"和"未知死,焉知生"共同构成了我们完整人生的两个方面,而且在我们的特殊文化背景中,"未知死,焉知生"这一方面的意义和作用反而显得更为迫切,也更为重要一些。在传统文化中缺少关于这方面的正面的、积极的论述,这一基本现状使得我们当下对于死亡的认识和讨论显得尤为必要。在商品经济的时代,劳动固然是决定价值的基础,但供需关系更是能对某一时刻的商品价格形成关键性的影响。稀缺性也就意味着价值和意义的急迫性。尽管我们一直在努力地表明,认识、体悟死亡的意义和价值是多么的重要和紧迫,但有一个非常有意思的现象,也是一个非常具有讽刺性的现象是我们似乎从来就没有真正认识到死亡到底是什么。《周易·系辞》中说:"百姓日用而不知。"在每个人的一生中,都会经历过死亡,亲人的、朋友的、爱人的、陌生人的,但我们谁又能真正说清楚死亡到底是怎么一回事情呢? 我们的习惯做法是对于这些所谓的"常识性问题"不再去进行追问,"大家都知道"似乎是一个可以得到辩护的借口和理由。但对于一个真正需要洞察死亡真相、了解生命意义的人来说,这样一种状态似乎是无法真正令人满意的。能知方能行,只有对于死亡的真谛有着一定认识和理解的人才能真正从死亡这一事件中汲取生命的智慧,延续现实生命的维度。

一、界定死亡

死亡虽然是自人类乃至任何生物出现以来一直存在的一种现象,但对死亡现象进行一种系统的研究、界定,试图用一种科学化的方式找到一个清晰的标准来定义死亡,却是文明发展到一定阶段以后的产物。对死亡标准的研究本身就是人类认识自身发展到一定阶段的标示,也是文明发展的一个阶段性的标示。

目前关于死亡标准的争论已达到概念化的层次。不过,人们通常说起死亡时,都是特指的"人的生命"(Personal Life),而不是泛泛意义上的生命

（比如动物的生命,乃至植物等生物的生命）。经过漫长的对死亡概念化研究的历史,人们开始意识到"人的生命"死亡,并不能简单等同于细胞的分解或死亡,不能等同于生物化学意义上的死亡,人的死亡还有很多心理和社会层面的意义。所以,当我们试图去理解"死亡"这一概念时,我们必须要从生物学、社会学、心理学等诸多方面对"人的"生命、死亡特征有所了解。"死亡"的概念实际上是一个综合性概念,而不像我们想当然地认为的那样,仅仅是某个人肉体的消失。"某个人没了",这种简单表述的背后其实包含着丰富的影响和联系,"没了"实际上就是某个人所有生命特征的消失,不仅包括生物性的生命特征,还包括社会性的生命特征。马克思很早就已经提出了这方面的思想,"人是社会关系的总和"这一著名论断就是对人类生命的复杂性和丰富性的一个真理性表达。

　　人作为一种暂时性的存在,与上帝最大的不同在于:人类的生命有着开端和终结,生命只是开端和终结之间的那短短的一部分。在某个人的生命开端之前,他不存在,因为在开端之前他的生命本来就是一个虚无;在某个人的生命终结之后,他也不存在,因为此时他已经又复归于虚无了。在整个宇宙的进程中,看起来简直就是"方生方死,方死方生"(《庄子·齐物论》)了。但无论每个生命的开端和终结之间的距离长短,其生命对于他自身来说都只有一次,都有着无限的意义,都是从精子和卵子的结合这一美妙过程开始的。人类的生命从精子和卵子结合的受精开始,经过在母体妊娠后分娩降生于人世,其后获得了生物性生命和社会性生命,这种存在就是我们通常所认为的生命,或称之为"生命"、"生活"。这一生命过程又长又短,充满了偶然性的因素,不过近来的基因科技发展,大有整肃生命模式化的意思。任何一种疾病和身体表征,甚至生命自身的长度都是由某一种或几种基因决定的,而基因科学的目标是要找出这些基因组,在生命的孕育期就改变这些基因,从而改变整个生命的形态。如果真的有这么一天,人类能够随意调控自己的生命,那么人究竟该如何定义呢?这是一个真正严肃的问题。但不管怎样,死亡还是必须的,基因科学的研究已经揭示了人类生命的长度是有极限的,这是任何基因都是无法改变的。生死依旧是我们必须要面对和思考的重要问题。

人生三论

"死亡"这一概念其实是由两个词构成的,有些学者就将"死"与"亡"分开,因为"死"所指的濒死阶段,是指生命消失的过程。虽然人类的生命和整个宇宙进展比较起来非常短暂,但濒死阶段和整个生存阶段比较起来,通常也是非常短暂的,几天、几小时、几分钟,甚至几秒钟,就会让一个生命经历从"生"到"亡"的过程。这阶段又称为"在死"或"死程",原则上属于死亡的一部分,但由于有其可逆性,故不属于"亡"的部分。而"亡"是消失、不存在的意思,所以死后的阶段是用"亡故"这个特定的词汇来表示的,这期间虽然仍有人体组织器官的变化活动,但已经是死后的机体生物性或物理化学性质的变化,与"人的生命"活动无关了。但我们通常还是习惯用"死亡"来合指生命消失这一状态。因而,死亡在我们的使用中,就经常有两种意义之间的混淆。一方面,我们用"死亡"来指代生命消亡的过程,说死亡是一个过程,因为死亡从细胞坏死开始,到组织器官受损,最终整体死亡,是有一个时间经过的;另一方面,我们又用"死亡"来指代生命消失之后的那种状态。某人死亡了,也就是其生命形态已经终结了。正是因为人们对于"死亡"这一词指代本身的不清晰,才在某一定程度上影响了我们对于死亡标准、定义的探寻。人对"死亡"的定义,就是因采用在死亡时间经过的某一瞬间的标准不同而不同的。例如,将心跳呼吸停止的瞬间定义为死亡的称为心肺死亡标准,将大脑或脑干活动停止的瞬间定义为死亡的称为脑死亡标准等。

　　现代医学关于对"死亡"的界定一般是以呼吸停止作为标志的,我们可以根据《道兰医学辞典》来得到直观的说明。在《道兰医学辞典》中,对"死亡"的定义是这样描述的:"死亡是由心跳和呼吸停止所显示的外在生命的消失。"在人类历史进程中,对死亡标准最好的界定和定义是以呼吸停止为标志。根据人类学家的考证,早在原始人类那里,就已经学会了利用呼吸来判断生命体的死亡。原始人把灵魂离开躯体称做死亡,确定灵魂是否已经离开躯体的标准是呼吸的停止。古代捕鱼部族的人看见鱼停止呼吸鱼就死了,于是认为人停止呼吸就是死了。

　　还有一个非常值得我们注意的现象是,尽管人类历史上曾经出现过的各大文明在宗教、文化、生活方式有着非常大的差异,但这些前现代的人们在对死亡界定所采用的标准上竟然有着令人惊异的一致性。在人类漫长的历史时期中，不同民族、不同地域的人们，主要以呼吸停止为死亡标志。为什么以呼吸停止来作为死亡的标志，而且这一标志何以在各个文明和地区中有着惊人的相似性，其原因可能在于，呼吸是人们最易观察到的生命活动之一。人们在经验生活中对于死亡最直接的感受是，人死了之后，呼吸就没有了。在古希腊人那里，"呼吸"这一概念和"灵魂"这一概念都是同一个词。古希腊人认为，当人的呼吸停止，体内的灵魂也就随之从人的肉体中逃逸出去了，灵与肉的分离也说就是死亡了。不仅古希腊如此，中国也是这样。中国古代医学在判断死亡时，用很轻的新蚕丝、新棉絮放在垂死者的口、鼻上来测看是否摇动，以判断其是否死亡，称为"属纩"。如果不见新棉絮摇动，说明垂死者呼吸已经中断，即可宣布死亡。我们今天仍然能看到在日常生活中使用这一方法来判断人的死亡，特别是在影视作品中经常可以看到这样的场景：一个人小心翼翼地将手放到另一个人的鼻子前，试试还有没有气，以判断这个人的生死。另外，我们也还在使用这种表述来描述人们的死亡，在我们的俚语中，"断气"、"没气"就是以呼吸停止为死亡标准的代名词。但以呼吸来判断死亡，毕竟还停留在一种经验描述层面，如果说呼吸是死亡的标志，那么使呼吸停止的原因是什么呢？后来随着人们经验的积累和原始医学的发展，特别是哈维的解剖学的开创，使得人们开始从表面的呼吸进入身体内部的呼吸系统，确定了心跳对于呼吸的重要意义。1816年9月13日，法国名医雷奈克发明了听诊器，这一发明使得人们真正能够切实可行地将心跳的存在与否作为判断死亡的主要方法之一，从而逐渐地将死亡定义从气息的探寻发展到以贴耳胸前、闻听心跳的情况来判断死亡。

随着人类文明的发展，我们对于死亡的认识逐渐在深入，尤其是近代医学和科学技术的发展，使得我们能够更加深刻地把握人类身体的生理机制，将死亡的定义逐渐从身体之外的显见标准逐渐推进到身体之内的隐藏标准。在现代医学和生理学发展的过程中，以呼吸停止来断定死亡的方法逐渐遭遇到了尴尬。简单地说，现代医学的发展能够使虽然已经出现了不可逆的呼吸停止，但生命体的生理机能依然能够延续。武侠小说中的"龟息大法"或"龟息神功"在现代科技的发展过程中终于成为了现实。练就现代

人生三论

版"龟息大法"，让生命体成为"活死人"的这种装置就是呼吸机。在没有呼吸机的年代，我们判断死亡的金标准是呼吸与心跳同时出现不可逆停止。但随着人类发明呼吸机以后，现代医学发生了深刻的变化，当病人的中枢性呼吸停止以后，医生可以使用呼吸机对患者进行机械通气，而通气时间可以无限延长，从理论上说，机械通气时间延长多久，心跳就有可能维持多久。拔了呼吸机，病人就死亡了，但是你不拔呼吸机，病人就会依然有呼吸反映。当然，呼吸机这种医疗装置的费用还是相对较高的，而且对于病人来说也是非常痛苦的。我国著名作家巴金先生在临死之前的几年内就一直靠呼吸机和鼻饲来维持生命。这种维持生命的方式应当说是很痛苦的，浑身上下插满管子地活着，人与饲养场里的动物还有什么区别？对于死亡，人类应当保持尊严。

在以呼吸停止定义死亡遭遇困难后，人们开始根据各种标准来定义死亡。主要流行的观点有以下几种：在死亡过程中，依据心、肺、脑功能停止的先后，可以将死亡分为心性死亡、肺性死亡、脑性死亡或脑心综合死亡。

在呼吸停止这一定义之后，心脏停止跳动一直是人类公认的死亡标准，也是中国现行法律承认的死亡标准。只要一个人心脏还在跳动，呼吸没有停止，那么，他就是有生命的，就不能抛弃他，更不能伤害他，否则就是犯罪。这个标准很简单，不需要什么高深的专业知识，普通人也可以对此作出清楚判断，进行准确检验。可以说，心性死亡是最不容易让人产生歧义的死亡标准，也是我们在日常生活中比较容易接受的一个标准。从专业一点的角度上来看，在死亡过程中，心脏跳动的停止是先于肺呼吸运动和脑机能活动完全停止而死亡的，称为心性死亡。这大多是由于心脏的原发病变、功能障碍和外因损伤所致，如过度的体力活动使心脏负荷急剧增加，引起心肌缺血而死亡，或因狂喜、愤怒及恐惧等情绪激动，引起交感神经兴奋性增高、导致心力衰竭或严重心律失常，从而猝死等。这种对死亡的界定，实在可以解释我们人生中一些有趣的死法。新闻报道中经常会出现一些老太太、老头子打麻将打死在桌子边上的。一连好几个钟头都输了，忽然一把清一色、大三元加自摸，不仅本回来了，还赢了不少，那种喜悦之情是任何事情都难以抵挡的。"哈哈哈"三声大笑之后是心脏的彻底崩溃——心死亡。难怪道教传统的养生经典《小有经》中要求人们"少思、少念、少欲、少事、少语、少笑、少愁、少乐、少喜、少怒、少好、少恶",称为"十二少",与此相对的是"十二多","多思则神殆,多念则志散,多欲则损志,多事则形疲,多语则气争,多笑则伤脏,多愁则心慑,多乐则意溢,多喜则忘错惛乱,多怒则百脉不定,多好则专迷不治,多恶则憔煎无欢,此十二多不除,丧生之本也。"生命本已脆弱,狂喜狂悲更应节制。与心死亡密切相关的是肺死亡,也称呼吸性死亡,是指呼吸停止先于心跳停止的死亡。呼吸中枢麻痹、胸腔病变、各种呼吸道肺部病变均可引起呼吸性死亡。呼吸停止之后,并不马上会发生死亡,因此时心脏常常仍能跳动时。在心脏继发出现室颤、无效的室性自搏直至完全停止跳动时,才发生死亡。所以,呼吸性死亡是在引起心脏停止之后才能发生的。肺死亡其实是心死亡的一个后续。

在死亡定义中,真正有挑战性的定义是脑死亡。早在 20 世纪 60 年代前,就已经有人提出脑性死亡。当时医学界还以呼吸、心跳为死亡的标志,所以即使脑已死亡,但心跳呼吸未停止,则认为人仍未死亡。1968 年美国哈佛大学医学院提出了脑死亡(Brain Death)的新概念,引起医学界、法学界、伦理学界的普遍重视。过去人们习惯把呼吸、心脏功能的永久性停止作为死亡的标志。但由于医疗技术的进步,心肺复苏术的普及,一些新问题产生了,它们冲击着人们对死亡的认识。全脑功能停止,自发呼吸停止后,仍能靠人工呼吸等措施在一定时间内维持全身的血液循环和除脑以外的各器官的机能活动。这就出现了"活的躯体,死的脑"这种反常现象。众所周知,脑是机体的统帅,是人类生存不可缺少的器官。一旦脑的功能永久性停止,个体的一生也就终结。这就产生了关于"死亡"概念更新的问题。"脑死亡"的概念逐渐被人们所接受。但采用这一标准也引起了很多问题,其中最为关键的一点是:采用脑死亡标准,意味着在某些情形下,一些心脏还在跳动的人,过去认为还"活着"的人,将被判定为死亡。这一点影响深远。至于采用"脑死亡"标准的理由,有人说是为了节约医药资源,有人说是为了器官移植的需要,有人说它是一个科学的事实。由于脑死亡的判定需要复杂的专业知识,因此,一个人是生是死,就变成了由专家们判定和宣布的事情,而与普通人有了某种距离。

人生三论

脑死亡作为在西方开始普遍流行的一种死亡定义,必须符合五个条件:严重昏迷,瞳孔放大、固定,脑干反应能力消失,脑电波无起伏,呼吸停顿。按照脑死亡的定义,中国传统武侠小说中的"活死人"神功恐怕是没有什么吸引力了,即便练成了也都不被看做是人类了。脑死亡,即全脑功能不可逆性的永久性停止,其具体过程包括两个方面:

首先,大脑功能的停止,即除运动、感觉之外,思考、感情等精神活动功能,也就是说意识也都永久性丧失。如果脑干功能尚存,有自发呼吸,则不能称为脑死亡,只能说是处于"植物状态"。在这一阶段,死亡还没有完全降临。不过,"植物人"的命运估计和死亡相比起来,令旁人更为惊悚和伤心吧。

其次,脑干功能停止,即脑干有网状结构、脑神经核、延髓血管运动中枢、呼吸中枢等重要结构,因此,脑干功能丧失意味着上述结构功能停止。网状结构功能丧失导致昏迷,脑神经功能丧失则引起对光反射、角膜反射、眼球反射、前庭反射、咽反射、咳嗽反射的消失;延髓功能停止,则自发呼吸停止,血压急剧下降,直至脑死亡。

虽然主流的医学界已经将"脑死亡"当做是死亡的一个标准定义,但由于脑死亡有诸多违背我们日常经验之处,如果按照"脑死亡"的定义,则很可能一个尚存在呼吸、心跳等生命现象的人就已经被当做是"死人"了,而这种情况在常人看来显得有些难以接受,特别是在一些传统观念较重、教育保守的地区。所以,就有学者和专家试图从"心死亡"和"脑死亡"的综合两个方面来界定死亡。美国学者卡普隆和拉斯就此专门提出了"脑心综合死亡"定义:如果一个医生认为根据一项标准和医疗实践,一个人的自主呼吸和循环功能已经经历了不可逆的停止,则该人可被认为已经死亡;在人工支持的器械撤去、上述功能已经停止的时候,如果一个医生认为根据一般标准和医疗实践,一个人的自主脑功能已经达到不可逆的停止,则此人可以被认为已经死亡。与死亡最终会降临不一样,这些死亡定义有着太多的复杂性和不确定性,但不管这些定义最终如何界定,死亡,这个原来是一个普通老百姓都能加以判断的事情,现在却显得越来越复杂化了,这就是现代性社会的一个根本特征——高度的分工化和专业化。一个具有讽刺性的可能场景是,也许有一天当你躺在病床上,一群人忽然闯进来向你宣读你自己的死亡证明书,然后要你签字认可。在你还"活着"的时候,就直面自己的"死亡",荒谬、可怕,但又并不是完全无稽之谈。

上述的这些死亡定义都是依据人类的生命之肉体存在来界定死亡的,我们之前已经讲过,死亡对于人类的体现有两个方面:一是身体性;一是社会性。而关于人类生命死亡的社会性定义也是五花八门的。这真可谓是死都死不省心啊!

比如从法律角度来对死亡定义。1984年出版的《中国大百科全书》(法学卷)中对死亡的定义是:"死亡,自然人生命的终止。包括自然死(非暴力死)、暴力死亡及法定死亡。法定死亡指失踪一定期限后依法所作的宣告死亡。死亡涉及若干部法,并涉及法学领域的若干分支学科。各国民事法律一般规定,自然人的权力能力始于出生,止于死亡。作为一种法律事实,死亡可以导致民事法律关系的产生(如继承)、变更(如合同当事人一方的改变)和终止(如婚姻关系)。在刑法范畴中,非法剥夺他人生命的犯罪构成杀人罪,最严重的刑罚为死刑。在诉讼法中,《中华人民共和国诉讼法》规定,被告人已死亡的,不追究刑事责任;已经追究的,应当撤消案件。暴力死和非暴力死中的急死,则是法医学研究的重要课题。"法律视角中的死亡是将人当做一个法律行为、责任承担者的消失,说白了,个体的死亡就意味着他的财产可以合法地变成别人——儿女或指定继承人的财产了。

社会学家对于死亡问题的探索最容易让人想到"死亡就是一个数字"这句话,因为社会学自身的特性就是不关注个体和个性,而是侧重于一种集体性的考察。一个人的死亡不会进入社会学家的视野,只有成百上千人的死亡才会成为一个社会学研究的对象。社会学家把死亡分为社会性死亡、知识死亡和生物学死亡三个时期。从社会学角度对死亡提出"社会学死亡"的定义,是指人处在衰老或临终阶段,他的社会活动、社会影响等社会存在性逐渐减少,有时或多或少已经不复存在,犹如死亡一般。这种减少往往是由于人体生理的、情感的和交流的方面已逐渐从社会中撤退而引起的。病人在他们被确认为临床死亡或生物学死亡之前,他的社会存在性就已经减弱或终止了。社会学死亡可早于生物学死亡,例如把一个垂危昏迷的病人被看做是"一具能够呼吸的尸体"。相反,这些人的社会存在性也可能被延长以致超过他们的生物死亡终点。例如出于军事或政治的需要,对已经临床或生物学死亡的人密不发丧以及伟人对后世的长远影响等。从社会学的角度来看,"毛主席永远活在我们心中",就不仅仅是一句口号,而且还是一种具有社会存在性的生命事件。

心理学家一般都认为有两个关于死亡的全面概念。第一个概念是"我的死和你的死",这是两个有助于理解生和死这两个同时发生的过程。"我的死和你的死"这一概念指的是这样一种非理性信念,即虽然"你的死"是必然的,可是"我的死"却可以免去,生命可能延长。对于和已经死亡的人做比较,更说明这种心态:现在你死了,但我仍然活着,至于将来我的死亡的到来,对于我来说是一种不可知状态,实际上也就体验不到死亡,所以可以说"我的死"是不存在的。第二个概念是"部分死亡和整体绝灭",是指另一种信念,即随着亲友的死亡,人便感受到丧亲亡友的悲痛,这对自己的心灵是一种损伤,是一种局部的损害,因而也是一种"局部死亡"的境界。在心理上"局部死亡"的感受,使个体预感到对自己更大的个人损失,也就是死亡的逐步逼近,最终将导致个人身心的整体绝灭,从而失去生命的威胁也化为乌有。心理学的死亡定义最切近人们在面对死亡时的那些内心感受。

从哲学角度对死亡进行定义极为复杂,因为哲学本身就异常复杂,其中的流派和方法数不胜数。这是由哲学自身的性质决定的,已经确定了的东西,就不是哲学了,即便曾经属于哲学,一旦确定了,也就会从哲学中分离出去。就像是在哲学的一个开端,哲学几乎是所有知识的一个综合,但随着其部分内容的确定,物理学、政治学、生物学、数学等等就从其中分离出去了。我在这里简要地介绍一种代表性的观点。冯契先生主编的《哲学大辞典》对于"死亡"做如下定义:"死(英 Death,德 Tod),德国海德格尔用语。指基本本体论意义上人的一种生存状态。通过对它的分析,以揭示人的在的整体性和本真的在的方式。作为生存状态的死是人的在的方式或特点。人一出生就伴随着死的可能性,即人是从向着死的方式开展其生存过程的。死是一种可能超越的在的可能性,即死是在的可能性的界限。人的在的可能性的整体是通过死而得到揭示的。死是无关涉的,即揭示出人不再能够介入世界、不再与物交接的可能性,它从反面揭示出人的生存就是介入世界,就是与物交接的可能性,这种可能性是人的本真的在的确证。死又是既确定又不确定的,人以向死而在的方式在着,人皆有死,这是确定的;哪一天死又是不确定的,它导致日常中的人们常对死采取回避和不认真的态度。海德格尔主张,只有认真面对死,把死当做自己本己的在的可能性,才能把握自己本真的在的方式,以自己本真的在的可能性展开和选择自己的生存方式。"这种死亡观点是一种典型的存在主义的死亡定义,是一种形而上学定义,其要义不在于告诉我们死亡的具体形态和特征是什么,而是要告诉我们在"向死而生"的生存境遇中,死亡是如何介入我们的生活,并与我们的生活纠结在一起。

二、死亡的名字

与死亡定义的纷繁多样相类似,我们对于死亡的称谓也可以说是千奇百怪,极尽想象力之能事。由于中国人一直对死亡有所回避,所以对死字也有所忌讳,往往用一些间接性的词汇来表达死亡这一事实。根据部分学者的研究表明,在汉语词汇中能够表达死亡这一事件的词汇高达两百多种。真可谓,死得沉重,说得复杂啊!在这些对死亡事件的描述性词汇中,可以根据某些标准大致分为以下几类:

以生者的社会阶级地位来表达对其死亡的描述:皇帝或天子的死亡,当然不能叫死了,而称为"崩",也叫"驾崩"或"山陵崩";诸侯或后妃的死叫做"薨",或"薨逝"、"薨亡";大夫的死,称为"卒";士死,称为"不禄",大概是指不能再享受上级赏赐的俸禄的意思了吧;而庶人,也就是平头老百姓的死,才称"死"。而这些死在民间又有很多有趣的称呼。如果追根溯源,则这些阶层式的死亡术语都来自于《礼记》。《礼记》的这种对于死亡的另类称呼,其功用在于"正名",不仅活人在社会中的地位和功能要确定,而且死后也要有所区分,以对应现实世界的阶层式划分,真可谓是死都有三六九等。当然在这些名称之中,历朝历代也都有所变化。根据《礼记·曲礼下》的记载,唐制,凡三品以上称"薨",五品以上称"卒",自六品至平民称"死",或者叫"亡"。从中可见,死亡的阶级性和等级性依然是其中的基本

人生三论

要义。

根据亲疏远近等感情性因素来表达的对死亡的描述。比如对于敬爱之人的死亡,我们会用逝世、去世、长逝、溘然长逝等褒义词,而对那些自己比较讨厌的人呢,我们则习惯于使用挂了、领便当去、溘了(方言)、见阎王、回老家、归西天、断气、数尽、完蛋、翘辫子、吹灯拔蜡、嗝儿屁着凉了、一命呜呼等等一些带有明显贬义性的词汇。而对那些我们比较崇敬之人的死亡,往往是略带遗憾地使用牺牲、就义、成仁、殉道、殉国、捐躯、光荣、殉职等词汇,在描述死亡事实的同时,也表达了对其死亡的一种崇高敬意和无限惆怅。古人说以《春秋》定褒贬,看来这种思想已经延续到了我们对于死亡的称呼上来了。从对一个人死亡的称呼上,我们差不多就能看出这个人身前的言行品质,以及其在表达者心目中的地位,不能不说是一种非常奇妙的表达方式。

根据死亡方式来对死亡事件进行描述。对于那些自杀身亡的人,我们习惯于称其为弃世、自尽、杀身、厌世、触槐、自缢、自裁等。这些词汇中大多有着很深的典故,比如说"触槐"吧,其背后的故事就很有趣:春秋时,有个叫做鉏麑的人,他受国君晋灵公之命去刺杀赵盾,结果竟然事到临头下不去手,只好自己撞槐树自杀了。对那些因自然原因老死的人们呢,我们一般称之为寿终、登仙、百年、老了、谢世、长逝、长往、长辞、归室、归泉、走了、去了、故去、就木、寿终正寝、寿终内寝。这种对于死亡的称呼有着一种圆满的意思。中国人很早就有两个喜事的说法,红喜事指的是娶妻,而白喜事则指的是老年人自然死亡,享有长寿、悠然而死。对那些因为非自然原因而去世的人们,我们一般称之为非正常死亡,对于这种死亡的具体描述性词汇有遇难、丧身、蒙难、罹难、暴亡、身亡、殉亡、暴毙、毙命、绝命、骤亡、丧生、非命、亡命、断命。这些词汇都是在表明生命的突然中断,死亡的骤然降临,目睹之令人心寒。而对于未成年人的死,我们一般称之为夭、夭折、短折、夭亡、殇、夭殇、早逝(英年早逝)、夭逝、夭逝、弃养、凤殒、天服之殇、早夭。在这些根据死亡方式来表述死亡的词汇当中,有两类是非常有意思的:一类是在非生活地或非出生地的死亡,我们叫做客死。这在国人看来是一种比较悲惨的死亡,客死他乡是一种无奈和无尽的凄凉。还有一种是描述女性,尤其是美貌女性的死亡,红颜自古多薄命啊。对于她们的死亡,我们的文化也格外怜惜,赋予很多令人感伤的名称,如香消玉殒、天妒红颜、红颜薄命等等。

再有一种区分死亡的描述性词汇分类是根据雅俗二分的标准来制定的。这种标准其实也就是书面语和口头语、文化人和普通百姓之间对于死亡的表达差异。民间对于死亡的称呼,一般都比较通俗、口语化,各地的方言中大多有自己独特的表达死亡意象的一些词汇,如过世、过去了、过了、去了、走了、返乡、回去、离开、长眠、先走一步、老去、作老人、作古、千古、上西天、苏州卖咸鸭蛋等等;而书面语和文化人对于死亡的表达就要显得文雅一些,大多会采用一些有着典故背景的词汇来表达死亡,如辞世、与世长辞、辞去人世、百年之后、寿终正寝(男)、寿终内寝(女)、成为故物、鸣呼哀哉、已故、作古、大去、仙逝、安眠、安息、往生(佛家语,指到另一个世界生活)、驾鹤西归等等,以及一些相对比较婉转的说法,如风去楼空、天妒英才、南极星沉、驾返瑶池、音容宛在、师表长存、大义凛然、杀身成仁等等,诸如此类。

在对死亡的称呼中,还有一类是以宗教为背景的。比如佛教徒的死,特别是比丘、比丘尼和僧人、尼众的死一般称为圆寂、涅槃、坐化等;而道教信徒的死亡则称之为羽化、登仙、兵解等;在天主教和基督教的宣称里,其教徒的死亡称之为释劳归主、魂归天国、荣登天国、主怀安息、蒙主宠召等;而穆斯林的死亡多称为归真。

在当代中国,我们还能发现一些与时代特色相结合的、比较形象的对于死亡的说法,比如见马克思去了、见列宁去了、见老祖宗去了、去移民了、自绝于人民等等。这些对于死亡的表达带着鲜明的时代印记,如果与古代的那些殁、殒、殂、殪、长眠等说法进行一番比较,则我们会从中发现一些非常有意思的东西。

三、死亡的过程

死亡的概念和死亡本身一样是个谜一般的存在,现代科学的发展不仅没有将我们真切地带近死亡,反而越来越远离死亡了。有时候我会忍不住地想,在有些事情上,现代人应该放弃高傲的态度,向古人学习,因为在几千年的传统和习俗中,其所包含的东西是不可能仅仅用"落后"、"封建"以及

"愚昧"这几个词就能简单打发掉了的。虚心学习,不仅仅意味着我们要学习当下的科学技术,还要学习古人的生活智慧。死亡本身不是一个单纯的概念问题,而是一个清晰、完整的过程,除了那些遭遇意外突然死亡的人外,绝大多数人都会亲身完整地体验这一个过程。

按照传统的概念,死亡被认为是一个经历下述三个阶段的过程:

其一,濒死期:机体各系统的机能产生严重的障碍,中枢神经系统脑干以上的部分处于深度抑制状态,表现为意识模糊或消失,反射迟钝,心跳减弱,血压降低,呼吸微弱,或出现周期性呼吸。由于缺氧,糖酵解过程占优势,乳酸等酸性中间代谢产物增多;同时,三磷酸腺苷形成不足,能量供应锐减,各种机能活动乃愈益减弱。濒死期的持续时间因病而异,例如因心跳或呼吸骤停的病人,可以不经过或无明显的濒死期而直接进入临床死亡期,称为猝死(Sudden Death)。因慢性疾病死亡的病人,其濒死期一般较长,可持续数小时至2~3昼夜。值得注意的一点是,在濒死期间,死亡过程在某一定程度上是可逆的。简单一点说,一个人可以从濒死期中"活"过来,当然这种活过来也是暂时性的,也只能延长一点点生命的时间。但濒死期对于我们的重要性在于,我们能够对死亡有着直接的体悟,并保存下来的那部分"死亡记忆"。经常会听见有人说"我已经死过一回了","我经历过死亡了",这种说法确切地表达应该是其在濒死期这一阶段又活了过来。无论如何,这一阶段的濒死体验都已经是我们能够对死亡进行体悟的最直接、最切近的一种经验了。

其二,临床死亡期:主要标志为心跳和呼吸完全停止。此时反射消失,延髓处于深度抑制状态,但各种组织仍然进行着微弱的代谢过程。动物实验证明,在一般条件下,临床死亡期的持续时间约为5~6分钟,即血液供应完全停止后,大脑所能耐受缺氧的时间。超过这个时间,大脑将发生不可恢复的变化。在濒死期或临床死亡期,重要器官的代谢过程尚未停止。如果这种情况是由于失血、窒息、触电等原因引起,只要及时采取一系列紧急抢救措施,就可能起复苏或复活的作用。

其三,生物学死亡期:是死亡过程的最后阶段。此时从脑皮质开始到整个神经系统以及其他各器官系统的新陈代谢相继停止并出现不可逆的变

第二章 论死亡

化;整个机体已不可能复活,但某些组织在一定时间内仍可有极为微弱的代谢活动。此时逐渐出现尸斑、尸冷、尸僵,最后尸体开始腐败。在这一阶段,死亡就已经真正占领了生者的领地。

按照中国传统的死亡观,在这一阶段,人的灵魂才会离开自己的身体,成为"鬼魂",黑白无常才会来传唤你。《红楼梦》中有著名的《恨无常》一曲,"喜荣华正好,恨无常又到"。人们通常将白无常和黑无常并称无常二爷,是专门捉拿恶鬼的神。两位无常经常并提,列入十大阴帅之列。其他的九位阴帅分别为:鬼王、日游、夜游、牛头、马面、豹尾、鸟嘴、鱼鳃、黄蜂。看来,在死亡的最后阶段来管身后事的"领导"也确实不少。黑白无常的装束有着明显差异。白无常顾名思义,当然是穿一袭白衣了,据传其笑颜常开,头戴一顶长帽,上有"你也来了"四字;黑无常则一身黑衣,一脸凶相,长帽上有"正在捉你"四字。而无常为什么要有两位?其中的原因也非常能够体现国人对于死亡最终阶段的那种民族特色性的认识。在死亡的最后阶段,人体内的魂魄会分为阴阳两个部分。而黑白无常的职责在于对应阴阳魂魄的划分。也就是说,对于男性来说,白无常吸其阴魂,黑无常散其阳魄;对于女性来说,黑无常吸其阳魂,白无常散其阴魄。所以,迷信的说法是,必须要黑白无常同时来接引,一个人的鬼魂才能顺利地被带到阴间。

在对死亡过程的描述中,还有一种更为精确的描写。这种描写以死亡之人在身体上出现的物理变化来表征死亡在一个个体身上的进展过程。其具体的过程有 18 个阶段,分别为:

死亡降临:当心脏停止跳动的时候,有些人会开始抽搐,呼吸从正常的节奏转为急促,同时耳朵首先变冷。身体内的血液转为酸性,喉咙开始痉挛。此时,死神来到死者身边,将其带入永恒的黑暗之中。

死亡瞬间:医学意义上的死亡被定义为大脑排出所有氧气。这时,人的瞳孔会变成看上去像玻璃晶体一样的物质。

死亡 1 分钟:已经凝结在一起的血液开始导致全身的皮肤变色,肌肉处于完全松弛的状态,肠和膀胱开始排空。

死亡 3 分钟:这个时候开始,脑细胞开始成批的死亡。高等思维的过程,大脑细胞的活动——例如考虑怎么才能不死或死后具体的景象是什么样子的——开始终止。

死后4—5分钟:瞳孔放大并开始失去光泽。眼球已经开始从球体慢慢变平,因为这时身体内已经没有血压了。

死后7—9分钟:脑干死亡。

死后1—4小时:身体肌肉开始僵硬,并使头发竖立,也就是这个原因,人死后看上去头发长长了。

死后4—6小时:尸僵开始扩散,凝结的血液开始使皮肤变黑。

死后6小时:肌肉仍然会痉挛。一些厌氧性的生理反应仍然在继续。

死后8小时:身体已经彻底凉了。最黑色幽默的是,这种情况下,男人会实现一生中最后一次,也是最恐怖的一次坚挺。

死后36—48小时:尸僵现象开始消失,身体重新变软,柔软到可以去表演柔术杂技。

死后24—72小时:由于身体内存在大量细菌,体内富含蛋白质的各内脏开始腐烂,而胰腺开始消化自身。

死后3—5天:身体上开始出现浮肿,带着血液的泡沫开始从口和鼻子中流淌出来。

死后8—10天:各种因腐烂而产生的气体充斥腹部,舌头从嘴里伸出来了,由于血液开始分解,身体也随之从绿色变成红色。

死后几周:指甲和牙齿等身体组织开始脱落。

死后1个月:身体开始液化。

死后数月:脂肪会转化成绿色的物质,被称之为"尸蜡"。

死后一年:身体在微生物的作用下,分解完毕,真正地实现了尘归尘、土归土,回归自然。

这种将死亡分为18个阶段的细致分法,虽然精确,但难免有些让人觉得不舒服,因为这种死亡过程说太过于注重人的肉体存在了。人的生命似乎与其他存在物的生命没有什么本质区别,而这种观点则很容易引起人们的抵触和不满。相比之下,宗教视野下的死亡过程学说,尤其是佛教中的死亡过程论说,因为凸显了死亡过程中灵与物的互动关系,反而显得更有吸引力。

藏传佛教用"死亡八阶段说"来描述死亡的过程,在不同的西藏教法中,都有非常仔细的说明。它主要包含两个分解的阶段:外分解和内分解。外分解是五根和五大的分解;内分解是粗细意念和情绪的分解。首先我们需要了解身和心的组成成分,这些都会在死亡时消散。人体的存在,是由地、水、火、风四大元素所决定的。透过这四大元素,我们的身体才得以形成和维持,而它们分解的过程,也就是我们死亡的过程了。一般而言,四大元素的分解会遵循一定的规律,即比较粗糙的元素会先消融,而比较细微的元素则稍后消融。当死亡降临时,临终者肉身中所含的地、水、火、风四大元素会逐渐分解以及衰退,身体的技能也会出现相应的失效。根据这五大元素在人体内的分解进度,藏传佛教将死亡过程分解为了八个阶段,而这八个阶段又分为两个层次,即临终的前四个阶段和临终的后四个阶段,具体的内容分别是:

第一阶段,地大分解。

第一个死亡的阶段是地大融入水大,此时人的身躯开始无法作为意识的载体,其坚硬的特质开始萎缩和退化,渐渐转入身体的流质,例如血液或黏液之中。由于地大元素对于身体的承载和支撑功能开始消退,水大元素开始变得重要而显著。在这一阶段,临终者的身体由于地大元素的消解而变得消瘦,肌肉会变得凹陷,整个皮肤也会变得失去光泽,身上的力气开始失去,逐渐会变得一点力气也没有,甚至连睁开眼睛都困难。地大元素的分解不仅给肉体带来一些相应的反应,而且在意识层面也会产生一些影响,会在人的模糊意识中产生幻觉。这种幻觉一般被称做是"海市蜃楼",术语叫做"阳焰"。这普遍会让人感到一种逐渐下沉或身陷泥沼的错觉。在有些情况下,还会出现山崩地裂的环境,感觉自己好像要被塌下来的山压到一样。经历过亲人死亡的人们可能都对这一阶段有过切身的体会,这时为了缓解亲人的痛苦,亲友应该在其耳边轻声提醒:"不要害怕,只是幻觉而已。"

第二阶段,水大分解。

在地大融入水大之后,水大便开始逐渐衰退而融入火大,火大元素的一般功能是让身体保持温暖的一种能量。进入火大阶段时,火元素开始作为

人生三论

意识的显著基础,临终者的听觉开始失效,体液开始逐渐干枯,感受能力基本丧失,不再能够感受到痛苦与快乐。到这一阶段的末了,一切与感觉以及心理意识有关的活动都停止或中断。临终者的口、舌和咽喉因为水大元素的消融而变得干燥,而身体的体液包括血液、尿液、汗液都逐渐变少或变干。这一阶段,临终者也容易出现幻觉,而这种幻觉是从内心中生发出来的,像是烟囱中缓缓而升起来的轻烟。

第三阶段,火大分解。

紧接着,火大会融入风大,临终者的嗅觉开始失灵,鼻子闻不到香或臭味了。至此,人体所具有的视觉、听觉、嗅觉、味觉、触觉和意识,就只剩下味觉和触觉了。由于火大的分解,人体的温度开始下降,并开始无法消化食物。临终者会感到呼吸困难,呼吸之间的间隔开始变得绵长,呼出的气息越来越长,而吸入的气息越来越短。在这一阶段,临终者所体验到的幻觉被形容为是"萤火虫",是一幅火星四溅,犹如萤火虫般飞舞的场景。藏传佛教实修最高成就的上师卡卢仁波切就火大分解这一阶段写道:对临终的人来说,内心的经验如火焚身,好像陷入熊熊烈火之中,或全世界都在焚烧一般。

第四阶段,风大分解。

经过前三个阶段,人体内就只剩下比较精细的风元素了,此时风大元素消融入意识。临终者舌头开始变得短而厚,舌根转变为青色,鼻中的呼吸断绝。但这并不表明死亡过程的完成,因为持命风等十种风和较为精细的呼吸尚在。临终者的身体开始变得没有任何触觉功能了。这一阶段所产生的幻觉被形容为"灯焰"。卡卢仁波切就此阶段写道:临终者的内在经验是强风横扫临终者的整个世界,这是无法想象的旋风,正在毁灭整个宇宙。只有微温还留在我们的心上,一切主要的生命征象都停止了,这时候就是现代医学检验所谓的"死亡"。

四大元素收摄后,我们通常理解的死亡过程已经结束了,但藏传佛教认为其后续依然还有四个阶段,分别是:第五阶段的明亮洁白心;第六阶段的增长红色心;第七阶段的近得黑色心和第八阶段的死光明心。这四个阶段被称做是临终的后四个阶段,其主要是说明粗糙的心智层面在四大分解完毕之后,会呈现出三种细微的心,而细微心消融之后,澄明心即会生起。这种澄明心很类似于佛教讲的"空"。至此,藏传佛教关于死亡阶段的讲述最终就归结于其对"空性"的证成。

这种关于死亡之过程与其宗教教义之间的关系,在世界上的其他宗教上也有呈现,比如基督教、伊斯兰教和道教都有自己关于死亡过程的见解。而这种宗教关照下的死亡过程与前两种死亡过程论最大的不同在于:死亡过程不仅仅是一个生命体消亡的过程,而且是其宗教教义的证成过程。不仅死亡的定义复杂,死亡的名称复杂,在不同的文化、传统对照下,连死亡的过程都是复杂的。一个在基督教文化背景下生活的人对死亡过程的体验肯定是与佛教徒的死亡八阶段说有着显著差异的。

四、死亡想象

对于死亡情景的描述,长期以来人们作出了各种各样的努力。这些关于死亡景象的想象和体验,看起来还有点带有几分科学的味道,至少是在所谓科学方法的指导下进行的,而有些就可能只是一种单纯的想象和臆测了。对于死后的种种揣测,人们大都还能去印证,毕竟死亡本身是不可逆的,谁也没有能力真正地"死"过之后又活过来告诉我们死亡到底是什么样子。但尽管如此,人类对于死亡的想象和尝试性认知一直都没有停止过,而对于其中的一些说法和想象,我们不妨采取姑妄言之、姑妄听之的态度吧。

濒死体验。死亡是一个单向的、绝对不可逆的过程。如果可逆,则不是死亡,而是濒死。如果说真正的死亡是不可体验的,那么濒死体验还是有一定可能性的。在有文献记载的历史上,关于濒死体验的记录就有很多。有些学者通过研究,将濒死体验的过程分解为了十四个阶段:

一、明知死讯
二、体验愉悦
三、奇怪声音
四、进入黑洞
五、灵魂脱体
六、语言受限
七、时间消失

八、感官灵敏

九、孤独无助

十、他"人"陪伴

十一、出现亮光

十二、回望人生

十三、边界阻隔

十四、生命归来

这是十四个阶段并不是每一个濒死体验者都会完整经历的,某些濒死体验在回忆其濒死经历时往往会侧重于描述其中的某一个阶段,尤其是灵魂脱体阶段。在这方面,某些世界名人的濒死体验通常能够给我们带来更为直观、可信的表述。诺贝尔文学奖获得者、美国著名作家海明威19岁那年就曾经历过一次"灵魂离体"的体验。当时他在意大利前线的救护车队服役,1918年7月8日的午夜时分,一枚弹片击中了海明威的双腿,使他身受重伤。事后他告诉他的朋友盖伊·希科说:我觉得自己的灵魂从躯体内走了出来,就像拿着丝手帕的一角把它从口袋拉出来一样。丝手帕四处飘荡,最后终于回到老地方,进了口袋。

当然,濒死体验在各个文化传统中的具体表现可能是不一样的。有研究者说,西方人基督徒多,到了濒死的时刻,脑际中出现天堂或类似天堂的景象,顺理成章。中国人的神鬼观念强烈,虽有天堂之说,不及阴曹地府的印象深刻,有点别样的体验,也很正常。在我国,一位唐山大地震中的幸存者刘姑娘对其濒死体验的描述,很明显地可以揭示文化差异在濒死体验时具体场景的差异。当时,只有23岁的刘姑娘,被倒塌的房屋砸伤了腰椎,再也不能站起来。她在描述自己得救前的濒死体验时说:我思路特别清晰,思维明显加快,一些愉快的生活情节如电影般一幕幕在脑海中飞驰而过,童年时与小伙伴一起嬉笑打逗,谈恋爱时的欢乐,受厂里表彰时的喜悦……我强烈的体验到了生的幸福与快乐!她说,我将在轮椅上度过一生,但每当我回忆起当时的那种感受,我便知道,我要好好地活下去!刘姑娘的这种濒死体验真正验证了我们之前提出的那个命题——"未知死,焉知生?"这一看似悖谬命题中所蕴涵的真理性认识。只有死亡才能够让人真正意识到生命的价值和可贵。

一个有趣的现象是，近年来科学也开始逐渐介入濒死体验这一看似神秘、不可验证性的领域。2000年6月22日《报刊文摘》曾经报道过德国曾经进行过的一次"死亡实验"。参加试验的有42名年轻力壮的男女志愿者。"死亡试验"的确很简单：利用药物，使42名志愿者处于与死亡相似的完全失去知觉的境地。在22秒的短暂时间内，志愿者各有所获——有的看见彩光；有的看见了亲友；有的看见了自己发着灵光的"灵魂"从自己的肉体中"逸出"；有的看见了一条发光的"隧道"。很多濒死者，死前并不痛苦，不但不痛苦，且有着十分奇异的身体体验。有一位65岁的"死而复生"者的回忆说：我记得自己好像一朵轻云，逐渐由我的内身上升到天花板。医院的墙壁与铁门都阻挡不了"这时的我"。我很快地飞出医院，以越来越快的速度，飞向虚无缥缈的太空。接着我又以极快的速度，在一条无止境的隧道中前进。在隧道的另一端，我看到有一点亮光；这个亮光越来越明亮，越来越大。当我到达隧道的尽头，那光竟变成强烈无比的光源，我的内心充满喜悦和爱，我不再有忧虑、沮丧、痛苦与恐惧。人之将死，竟有这般"美妙"的感觉，可说是死亡，妙不可言啊。

这样的体验，其实笔者本身也曾经亲身经历过。笔者在一次车祸中严重受伤、昏迷不醒，当时的感觉是：好像躺在一架车上，这车也绝不令人痛苦甚至还有些让我感到舒适的，但它飞快地向一个方向驰去。车的前方，仿佛有着数不完的关闭着的大门，但车一到，门就开了，通过了一道门，又面临一道门，到了某个地方，似乎觉得那就是阴间的府第了，然而，这车即临而不达，虽然依旧飞驰，却驶不进这阴间之门。

但无论如何，准确地说，上述这些体验及其描述都不是死亡体验，毕竟"濒死体验"与"死亡体验"还有本质的区别，充其量，那只不过是短时或较长时间的休克罢了。死的体验，可以有，但不可能传达。但也有些有趣的记载，我们经常会在一些野史、小说中看到这样的故事，说有个死囚犯，临刑之前，大义凛然，豪气冲天地对刽子手说："兄弟，把刀磨快些，来个痛快的。"到了彼时彼刻，刽子手一刀掠头，头颅飞出，那颗好大的头颅在飞出的过程大呼"好快刀"。这种情况是否真的有，已经不可能考证了，但人们似乎愿意相信这种情况的真实性,并在电影和小说中一再重复这样的镜头。曾经在 20 世纪八九十年代在青年人中风靡一时的《大话西游》这部电影中,由周星驰扮演的至尊宝对要杀的那位女妖精恳求道:"我听人说剑下得快,人不会马上死。麻烦你的剑从我这里刺下去,把我的心挖出来。有个女孩说留下一件东西在我心里面,我想看看到底是什么。"结局当然是至尊宝心满意足地在看见心中那个女孩流下的一颗眼泪后死去。这个故事从戏剧化的角度来看,当然很成功,但在现实中是否真的如此,就可能是另外一回事了。

在人们关于死亡的想象中,死亡体验仅仅是其中的一个部分,还有一个至为重要的主题就是关于死后住所的想象。人们大都愿意相信人死后不是空无一切的"虚无",而是以另一种形态存在于一个不同于现实世界的"另一个世界"之中。这也是生命对于死亡的一种无奈而狡猾的妥协吧,既然不能永生,那么至少死后不会永灭吧。

西方对于人死后的住所有两个完全不同的住所——天国和地狱。地狱是最凄惨、最痛苦的,是世上的言语无法形容的可怕地方。根据《圣经》的记载,地狱是"黑暗的无底坑,有不死的虫和不灭的火焚烧,使人昼夜永远受痛苦",是刑罚魔鬼、关押犯罪的天使,以及"恶人受永刑之处"。基督徒相信地狱的存在并认为地狱是受痛苦的可怕地方,与天堂相对,其中有一个巨大的火湖,如果不信基督教就不能获得"救赎",都要被扔在地狱的火湖里受永刑。这种说法有些令人毛骨悚然——中国的大部分民众可都不是基督徒,按照这一说法,岂不是不仅要遭受中国式地狱的酷刑,而且还要体验上帝的"火湖"?

对于西方地狱景象的描述,最有想象力的作者应该是但丁。但丁在其著作《神曲》中把地狱想成一个巨大的漏斗形,上宽下尖,顶部的入口开在耶路撒冷城外,底在地球的中心点。内部共分九个大的圈层,有些层次又包含较小的圈层或环层,越往下越窄。有罪的灵魂根据生前罪孽的轻重,被罚在不同的地狱圈层中受苦受刑。大体而言,犯下的罪孽越重,刑罚也越重。狱的第一层为"林菩狱"即著名的 limbo,其中关着许多历史上最伟大的人物,包括最著名的古代哲学家、科学家、文学家和艺术家,如有荷马、苏格拉底、柏拉图、亚里士多德、奥维德、贺拉斯、欧几里得、托勒密等人,还有以色列的先哲如诺亚、摩西、亚伯拉罕、大卫等人。这里有高贵的城堡，清浅的河流，绿油油的草地，还有树林、光亮、高起的地方。那些伟大人物静穆而安详，既不悲哀，也不快乐；相互之间有节制的低声交谈，和睦相处，彬彬有礼。气氛虽然有些惨淡和阴沉，但这里却是地狱中唯一没有酷刑而有希望的地方。

但从地狱的第二层开始，就会听见悲惨的声浪，遇到哭泣的袭击。这层比第一层面积小，专门收容放纵情欲的人。他们皆为情而死，沦为色欲场中的亡灵。他们所受的刑罚是地狱风暴的席卷。那幽暗的地域风波永不停止，将那些可怜的情侣卷上卷下，抛来抛去，永远不得安宁。正像世上那些屈服于情欲而忘记了理性的人们，内心的风暴永不会止息。

第三层囚禁着犯了饕餮罪的灵魂，他们在泥淖中挣扎，不间断地遭受夹杂着大冰块冰雹的雨雪的击打。作为贪食的象征，长有三个头，像狗一样狂吠的巨大怪兽猞拜罗把守着入口，他抓住那些阴魂，将他们剥皮、撕裂、咬嚼。

第四层收容的是贪吝者和浪费者。他们为生前贪婪的怒火所鼓动，注定要永远相互撞击、厮打和责骂。他们或分为两组，推滚着一个重物面对面挺进，猛烈冲撞一回，回过头去再重新开始，其中有头发精光，生前贪得无厌的教士、主教和教皇。两组人旋转冲撞时，总是喊叫"你为什么抓住不放"和"你为什么放手丢掉"这两句话。或在水色深黑如墨的池沼中相互厮打，脚踢嘴咬，弄得皮破肉烂。

第五层囚禁着愤怒者。这一圈层是死的隔河（Stige），污浊的河水中有许多生前脾气暴躁、妄自尊大的人，仍然哭泣、烦恼或咆哮如雷。他们仍被生前的愤怒激动着，有些甚至用牙齿咬自己的身体，其中还有世上傲慢的帝王，现在也像猪一样躺在泥污里。

第六层是一个大城堡，它的城墙隔绝以上各层。在隔河上驾舟的是希腊神话中的夫雷加斯（Flegias），他因太阳神阿波罗奸淫了他的女儿科罗尼司而愤怒异常，放火烧了在台尔菲的太阳神庙。阿波罗进行报复，将他罚入冥国。

与地狱相对应的是天堂。按照《圣经》中的原意，其所指的是没有痛苦的地方,与地狱那永恒的火和苦难相对应,但在基督教的教义发展过程中,天堂逐渐不再作为一个地方而存在,不是物质,《圣经》里面的描写是用人的理性、头脑可以接受的方式来描写。仔细地想想看,如果天堂是物质的、在某个地方,即使离我们人类居住的地球再遥远,那么有一天科技发达到一定程度,速度可以达到,那么我们就可以轻而易举地到天堂上了,这怎么可能? 其次就是天堂里有什么? 天堂既然不是物质的,那么就绝对不会存在桌椅板凳这些物质的东西,存在的一定是非物质的,就是灵,我们的灵魂可以在那里,还有就是神。

与西方不同,中国在佛教未传入前的传统信仰认为,普通人死后亡魂会归于泰山之下,泰山神东岳大帝为冥界主宰,后来认为酆都为冥界入口之一。阴曹地府和十八层地狱,本来只是佛教典籍中所描述的死后世界,可是后来却被道教沿用,并与民间的传统信仰相杂合,并最终形成了我们今天所理解的"阎王殿"。佛教认为地狱是六道轮回中最劣最苦的,民间认识的"重狱"便是"十八层地狱";经过整合之后的版本认为,事实上地狱只有十殿,每一殿有一阎王掌管,故有"十殿阎王"之称,十八层地狱即是十殿的第九殿——阿鼻地狱。阎罗王被认为是地狱的主宰,掌管地狱轮回。地狱分为十殿,十殿各有其主和名号,称地府十王,统称十殿阎王,其名称和职能分别是:

第一殿:秦广王蒋(广明王蒋子文),二月初一日诞辰(一说为二月初二日),专司人间寿夭生死,统管吉凶。

第二殿:楚江王历,三月初一日诞辰,专司活大地狱,即寒冰地狱。

第三殿:宋帝王余(宋帝明王),二月初八日诞辰,专司黑绳大地狱。

第四殿:五官王吕(官明王),二月十八日诞辰,专司合大地狱,即血池地狱。

第五殿:阎罗王包(阎罗天子包拯),正月初八日诞辰,专司叫唤大地狱。

第六殿:卞城王毕,三月初八日诞辰,专司大叫唤大地狱及枉死城。

第七殿:泰山王董,三月二十七日诞辰,专司热闹地狱,即肉酱地狱。

第八殿：都市王黄，四月初一日诞辰，专司大热闹大地狱，即闷锅地狱。

第九殿：平等王陆，四月初八日诞辰，专司铁网阿鼻地狱。

第十殿：转轮王薛，四月十七日诞辰，专司各殿解到鬼魂，区别善恶，核定等级，发往投生。

中国人每年各个时节对于先人的祭奠，一方面是由于传统文化对于家族血脉传承的重视，祭祀本身意味着血脉的延续；另一方面的原因在于，中国人相信，通过冥币能够买通地狱中的小鬼，免于较重的刑罚，而已故亲属的家人在农历十月初一或者清明节扫墓期间也会焚烧"纸钱"给"阴间"的亲属。

从上述的濒死体验和对死后住所的想象能够进一步验证我们之前"未知死，焉知生"的体悟——死亡是一种对于生命延续的破坏，但其本身也是一种生命延续的需要。正如"未知死，焉知生"一样，"未知死，焉有生"？

第三节　面对死亡

正视死亡，向死而生。

死亡问题是人生中最重要的问题。每个人都无法避免死亡，因此每个人都会思考死亡的问题。在日常生活中，人们常常会不自觉地想：死亡可怕吗？死后人将去往何处，上天堂或者下地狱？如果能够不死，那该有多好啊！……诸如此类的问题和焦虑，也许从出生那天起，就存在于人的意识之中，时刻困扰着人们，直到死亡。但对于这些问题，似乎没有人能够提供确切答案，因为按照经验，人死不能复生，再也无法与他人进行交流，所以没有人能够得到死者关于死亡的经验，也没有人知道死后将去向何处。人们只能根据自己的感受体会，作出各种各样的判断。而这些判断和观念，就构成了人们对于死亡的基本态度，正式一点的称呼就是死亡观。

在人类历史长河中，人们留下了丰富的生死智慧。对于死亡的态度，其

人生三论

实本身就是一种人生的境界,如何看待死亡也就能折射出人们如何看待生命和生活。总的来说,人类对于死亡问题的理解,大致可以划分为三大阵营:第一种是死亡观是对死亡持有畏惧态度,害怕死亡,将死亡当做是对生命的单纯否定,认为死亡是一个痛苦的过程。只有这种死亡观的人面对死亡时的基本态度是泫然欲泣的。第二种死亡观是从积极的方面来肯定死亡,将死亡当做是一次快乐的回归,悲生而乐死。持有这种死亡观的人面对死亡时的基本态度是鼓盆而歌的。第三种死亡观则介于悲死和乐死之间,对死亡持一种豁达的态度,任自然而超脱生死之外。持有这种死亡观的人面对死亡的基本态度是正视死亡、向死而生的。

一、泫然欲泣

死亡具有不可逆性,生命在死亡之后就会消逝,而对于人类而言,一种最为基本的本能就是生存,就是尽自己最大的努力来延续自己的生命。因而在面对死亡这种对于生存最终极的泯灭时,绝大多数人都会表现出一种畏惧心理,这是人之常情。鲁迅先生在其作品中曾经描述过这样一个故事:有一个大户人家,生了一个儿子,很是欢喜。在给孩子做满月酒的时候,邀请来许多亲朋好友。有人说这孩子生得一脸富贵相,将来一定能够当官的,家人道谢;有人说这孩子将来一定会发财,家人道谢;有人说他将来一定会长寿的,家人道谢。不巧的是,有一个人说这孩子将来一定会死的,结果被痛殴,驱逐出门。其实前面的人说的也许是奉承话,后面的那个人倒说了句真话,因为人将来总有一死。这个说真话的是愚还是智,我们难以考证了,但留给我们的反思却十分沉重。人们向来都是喜悦新生,而厌恶老去或死亡的。面对着一个新生的生命,又有谁愿听这样的丧气话呢?真正能够不畏惧死亡的人是极少的。

根据人类学家的研究,对于死亡的恐惧在原始人那里就已经体现出来了。原始人由对死亡的恐惧而转向神话中的不朽幻想,进而倒向宗教。祈求神秘的信仰是原始人类普遍的精神处境。著名人类学家马林诺夫斯基对此有过精彩的剖析:

> 蛮野人极怕死亡,这大概是因为人鱼动物都有根深蒂固的本能的

缘故。蛮野人不愿意承认死是生命底尽头，不敢相信死是完全消灭。这样，正好采取灵的观念，采取魂灵存在的观念……因为人与死在面对面的时候，永远有复杂的二重心理，有希望与恐惧交互错综着。（马林诺夫斯基：《野蛮人的性生活》，团结出版社2005年版）

因此，在原始民族的神话传说和自然宗教、艺术中，原始人始终以一种稚拙古朴的感性形式生动地描绘着一个幻想世界。这个世界寄托着原始人永生不朽和灵魂轮回的观点，一个始终不渝的主体贯穿其中：对于死亡的决然摒弃和对生命的顽强承认。死亡既然是令人悲伤的，那么不死神话就是一种对于这种悲伤的合适超越。原始人对于死亡的态度在文明时代到来以后，不仅没有消失，反而更加显著和突出了，死亡即便存在，也应该是那个浴火重生的不死鸟。

在中国的传统中，人们对于死亡一般所持的态度也是畏惧和害怕的。明代文学家袁中道在其《心律》中曾经对死亡作过一段评价：

及至无常杀鬼一时卒至，落汤螃蟹，投火飞蛾，手忙脚乱，其苦不可言也。其所处愈尊，则恋人世也愈甚，其念人世也愈甚，则其抛四大也愈难。一权相死时，忽展转以面向壁作干笑曰："一场扯淡！"又有一贵人，年九十而死，人皆谓此翁九十而死，决定甘心，问之，则曰："我并不见前之八十九岁在何处！"止与年二三十夭死者等是一样苦楚。故知但属于死，决未有自念身已贵，年已高，而自安者。子瞻见一故人垂死，云："死生阴阳之争，其苦有甚于刀锯木索者，余知其不可救，嘿为祈死而已。"予每读此，未常不毛竖也。

袁中道是明代"公安派"的领袖之一，与其兄宗道、宏道并有文名，时称"三袁"。其为人以豪杰自命，性格豪爽，喜交游，好读老庄及佛家之书。但即便这样一个豪杰人物，对于死亡也是非常惧怕的。根据《解脱集序》中的记载，袁中道在20岁就开始与其兄长袁宏道讨论生死问题，每当讨论涉及死亡的不可避免性时，二人便"泫然欲泣，慷慨欷歔，坐而达旦"。为了那始终会到来，但尚未到来的死亡，这两位文豪竟然搞得彻夜不眠，以泪洗面，哭哭滴滴像个娘姨一般，对于死亡的悲伤未免有点过了。

不仅世俗人害怕死亡、畏惧死亡，而且一些具有宗教信仰的信徒也害怕

人生三论

死亡。佛教的教义本身就是教导人们从对死亡的恐惧中挣脱出来，将智慧施加于生活和死亡的关系上，做到大智大慧，洞察生死之要义。但教义归教义，具体实践起来还是有难度的，按照佛家的说法是要有"慧根"，但僧众之数繁多，慧根之人难寻啊！据《五灯会元》卷十九记载，潭州龙牙山的宗密禅师就对弟子们说过这样一首偈语：

> 休把庭华类此身，
> 庭华落后更逢春。
> 此身一往知何处？
> 三界茫茫愁杀人。

宗密认为，人连庭院前的花也比不上，花落后明春可以再次开放，而人一旦死去，就会在茫然无际的欲界、色界、无色界中飘荡，不知最终归依何处。每想至此，连高僧也被"愁杀"了。

而那些道家信徒对于死亡的畏惧就更是让人感到疯狂地有些"可笑"和"可悲"了。在道家的原初思想者那里，死亡本身只是自然的一个部分，没有任何必要对其有害怕和畏惧的情绪。但随着道家思想的发展，特别是在道教出现以后，道教信徒在追求上逐渐将"永生"作为其宗教修炼的一个重要目标，甚至是唯一目标。在道家最为昌盛的魏晋南北朝时期，那些在我们今天看来十分洒脱飘逸的名士其实对死亡都持有一种畏惧态度，至少是一种回避态度。为了对抗死亡，求得长生，魏晋时期的名士中间流行一种叫做"五石散"的药物。据说这种药吃到肚子里以后，要仔细调理，非常麻烦。首先，服散后一定不能静卧，而要走路。所以魏晋名士最喜欢散步，称之为"行散"。其实这并不是他们格外喜爱锻炼身体，而是因为偷懒躺下就性命不保的缘故，而且在行走过程中极易出现类似癫痫的症状，倒在地上口吐白沫。除了走路，饮食着装上也要格外注意。服散之后全身发烧，之后变冷，症状颇像轻度的疟疾。但他们发冷时倘若吃热东西穿厚衣物，那就非死不可了。一定要穿薄衣，吃冷东西，以凉水浇注身体。所以五石散又名"寒食散"。

按照书上的说法，就是"寒衣、寒饮、寒食、寒卧，极寒益善"。但是有一样例外，就是喝酒。一定要喝热酒，而且酒还要好要醇。五石散对酒非常挑剔,不要说甲醇兑的酒,就是一般的劣酒,它也会有激烈反应。而且服散之后还不能不吃东西,一定要大量进食,"食不厌多"。这种五石散在当时比较贵重,不是一般民众能够消费得起的。但有些人为了装名士,经常会在大街之上卧倒,作"行散"状,犹如疯癫一般,实在是令人感慨啊! 今天看来,魏晋名士好多令人羡慕的品性,如长衣飘飘、豪放饮酒、随处安身等,都是一种"嗑药后遗症"。历史的真相有时真让人哭笑不得。

系统发展之后的道教更是将死亡视做修行首要之敌人,其宗教修为主要是围绕着克服死亡来展开的。据有人统计,在几千年的道教发展过程中,曾经发展出来三千多种企图能够长生不死的方法。这些方法中,有些方法在今天看来实在让人觉得有些匪夷所思。譬如有一类方法可称之为"辟谷断食类"。辟谷亦称"却谷"、"休粮"、"绝粒"、"断谷"等,即在一段时间内乃至长期不食蔬谷和烟火食。辟谷大略可分为辟谷后服气、辟谷后饮水、辟谷后服食药物三种,其中辟谷服药法有百种之多。这三种辟谷法,一般都与服气等静功配合。还有一种方法,在今天看来更是让人觉得荒唐可笑,我们暂且称之为"房中养生类"。中国医学把男女的性生活称为房室生活,也叫房事、行房或入房。凡有关医学性保健的方法,中国古代称之为"房中术"。古人认为"房中之事能生人,也能杀人",所以道家比较注意房中养生的研究。"房中养生类"的修炼方法就是性生活方面的卫生知识及锻炼方法。围绕着"养精、固精、保精"的过程,摸索、总结出了交而不泄并能使精气上行补脑等方法。具体方法有"独卧法"、"御女术"、"采战术"、"采补术"、"四季节欲法"、"求子术"、"房中禁忌"等。房中之法有十余家之多,不管是补救伤损,攻治诸病,还是采阴补阳,增益年寿,关键都落在"还精补脑"上。诸如此类,不一而足。对于死亡的畏惧真是让人们费尽心神,想出了各种稀奇古怪的招数,试图从死神手中溜走,但事实上谁又真的曾经成功过?

不仅在中国的传统文化中,人们对于死亡普遍抱有一种畏惧的心态,在西方畏惧死亡、害怕死亡的死亡观也十分盛行。西方哲人有言:畏死,是人存在的基本情绪。在西方文明起源之一的古希腊英雄时期,人们对于死亡的态度基本上都是悲观的,哀悼生命的失去,悲叹死亡的无情,特别是英雄时期的英雄们更是表达了对于死亡和死后景象的畏惧。荷马史诗《伊利亚

人生三论

特》中的英雄阿喀琉斯（Achilles）是希腊最有名的英雄。在阿喀琉斯出生后，他的母亲忒提斯把他倒提一只脚浸入冥河，使他周身刀剑不入，只有脚后跟由于没有浸到河水而成为他唯一致命之处。这也就是"阿喀琉斯之踵"的来历。阿喀琉斯在特洛伊战争中杀死特洛伊城的主将赫克托尔，使希腊军转败为胜。但由于阿喀琉斯不合风俗地对待了赫克托尔的尸体，因此激怒了当时特洛伊城的保护神——太阳神阿波罗。阿喀琉斯在征服特洛伊的后续战争中被太阳神阿波罗的暗箭射中脚踵而死。阿喀琉斯死后被迫进入了冥界，在冥界担任统帅鬼魂的职位。希腊神话中的另一位英雄奥德修斯游历冥界遇到阿喀琉斯，并对他表达了自己的仰慕之情，"阿喀琉斯，我看从古到今没有比你更幸福的人了。你从前活着的时候，我们阿开亚战士对你像对天神一般崇敬，现在你在这里又威武地统帅着鬼魂们，阿喀琉斯，你虽然死了，你也不必悲伤"。但阿喀琉斯却对他表达了死后的痛苦和对生命的渴望，"光荣的奥德修斯，我已经死了，你何必安慰我呢？我宁愿活在世上做人家的奴隶，侍候一个没有多少财产的主人，那样也比统帅所有死人的魂灵要好……"并由此进而表达了古希腊永恒的主题"人是会死的神。神是不死的人"。渴望永生，害怕死亡，即便是在人世间战无不胜的英雄也是如此。在悲惨中生活也胜于最光荣的死！这是古希腊人早期对于死亡的经典看法，唯其如此，他们才会毫不掩饰地表达自己对于死亡的厌恶。

对于死亡的恐惧也驱使其他传统中的人们寻找长生之术。炼丹术不仅在中国有，在国外也同样源远流长，早在古印度和古希腊时期的典籍中就有记载？西方的不少国王，也一心希望通过炼丹术使自己能长寿永生？欧洲中世纪炼丹术也普遍流行。欧洲炼丹术主要有两个方面：一是对重金属的渴求，那些炼金术师渴望通过炼金术来获得贵重金属——黄金和白银；另一个目标就是长生不老的丹药。据说西方的炼丹术就是从中国经由中亚的阿拉伯人传入欧洲的，但有趣的是，历史记载中，没有任何人曾经因为这种炼金术或炼丹术而真正实现永生和不死，但这种炼丹术却产生了近代科学的分支之一——化学。真可谓"有心栽花花不开，无心插柳柳成荫"。此外，在世界各国的文献记载中，还有各种各样、千奇百怪的避死求生的方法。古埃及人认为，每月进行一两次呕吐和经常出汗能延长生命。想来也真是可笑,古埃及人竟然会相信用人工强迫自己将吃进去的东西吐出来就可以延长生命,那为什么不干脆不吃或少吃呢?古罗马人相信,与少女和儿童密切交谊会有助于老人保持青春,到了中世纪,西方竟出现有人用儿童的血来沐浴或将青年人的血输入老人体内来延长生命的做法,其间不知道隐藏了多少罪恶和荒淫。近代法国人布朗·塞加尔将性腺物质注入人体以求长生的自体实验等,也都是在死亡恐惧驱使下所作的努力和尝试?

二、鼓盆而歌

人人都惧怕死亡,而死亡却始终不肯轻易放过哪一个人。现实与理想之间的这种极端差距很容易产生一种怪异的文化现象,即从生乐死苦,转向生苦死乐,将死亡从一个力图避免的对象转向一个乐意迎接甚至主动追求的一个目标。这种苦极而乐生的现象在人类的生死观历史中也占据了十分重要的地位,有着十分广泛的影响和意义。

对死亡欣然而受鼓盆而歌,最著名的就是庄子,人们往往以此为例来证明庄子对待死亡的豁达与从容,这个故事出自《庄子·至乐》:

庄子妻死,惠子吊之,庄子则方箕踞鼓盆而歌。

惠子曰:"与人居,长子、老身,死不哭亦足矣,又鼓盆而歌,不亦甚乎!"

庄子曰:"不然。是其始死也,我独何能无慨然!察其始而本无生,非徒无生也而本无形,非徒无形而本无气。杂乎芒芴之间,变而有气,气变而有形,形变而有生,今又变而之死,是相与春秋冬夏四时行也。人且偃然寝于巨室,而我嗷嗷随而哭之,自以为不通乎命,故止也。"

庄子的妻子死了,庄子的好友惠子前去吊唁,到了庄子家中,却发现庄子像个没事人一样,岔开脚坐在地上,一边还在敲打瓦盆唱歌。惠子见此情景很是生气,觉得庄子这么做有点不近乎人情,有悖常理,于是问道:"你的妻子和你住在一起这么久了,养大了孩子,因年老而过逝,人死了你不哭也就罢了,还敲打瓦盆唱歌,不是太过分了吗!"庄子的回答是:"不然。她死了,我难道能不为此而感慨吗!但想一想人最初本来没有生命,不仅仅没有

人生三论

生命,而且没有形体,不仅仅没有形体,而且没有元气。夹杂在杂草之间,变得有元气,由元气又变而有形体,有形体然后有生命,现今又变为死,这就和春夏秋冬四季更替一样。人都安然寝于天地之间了,而我却要凄凄惶惶地守着她哭,我认为不合乎常理,所以没这么做。"

庄子的回答其实在这篇文章的篇名《至乐》中就已经向我们表明了,死亡不仅不是一件什么痛苦的事情,反而是一件至大的乐事。因为这个世界上本来就没有他的妻子,不知道经过多少自然变化,才有了庄子之妻这个人。现在庄子之妻在世上完完整整地走了一遭,又回到了原来的状态,安安静静地回到了天地这个大居所之中。这是天命,也是自然,而一旦我们理解这一天命,就自然应该为死亡而高兴。这个逻辑即便是在今天看来也是具有一定说服力的。

除了庄子,中国历代经典著作和文人也不乏对于死亡的乐观评估和表达。《列子·天瑞》中曾虚拟过几位名人来谈死亡:

> 子贡曰:"大哉死乎! 君子息焉,小人伏焉。"仲尼曰:"赐! 汝知之矣。人胥知生之乐,不知生之苦;知老之惫,未知老之佚;知死之恶,未知死之息也。晏子曰:'善哉! 古之有死也! 仁者息焉,不仁者伏焉。'死也者,德之徼也。古者谓死人为归人,则生人为行人矣。行而不知归,失家者也。一人失家,一世非之;天下失家,莫知非焉。有人去乡土,离六亲,废家业,游于四方而不归者,何人哉? 世必谓之为狂荡之人矣!"

在《列子》一书中,孔子不再避讳讨论死亡,他和他的学生子贡,还有著名的政治家晏子都从一个比较积极的方面来谈论死亡,都把死亡看做是休息。这种休息相对于现实生活中人们的操劳和烦恼来说,当然是一件值得高兴的事情了。

中国文化中苦生乐死观念的另一个来源于佛教。东汉末年佛教自印度传入中国,给中国文化和普通民众的生活方式带来了广泛的影响。佛教传入中国的过程中也是和中国本土文化迅速结合的一个过程,特别是中国化的佛教——禅宗兴起之后,为很多文人学士、达官贵人、平民百姓所垂青。佛教的基本教义在于轻视现实生活和肉体,这种倾向是印度宗教和哲学的一个普遍倾向。梁漱溟先生在《中国文化要义》中谈到印度文化时指出，印度文化本身是向内诉求的，对精神性的存在有一种疯狂的迷恋，基本倾向是出世主义的。今天你到印度新德里的街头，你会诧异新德里街头的混乱和肮脏，那条美丽的圣河——恒河中的河水要比长江和黄河还要污浊，但人们依旧乐于行走、生活于其中，每天依然有无数的人在其中洗浴。印度人对于现实利益的不关心是这种行为和生活方式的主要解释。佛教自然也受到印度哲学基本态度的影响，在生死观上，佛教的基本态度是生即苦，而死即乐。佛教讲人生有八苦：即生苦、老苦、病苦、死苦、爱别离苦、怨憎会苦、求不得苦、五阴炽盛苦。按照这种生命即苦的观点，活在人世间基本上就是一个"活受罪"的过程，但佛教又不主张自杀，因为一切皆有因果报应。生命的遭遇是前世的报应，今生唯一的希望是通过修行，摆脱六道轮回。六道者：一、天道；二、修罗道；三、人间道；四、畜生道；五、饿鬼道；六、地狱道。摆脱六道轮回之后的死亡就会带领修行者进入一个西方极乐世界。

当代著名的星云法师曾经用六个比喻来说明死亡。第一个比喻，是"死如出狱"。因为从前生时，肉体绑住了灵魂，就好像监狱困住了人。所以，死亡就像灵魂去掉了肉体的束缚，如同出狱般，反而是好事，不必害怕、恐慌。第二个比喻，是"死如再生"。因为死亡是另外一种开始，死之后有灵魂、有轮回，可以转世再生，等于进入另一种生命，所以不用太伤心。第三个比喻，是"死如毕业"。如同一个学生，看学校的成绩如何，毕业后再转到其他领域发展。根据佛教，你这一生的功德、业绩决定你死后的去所，根据功过，来分发到好的或不好的工作地方。第四个比喻，是"死如搬家"。生命从身体到更高远的心灵。如同从小房子搬到大房子，或从旧房子搬到新房子，不用太难过。第五个比喻，是"死如换衣"。如同原来的衣服旧了、脏了、破了，重新再换一件新的衣服。根据佛教，死亡被称为"往生"，是再换一个新的身体生命，因而也无需太悲哀。第六个比喻，是"死如新陈代谢"。因为旧的不去新的不来，如果没有死，就没有新生命的发展，所以当用平常心去看待，根据佛教，平常心就是"道"。因此佛教的教导是将生命的苦当做一个基本背景，而将死亡作为其哲学思想的出发点和终止点，以死为圆心，画出了一个精致而完善的思想体系。佛教将生存的意义和价值均归入

人生三论

死亡,视死亡为进入极乐世界的起始站,教导人们不要爱死也不要怕死,而应当带着欣喜的态度迎接死亡,因为人生至苦,而涅槃至乐至美。佛教徒不畏惧死亡,反而乐意迎接死亡,他们试图以死解脱轮回之苦,升入佛国。他们很明白死亡只不过是现时一种生命形态的终止,并不意味生命的结束。于现在此状相的生命形态终止后,于未来将继续以另一种不同状相的生命形态继续生活。生命的最终终结——涅槃,是佛教徒"生"着的目标。

在西方传统中,对死亡要持一种乐意迎接态度的学说和教导也不在少数。但与中国不同的是,西方对于死亡乐观态度的基础却大多是一种比较悲观的世界观(基督教可能要除外)。因为现实的无奈和生活的无趣,所以死亡才是真正有价值的唯一考虑和出路。从古希腊开始,这种教导就已经开始出现在人们对于死亡的思考之中了。古希腊罗马的斯多亚派是古典时期最为著名的对待死亡的乐观派。斯多亚派把宇宙看做是美好的、有秩序的、完善的整体,它由原始的神圣的火种演变而来,并趋向一个目的。人则是宇宙体系中的一部分,是一个小火花。因此,人应该调整自身,使其与宇宙的大方向相协调,最终实现这个大目的。而死亡则是这种宇宙秩序中不可缺少的一个部分,人的主观能动性在此毫无益处。无论人们如何努力,如何挣扎,都最终不可避免地要走向死亡。如果斯多亚派对于死亡的态度仅仅停留在这种宿命论的基调上,那么斯多亚派的理论魅力就会逊色很多,但事实上,斯多亚派在死亡问题上走得更远。斯多亚派的学者认为,既然死亡是自然规律,人就要顺从自然,服从自然,把被动变为主动就不那么痛苦了。哭着、闹着,不愿意面对死亡的人,也是要死的;笑着、欣喜着迎接死亡的人也是要死的。既然这样,那么为什么我们不以一种积极的心态来面对死亡呢?笑着面对死亡,至少在死亡面前,我们显得更有尊严一些。塞涅卡在自己的著作《论死亡》中,这样写道:"要当这不可避免的时刻到来的时候,能够坦然离去是件伟大的事情,一个人必须花费很长时间才能学到手。一个人没有死的意愿就没有生的意志;因为只有在死的条件下我们才能够得到生。"

在希腊罗马之后,西方世界的整个精神和文化都被基督教所垄断了。作为一种具有超越性追求的宗教,基督教对于死亡的态度一般而言也是比较积极的。基督教对于死亡缘起的解释是：由于亚当和夏娃对于上帝的言命——不可吃那棵智慧树上的果子——的违背，而被逐出伊甸园，从而才会被死亡所笼罩、所追逐。但由于耶稣基督用自己的生命为我们献上了赎罪祭，在十字架上被钉死又复活，战胜了死亡的权柄，因此作为基督徒又有了"重生"的希望，故而基督徒获得了重新进入上帝伊甸园——天堂的机会，因而不需要惧怕死亡。自从基督本人坦然接受死亡以来，以大无畏的精神接受死亡被看成一个标准基督徒的态度。耶稣的门徒圣·保罗自觉地选择去耶路撒冷，尽管他知道如此的决定将可能导致他的死亡，但他对这样的前景却一点也不关心。由于生死被认为最终是掌握在"天父"的手中，《圣经》中明确写道："你们如今要知道：我，唯有我是神，在我以外并无别神。我使人死，我使人活；我损伤，我也医治，并无人能从我手中救出来。"因此，基督教传统并不把死亡看做是不惜一切代价去避免的悲惨经历，事实上由于一些充足的理由而被合法地接受。中世纪伟大的教父哲学家托马斯·阿奎那的名言也明确地表明了这种对待死亡的乐观态度："人在尘世的生活之后还另有命运，这就是他死后所等待的上帝的最后的幸福和快乐。"（《论君主政治》）因此，在基督教的信仰体系中，对于基督徒而言，死亡并没有什么可恐惧的，当它在适当的时候来临时，它将被欢迎。

在西方死亡观的历史上，有一个非常重要的人物不得不谈，他就是叔本华。叔本华是西方历史上第一位对死亡，特别是自杀作出系统阐述的哲学家。叔本华对待死亡的基本观点深受佛教经典的影响，他也认为人生即苦，但他主张要用一种积极的态度将死亡带入生活当中，主动结束生命。这里要注意的是，无论是基督教还是佛教都是不主张自杀的。叔本华的名言是："我们无所惧于死亡，正如太阳无所惧于黑夜一样"。（《作为意志和表象的世界》）叔本华认为人们生活的世界都只是一种表象，欲望是表象，欲望的对象也是表象，而这种表象带来的只能是无尽的失望和痛苦，人生就像是一个永远无法得到满足的"筛子"。只有否定人的欲望和生存本能，才可以真正实现解脱，如果死亡的期待过于长久，那么自杀就是一种值得借用的方式。用自杀的方式来主动迎接死亡，在叔本华这里，对待死亡的态度和观点已经有点惊世骇俗的味道了。在叔本华之后，还有一位影响力更大的"疯子"宣扬过欢乐地迎接死亡的意义，这位疯子就是天才、超人和太阳——尼采。"当你们死，你们的精神和道德当辉灿着，如落霞之环照耀着世界，否则你们的死是失败的。"(《查拉图斯特拉如是说》)不要害怕死亡，相反要以一种兴高采烈的精神去拥抱死亡。这种精神和态度恐怕就不是普通人所能够做到了。

当然，这些所谓的旷达、乐观的死亡态度，很多时候往往只是一种表面现象，在这一旷达的现象背后，我们不难读出无限的凄凉和无奈。"鼓盆而歌"的庄子本人似乎也没有完全做到笑对死亡的境界，因为他不仅留下了这篇《至乐》，也还流下了《长生篇》。从中我们可以有趣地看到，对妻子死亡表现出的至乐和对自身死亡表现出的忧虑求长生，在庄子身上矛盾而和谐地统一在一起。看来，说别人和自己去做真的是两回事啊。而那些佛教的大德高僧、基督教的圣徒在逝世之时，即便其本人坦然面对，其身边的门徒和随从也大都含泪而颂。而那位高呼摆脱现实欲望、追求自杀的叔本华，在现实生活中也是一个言行不一的人。叔本华死后，后人从他的藏书中找到了春药的配方，不知道这位宣扬乐观地死亡的虚无主义者收藏春药配方是出于爱好呢，还是由于什么其他现实的考虑呢？而尼采在这一点上则比叔本华强得多，他确实死于自己所构建的精神自杀之中。

三、向死而生

对于死亡，人们通常抱有的那种畏惧观念是可以理解的，毕竟死亡作为一种永恒的泯灭，它摧毁了人们最珍爱的东西——自我。任何一种物质手段都不能使人对付这一不可逆转的期限。人一出生，就被神判处了死缓徒刑——人啊，你是尘土你必归于尘土。对于生命来说，这一宿命总是让人不断伤感和遗憾的。但这种常人态度在通达智慧者看来反而是一种"不明智"的想法。无论你如何畏惧死亡，试图避免死亡，死亡该来的时候，你永远无法回避。对畏惧死亡这种态度，古希腊哲学家伊壁鸠鲁有一个非常好的说明和驳难。

一切恶中最可怕的——死亡——对于我们来说是无足轻重的，因为当我们存在时，死亡对我们还没有来，而当死亡来临时，我们已经不存在了。

因此死对于生者和死者都不相干。因为对于生者说死是不存在的,而死者本身根本就不存在了。然而一般人有时逃避死亡,把它看成最大的灾难,有时却盼望死亡,以为这是摆脱人生灾难的休息。贤者既不厌恶生存,也不畏惧死亡,既不把生存看成坏事,也不把死亡看成灾难。贤者对于生命,正如同他对于食品那样,并不是单单选多的,而是选最精美的;同样的,他享受时间也不是单单度量它是否最长远,而是度量它是否最合意。如果叫一个青年好好地活,而叫一个老人好好地死,就是一个傻瓜了。这不但是因为生命是愉快的,而且是因为好好地活和好好地死二者都属于同样的教养。

对于死亡的畏惧,在伊壁鸠鲁看来是没有必要的,因为在你活着的时候,死亡不在,而当你死亡之后,生命不在,生死之间其实只有一个小小的"水渠",轻身一跃,也就完成了。伊壁鸠鲁不仅仅只是宣扬这一论点而已,而且以其自身的临终表现来实践了自身的学说。据说伊壁鸠鲁预感到死亡的来临,在临死前从容地洗了澡,喝了一杯酒,并嘱咐朋友和弟子们谨记他的学说,然后安详地离开了人世。没有丝毫的恐惧和不安,死亡就像回家的旅途一般令人心神安宁。由此可见,面对死亡,恐惧并不是一个生活中的智者、强者所应当采用的态度。

畏惧死亡的态度不可取,而悲生乐死的态度更是如此。从生物学的角度来看,任何生物都对死亡抱有一种畏惧心理,这是一种本能的反应。而人类作为"万物之灵长",固然能够运用自己的理性和意志来抑制、缓和、克服这种畏惧,但由畏惧走向乐死,却是从一个极端走向了另一个极端。对于所有试图表明生苦死乐的死亡观学说而言,一个真正的荒诞在于,如果生命本身就是痛苦的和不值得过的,那么我们为什么还要活着?为什么不选择自杀?这种极端的态度我们可以从《庄子·至乐》记载的另一个故事中看出其危险性:

> 庄子之楚,见空髑髅,髐然有形,撽以马捶,因而问之,曰:"夫子贪生失理,而为此乎?将子有亡国之事,斧钺之诛,而为此乎?将子有不善之行,愧遗父母妻子之丑,而为此乎?将子有冻馁之患,而为此乎?将子之春秋故及此乎?"

> 于是语卒,援髑髅,枕而卧。夜半,髑髅见梦曰:"子之谈者似辩

人生三论

士。视子所言，皆生人之累也，死则无此矣。子欲闻死之说乎?"庄子曰:"然。"髑髅曰:"死，无君于上，无臣于下;亦无四时之事，从然以天地为春秋，虽南面王乐，不能过也。"庄子不信，曰:"吾使司命复生子形，为子骨肉肌肤，反子父母、妻子、闾里、知识，子欲之乎?"髑髅深矉蹙额曰:"吾安能弃南面王乐而复为人间之劳乎!"

《至乐》从死人的角度出发告诉人们，人死之后，上无管束，下不需对谁负责，没有春夏秋冬，也就没有春耕秋收，是自在而又逍遥的。因此，死亡是净除永生的痛苦的渠道。庄子本人可谓是大智大慧了，但在一个肉体已经销毁的髑髅面前，庄子的智慧似乎还是有点不够充分，因为庄子始终没有能够明白，死亡都是永久的宁静与安逸，还想着利用自己的道术来恢复髑髅的肉身。每当我读到这个故事的时候，一种难以言明的困惑和不安就会在心头久久难以散去:既然生命本身是苦，而死亡则是安宁和闲适的，那么我们为什么要贪恋这人世间的一切，为什么不选择自杀? 难怪叔本华曾经宣扬过，自杀是唯一严肃的哲学命题。但荒诞的是，既然生命生下来就应当自我结束，那么从生命的个体角度来讲，生命的"有"与"无"之间有什么区别呢? 而从生命的群体角度来讲，大家都选择乐死、自杀，那么整个人类族群的生命岂不是早就没有了，哪里还会有什么关于死亡的争议呢? 细细品味这其中的吊诡和荒诞，我们可以说，对待死亡的乐死态度也是不可取的。既然我们认为自杀本身并不可能成为一种真正的、普遍性的行为方式和思考方式。既然对待死亡，我们既不能悲观，又不能乐观，那么我们是否还有其他的选择呢? 在我看来，显然是有的。如果我们真的能够有从"未知生，焉知死?"到"未知死，焉知生?"这一视角转化，那么我们就可以从一种"平常心"的角度来对待死亡。从平常心出发，死亡一方面就像是我们生活中的"日用"一般;另一方面，又是我们"知之"而精进的动力。唯有如此，我们才能从对死亡的悲观和乐观中摆脱出来，从生死两顺的角度出发，进而将一种向死而生的奋斗精神带到生命当中去。

古希腊最著名的哲学家苏格拉底在面对死亡时的态度就是这种向死而生的，他以自己的生命向我们展示出了一种令人肃然起敬的死亡观。苏格拉底在希腊公民大会上被判处了死刑，其罪名是"不信神"和"败坏青年"。

这两个罪名在当时的恶劣性比杀人还要严重,因为这两个罪名直接威胁到当时雅典城邦政治制度赖以存在的基础。在苏格拉底被执行死刑之前,苏格拉底其实依然有好几次活命的机会。比如,苏格拉底有机会进行一次申辩,只要他在这次申辩中承认错误,并恳请希腊公民考虑到他的妻儿,放他一马,并愿意缴纳一定的"赎罪金",依据当时的惯例,苏格拉底完全是可以被免除死刑的。而事实上,他的学生们已经为他准备好了"赎罪金"。除了这个机会外,苏格拉底还可以通过"越狱"的方式,逃亡他邦,来避免死刑。但苏格拉底没有这么做,在申辩过程中,苏格拉底不仅没有恳求希腊人的原谅,反而讥讽希腊人判处他死刑是他们自己的损失,从而留下了名传千古的《申辩篇》。而在面对来劝他逃亡的朋友时,苏格拉底更是表明自己愿意带着尊严死亡,而不愿意失去尊严活着。最终,苏格拉底在他的学生和朋友面前喝下了毒酒,带着尊严地离开了人世,投入了死亡的怀抱。

苏格拉底对于死亡所采取的这种正视态度,对后世哲人影响,甚至连尼采也赞美苏格拉底对于死亡的态度。尼采在《悲剧的诞生》一书中歌颂道:"苏格拉底光明磊落,毫无对死亡的本能恐惧,表现得好像是他自愿赴死。他从容就义,带着柏拉图描写过的那种宁静,他正是带着同一种宁静,作为一群宴饮者中最后一名,率先离开宴席,迎着曙光,开始新的一天。与此同时,在他走后,昏昏欲睡的醉客们留了下来,躺在板凳和地板上,梦着苏格拉底这个真正的色情狂。赴死的苏格拉底成了高贵的希腊青年前所未见的新理想,典型的希腊青年柏拉图首先就心醉神迷、五体投地地拜倒在这个形象面前了。"

死亡不可怕,关键是要死得有价值和尊严,要像一个真正的人一样死去。这是苏格拉底留给我们最为宝贵的财富。死亡,固然有着狰狞的面孔,但对于生命自身而言,死亡并不是最可怕的,最可怕的是你失去面对死亡、超越死亡的勇气和力量。而这种勇气和力量则是一个生命主体性的体现和高扬,只要我们能始终坚持这种主体性的力量,将我们的精神放在肉体的前面,将对于生命意义的追求放在面对死亡的基础之上,那么我们就能够获得向死而生的力量和态度,就能够从死亡中获取不朽和重生。

死亡,如果我们愿意这样称呼那种非现实的话,它是最可怕的东西,而

人生三论

要保持住死亡了的东西,则需要极大的力量。柔弱无力的美之所以憎恨知性,就因为知性硬要它做它所不能做的事情。但精神的生活不是害怕死亡而幸免于蹂躏的生活,而是敢于承当死亡并在死亡中得以自存的生活。精神只当它在绝对的支离破碎中能保全自身时才赢得它的真实性。精神是这样的力量,不是因为它作为肯定的东西对否定的东西根本不加理睬,犹如我们平常对某种否定的东西只说这是虚无的或虚假的就算了事而随即转身他向不再闻问的那样,相反,精神所以是这种力量,乃是因为它敢于面对面地正视否定的东西并停留在那里。精神在否定的东西那里停留,这就是一种魔力,这种魔力就把否定的东西转化为存在。而这种魔力也就是上面称之为主体的那种东西;主体当它赋予在它自己的因素里的规定性以具体存在时,就扬弃了抽象的、也就是说仅只一般地存在着的直接性,而这样一来它就成了真正的实体,成了存在。(黑格尔语)

这种直面死亡,拷问死亡价值和意义,带着尊严面对死亡的态度,不仅是西方文化中生命的勇者和智者所采取的态度和观点,也是我们中华文化中一股强劲的思想脉动。孔子虽然不太爱直接谈论生死之间的关系问题,但对于死亡,孔子依然采取的是一种正视的态度。孔子是从对真理的追求和道德人格的实现这两个方面来规定死亡的,孔子不讨论死亡的生物学意义,但关注死亡的价值和意义。孔子在《论语·里仁》中说道:"朝闻道,夕死可矣。"孔子讲死亡的价值和意义与对真理的追求联系在一起,在这种理念支持下的孔子是不可能对死亡有任何悲观和乐观倾向的,死亡本身是自然之事,关键要看死的价值。由此出发,孔子进一步将死亡与人的道德实践联系在一起,崇尚"杀身以成仁"(《论语·卫灵公》)。短短两句话激励了中华民族几千年,多少中华儿女为了价值的追求和生命尊严的维护,不惜杀身成仁,舍生取义,以死亡谱写了一页页悲壮而动人的人文篇章。

孔曰成仁,孟曰取义。孔子之后儒家学派中最有血性的一位代表孟子就曾经以一个非常生动的比喻来告诉我们面对死亡所应该持有的态度:

> 鱼,我所欲也,熊掌,亦我所欲也,二者不可得兼,舍鱼而取熊掌者也。生,亦我所欲也,义,亦我所欲也,二者不可得兼,舍生而取义者也。生亦我所欲,所欲有甚于生者,故不为苟得也。死亦我所恶,所恶有甚

于死者,故患有所不避也。如使人之所欲莫甚于生,则凡可以得生者何不用也。使人之所恶莫甚于死者,则凡可以避患者何不为也!由是则生而有不用也;由是则可以避患而有不为也。是故所欲有甚于生者,所恶有甚于死者。非独贤者有是心也,人皆有之,贤者能勿丧耳。(《孟子·告子上》)

孟子用我们生活中熟知的具体事物打了一个比方:鱼是我想得到的,而熊掌也是我想得到的,在两者不能同时得到的情况下,我宁愿舍弃鱼而要熊掌;生命是我所珍爱的,义也是我所珍爱的,在两者不能同时得到的情况下,我宁愿舍弃生命而要义。生命当然是大家都珍视的,而死亡当然是大家所要避免的,但如果有一种东西比死亡更珍贵,更有价值,那么我们就宁愿选择死亡而不是苟活。这种东西就是"义",就是生命的尊严和价值,就是我们人之所以为人的东西。

后来儒者继承和发扬了自孔孟以来的这种对待死亡的传统。司马迁说:"人固有一死,或重于泰山,或轻于鸿毛。"(《报任安书》)司马迁因"李陵事件"受到牵连,被汉武帝施以宫刑。惨遭酷刑之后的司马迁一度想到要轻生,结束自己的生命。但司马迁最终被一种使命感所迫使,活了下来,他要直书历史,继承孔子的"春秋大业"。司马迁出狱后任中书令,继续发愤著书,终于于公元前91年完成了中国第一部纪传体通史《史记》,对后世史学具有深远的影响。鲁迅先生对此书的评价是"史家之绝唱,无韵之离骚"。可见,死亡本身是件易事,能够从死亡中挣脱出来找到出路,找到一条有价值和意义的途径来征服死亡才是真正的难处。对于死亡的这种态度在宋明儒学那里被发挥到了极致,甚至出现了"饿死事小,失节事大"这样的判断。《程氏遗书》第二十二卷记载宋代理学家程颐与其弟子对话,讨论女性失节问题:

或问:"孀妇于理,似不可取(娶),如何?"伊川先生(程颐)曰:"然!凡取(娶),以配身也。若取(娶)失节者以配身,是己失节也。"又问:"人或居孀贫穷无托者,可再嫁否?"曰:"只是后世怕寒饿死,故有是说。然饿死事极小,失节事极大。"

从原文中看,"饿死事小,失节事大"这句话的本意并没有错,也是秉承了儒家传统对于死亡意义和价值的追问，但事情坏就坏在人们往往爱对哲人的话作出一番普遍性的理解，从而将好端端的一种生死体悟，转变成了对妇女的压制和摧残，不亦悲乎！

古今中外，是生活中真正的哲人、勇士大都在死亡观上采取一种从生死两顺到向死而生，追问生死意义的态度和方法，追求一种"安于死而无愧"的死亡境界。他们一方面将死亡当做是一种客观的必然现实，不畏惧、不逃避；另一方面又强调死亡的价值意义和伦理精神，强调一种对死亡的担当精神和审慎精神。在死亡应当到来之时，要勇于面对和接受，不会因为畏惧而逃避，在关键时刻甚至鼓励人们去"舍生取义"；同时，又反对对于生命的一种轻视态度，反对虚无化生命，渴望生命的价值和意义，慎重对待死亡。主张人们不可以将自己的生命轻易放弃，在平常更是要保管好自己的生命，所谓"君子不立危墙之下"。这种生死观和对待死亡的态度显出了对待死亡的现实旨趣和超然意蕴的结合，赋予生命和死亡一种积极的价值和道德内涵。

第四节　超越与不朽

人类的存在是有限的存在，永生只是一种信仰，我们追求超越与不朽。

超越是所有有限生命潜意识中都渴望进行的。人类始终对于自身的有限性感到耿耿于怀，一刻也没有放弃过超越死亡、追求不朽的渴望。生物学和自然科学偏向于从本能冲动的角度来理解人和人的生存，认为冲动是人之所以能够在几千万年的存在过程中生存并演化的根本原因。没有了对于外界对象的冲动和要求，人类也就没有了生命的原动力。人类有着各种各样的冲动和要求，我们需要食物、衣服、安全、认同、成功和自我实现，等等，弗洛伊德甚至认为人类所有冲动的根源都在于人的性冲动。性的压抑和满足是人类文明产生和进步的根本原因。这一说法经过后代学人的研究已经变得有些粗鄙了，人们逐渐意识到：对于死亡的超越和对不朽的追求是人类自古以来最为强烈的一种冲动了。这一冲动在人类历史上从未消失过，无论其外在的掩饰多么精致和花哨，无论是老百姓的求神拜佛还是帝王的炼丹求仙，都只是人类对于死亡的一种本能抗拒而已。美国心理学家马斯洛关于人的需要提出了著名的"需求层次理论"：

（1）生理需要，是个人生存的基本需要。如吃、喝、住等。

（2）安全需要，包括心理上与物质上的安全保障。如不受盗窃和威胁，预防危险事故，职业有保障，有社会保险和退休基金等。

（3）社交需要，人是社会的一员，需要友谊和群体的归属感，人际交往需要彼此同情互助和赞许。

（4）尊重需要，包括要求受到别人的尊重和自己具有内在的自尊心。

（5）自我实现需要，指通过自己的努力，实现自己对生活的期望，从而对生活工作真正感到很有意义。（《人类激励理论》）

在马斯洛的理论中，人的生存需要是第一位的，也最为基本。虽然随着人类文明和生产力的发展，生存需要会逐渐下降到次要地位，但生存需要依然是生命的原动力，一旦生命自身受到威胁时，其他的需要就会转向维护生存需要，为生存需要而服务。这也就是人类精神文明产品中存在着大量追求长生和不朽的实践和方法介绍的原因，因此，超越死亡和追求不朽也是人类文化创造的根本动力之一。

一、宗教与死亡超越

从无神论的角度来看，永生是不可能的。我们无法理解或者只能偏激地理解宗教传统中人们对于死亡与永生的关系。宗教普遍拥有不死的观念，这是因为宗教本身的成立就建立在理性和信仰二分基础上，对于理性不可能的事情，但对于信仰而言则未必不可能。就像永生一样，理性视域中的人们可能永远不会相信永生不死的可能性，但对于信徒而言，确实是千真万确的事实。这种分歧从根本上讲是一种生活方式的差异，而对于这种分歧我们大可以不赞同，但应当对宗教信仰保持一种理解和宽容的态度。宗教认为，尽管人的肉体会腐朽、死亡，但这并不代表人的存在的死亡，肉体死亡后，人的存在会以另一种方式展现出来。这在基督教就是灵魂不死，在佛教则是业报轮回,在道教则是长生不老,在民间宗教则是死后成鬼。

　　灵魂的观念在西方很早就已经产生。人的死亡,被看做是灵魂从肉体中分离出来,并进入另外的场所。因此,灵魂是不死的。基督教灵魂不死的观念源于古希腊的灵魂肉体学说,最早可以追溯到毕达哥拉斯学派。毕达哥拉斯学派是古希腊一个以数为中心的神秘学派,他们提出了著名的毕达哥拉斯定律,揭示了直角三角形三条边之间的数学关系。毕达哥拉斯学派奉行一种身心分离、灵魂不死的信念,认为灵魂是神圣的实体,而肉体是低级腐朽的存在,人的出生是灵魂被放逐于肉体之中,是灵魂的死亡,因此毕达哥拉斯学派有"肉体是灵魂的坟墓"的说法。研究学术的目的就是为了净化灵魂,摆脱肉体的束缚和轮回的痛苦。为了净化灵魂实现永生,毕达哥拉斯学派有一些非常搞笑的禁忌,比如说戒食豆子,甚至禁止毁坏豆子。据说这一学派中的一位成员在逃避仇家追捕的过程中,因为不肯穿越一片豆子地,而被仇人抓住杀死了。只是不知道这个坚贞信徒的灵魂最后是否真的得到了净化?

　　受毕达哥拉斯学派的影响,柏拉图也信奉灵魂肉体二元观念,并将其与他的理念论相结合,这对基督教产生过直接的影响。柏拉图认为:灵魂才是真正的人,在人的肉体出生前就存在,在肉体消亡以后仍然会存在。在人出生以前,灵魂寓居在理念世界,它能直接看到理念、认识到真理;但是,当人出生以后,灵魂进入肉体之中,便受到肉体的束缚,忘记了先前所知道的一切,只有在生活过程中的不断学习,才逐渐回忆起灵魂以前所知道的东西。肉体死后,灵魂又重返理念世界。柏拉图的灵魂学说人们不太熟悉,但柏拉图基于这一学说而建立的爱情学说大家却又都很熟悉,以至于人们用一个专门的名称来表达这种爱情观——"柏拉图式的爱情"。它认为肉体的爱是不纯洁的,是肮脏的。而灵魂的爱是纯洁的,是纯粹的。

　　在希腊化时代结束之后,基督教将人类对于死亡不懈努力的超越进一步系统化、神学化了,而这种系统化的基础主要依然是灵魂不死学说和概念。中世纪的教父哲学家奥古斯丁将柏拉图的灵魂不死观念移植到对基督教教义的理解中,建立了基督教的灵魂不死学说。奥古斯丁以后,死亡在基督教中就被解释为"灵魂脱离肉体",而进入天国或者地狱;而出生则被理解成灵魂受到肉体的羁绊。同时,基督教还认为:灵魂之不死并不是像古希腊哲学中所说的是因为它本身就是某种神圣的实体。灵魂之不死是上帝的荣光,是拜上帝所赐。基督教的不死超越学说在继承前辈先哲灵魂论的基础上,也添加了一些自己的创见和新说。这种创新从哲学的角度来看,肯定是幼稚可笑的,但从宗教信仰的角度来看则是必要和有着积极作用的,因为这一新的变动不仅满足了人们精神不死的追求,更直接满足了人们肉体感受不死的渴望。对于广大民众来说,精神性的东西过于虚幻,而只有肉体感受,只有自己能够真切感受到的"活着才是真正的活着"。这一新的不死幻想就是死而复活,这源于对《新约》中耶稣受难的理解。《新约》福音书中记载了耶稣受难——被钉死在十字架三日后复活——的故事,开启了对于死亡的一种新观念。"生寄也,死归也。"生是投宿旅馆,死才是真正的回家。"死是永生的开始。"一个人不死则不能永生。耶稣基督死而复活,向世人揭示出因信获救的可能,也向人们揭示了超越生死获得永生的方式。这种复活就不再仅仅是精神性的灵魂不朽,更是直接的肉体不死,难怪会让信徒们兴奋不已,执著于自己的信仰和宗教了。

在人生境界中,我们谈到了佛教缘起性空的思想,了解到宇宙万物总处于一定的因果联系之中,一切事物总是一定原因和条件的结果,同时也成为其他事物的原因或者条件。因此事物总是相互联系、相互影响的。在生活中,人们的行为总会产生相应的后果,并对自身的命运产生影响。佛教教义认为:这种影响是难以消除的,众生所做下的善行恶举都会带来相应的结果,而这种结果即是对行为的报应。例如有人不小心做了错事,杀了人,理应受到很重的处罚。但是假如他曾经作过很多好事,帮助过很多人,因而他可能会得到贵人相助,有很多人为他说好话,在法庭上为他作证,他就可能避免了重的处罚。这就是因为他以前所做过的好事产生了报应。所谓"善有善报,恶有恶报",这是佛教根据缘起法得到的业报观念。

现实生活中,有很多人做了善事却还受苦受难,有些恶人无恶不作却能够享乐清福。为解决业报理念在现世运用中的局限性,佛教提出了生死轮回的观点,认为:人死非断,而是一种新的生命的继起,人们和其他众生总是无休止地在这种生了又死、死了又生的过程中流转轮回。正因为生命总处

人生三论

于一种轮回的状态中,因此现世的善行恶举,可能会作为一个整体而对来世产生效果,由于在现世作了恶,来世可能会受到报应而失去做人的资格,转世为猪狗牛羊了。业报轮回,是生命在六道中的轮回。佛教有"六道"众生之说,众生有六大类:天、人、阿修罗、饿鬼、傍生、地狱。其中天指居住在天界的神,阿修罗指低于天的生命形式,饿鬼指经常挨饿的生命,傍生指畜生、各种动物,地狱指饱受折磨的地方。其中前三类为善道,后三类为恶道。众生就随着善恶之表现,处于这六道轮回之中。修善则进入善道,作恶则进入恶道。从这道上死去,便转生于另一道。如此生生不息,永无尽期。

当然,佛教也讲对六道生死轮回的超越,为众生超越生死、寻求解脱提供了途径。这种途径即是成佛,通过不断地修行,从痛苦的六道轮回中解脱出来,进入一种安宁快乐、无我无执的"极乐世界"。但我在阅读佛教这些著作过程中经常感到困惑的一点是,佛家本身就是强调破除凡人对于"苦"、"乐"等的执著,为什么又要强调一个所谓的西方极乐世界呢?大抵这种学说只是吸引人们信奉佛陀教诲的一种"方便法门"罢了,对于真正渴望对于死亡有着真切了解的人大可不必执著于西天,更为重要的是要倾听佛陀的教诲。

道教是中国土生土长的宗教,距今已有 2000 多年的历史。道教将老子推为教主,尊为"太上老君",并将《老子》(《道德经》)五千言奉为经典。但我们需要注意的是,在中国文化中道家和道教是完全不同的两个概念,就像是今天我们强调的儒教和儒家是两回事一样。的确,道家在思想上对道教产生过一定的影响,但是,作为宗教道教有很多地方与道家不同,特别体现在生死观上。道家崇尚自然,主张无为而无不为,主张坦然面对生死;道教则认为自然是可以逆转的,坚信只要通过人自己的积极努力,就可以彻底战胜死亡,保持自己的生命,因此道教有"我命在我不在天"的说法。大多数道教信徒都是渴望通过修行、炼丹来实现化羽成仙的。

从今天的研究成果看来,道教首先是从南方兴盛起来的,有着强烈的巫术传统。道教的思想和教义融合了多种传统和学说,其中包括古代原始宗教的巫术、神仙方术和春秋战国时期的道家思想、阴阳五行学说,以及汉代流行的谶纬神学,最早的道教宗派是汉末黄巾起义的领袖张角兄弟所创立的"太平道"。道教在魏晋南北朝时期得到壮大发展,在唐宋期间达到顶峰,一度成为唐朝的国教,备受世人关注。明代以后,道教走向衰落。而今天,人们对于道教的认知,大抵也都停留在茅山道士画符捉妖等影视作品的水平上。其实在生死问题上,道教对于我们普通老百姓的日常态度影响依然是非常大的。道教认为,死亡虽然是现实的,但不死成仙也是可能的,道教将死亡的必然性转化成可能性,为人们超越生死提供了可能。既然不死是可能的,那么如何才能够不死呢?魏晋时期的道教思想家葛洪有云:"仙经曰,服丹守一,与天相毕,还精胎息,延寿无极。"(《抱朴子·对俗》)意思是说,通过外服丹药、内修心境,能够与天同寿;保持精气不流失,能够延年益寿。脱离死亡不是问题,关键在于要坚持不懈的努力。道教将生死问题转化成如何长生不老、成仙的问题上。

　　道教追求长生不老、成仙的方法有三:其一是服食仙丹。道士们认为,经过烈火历炼的仙丹乃是不朽之物,服食这种物品能够使自己的身体坚固不朽。但这种丹药的效果着实让人怀疑,因为很少有见到真有人因服食丹药而成仙的记载,倒是服丹药而死的记载在史书中不绝如缕。很多帝王就是因为服食这种含有重金属的丹药而死或早卒的,明代的那些短寿帝王就是"榜样"。但服食丹药不是帝王的专利,一些我们印象中比较洒脱的文人豪士也吃,大文豪韩愈就是其中的代表。韩愈毕竟是读过书的人,史书中关于服丹药而死的记载,他应该是知道的,所以他在服丹药这件事情上充分发挥了自己的聪明才智和文人的狡猾——韩愈晚年养了一群公鸡,在给公鸡的饲料里拌上道家修炼常用的硫磺,喂到一千天以后,韩愈就吃公鸡。这样的公鸡,韩愈每隔一天要吃一只。韩愈不直接服丹药,而是以公鸡为中介,这个办法不可谓不妙矣,但可惜的是韩愈后来嫌效果不明显,还是直接服用丹药了。结果可想而知了,韩愈自然也逃脱不了前代"丹药君子"的命运了。其二是修炼内丹。这是指对人的精、气、神的修养,炼内丹的道士们认为人身上藏有魂魄之神,若能使魂魄结合,神形相依,就能长生不老,故而道士会闭关打坐,修养精气,以求长生。其三是积善立德。所谓"欲求长生者,必欲积善立功"(《抱朴子·微旨》),就指出了行善对于长生不老、成道成仙的重要性。坚持长期修炼,道士便能羽化尸解,肉身成仙,"居高处远,

人生三论

清浊异流,登遐遂往,不返于世"(《抱朴子·论仙》),超脱于世俗世界,进入仙人的世界。

在中国人的民间宗教信仰里,流行着人死变鬼的生死观念。中国普通老百姓认为人死之后总会进入另外一个世界,这个世界是由鬼组成的阴间,而且鬼的种类有很多种,比较出名的有食气鬼、欲色鬼、饿死鬼、冤死鬼、气死鬼、无头鬼、蒙面鬼。中国人普遍认为,鬼是人在另一个世界的延续,因此人死并不是彻底的消亡,只是存在形式的转变。鬼生活的阴间与人生活的阳间一样,同样有着房屋、官员等,因此在人死后,死者的亲人应该将各种物品,包括钱、房屋、电视等为死者准备好,以免死者在阴间遭受困苦。关于阴间的情形,在中国古代的小说、戏曲和民间文学中,如《西游记》、《聊斋志异》等有着形象的描述,"鬼城"重庆酆都更有专门的建筑具体再现阴间的状况,这都充分反映出中国人对人死变鬼的根深蒂固的信仰。人与鬼之间,还存在着一定的联系,人们往往对鬼抱有敬畏之心。人死后变鬼的观念,也是一种超越生死的方式。由于信仰鬼的存在以及人与鬼之间的联系,人就不会有一种死后万事皆空、一切遁入虚无的恐惧和焦虑,人们对待生活、对待死亡也就更加坦然。

我们发现:无论是基督教的灵魂不死,还是佛教的业报轮回,无论是道教的长生不老,还是民间的死后变鬼,宗教的生死观都信仰并构造出一个死后的世界。基督教的天国和地狱、佛教的六道轮回、道教的仙人以及民间信仰中的阴间,都为人肉身腐烂后寻求到归处,从而达到否认死亡、超越死亡的目的。这些超越死亡、追求永生的宗教生死观,讨论的是死的问题,其现实意义却在于生的可能。各种宗教通过信仰的方式构造出死亡的本质、真相,其根本目的仍然在于使人更好地去生活,去过一种有价值和有意义的生活。

二、世俗与死亡超越

较之于宗教生死观通过信仰建构死后世界的方式来否认死亡、超越死亡,哲学对于死亡的超越则显得更为务实和理性。哲学对于死亡的超越并不否认死亡的必然性,也不寄希望于来世,而是从现世出发,通过理性的思考和认真的分析来解构死亡,消解人们对于死亡的恐惧和焦虑。下面简要介绍一些哲人对待生死的观念。

宗教的生死观,无论是相信灵魂、鬼魂,还是讲求肉身成仙、六道轮回,基本上都认为人死后还会存在,只不过转化了一种存在方式而已。对此,一些唯物主义的哲学家做了批判,他们通过一种理性的论证告诉人们,人一旦死去,生命就会消亡,不再存在。这在现代科学看来,是毋庸置疑的真理,但是在现代以前的人类生活中,这些观念却是弥足珍贵的。在西方,最典型的代表人物之一是伊壁鸠鲁,在东方,则有王充的神灭论。

伊壁鸠鲁是古希腊晚期著名的哲学家,他提倡一种追求幸福的快乐哲学,认为幸福的生活就是肉体的无痛苦和灵魂的无困扰。(这里的灵魂指人活着时的精神,伊壁鸠鲁认为人死之后灵魂也就不复存在了。)但在当时,人们生活并不幸福,人们生活在战乱、饥饿以及对死亡的恐惧之中。伊壁鸠鲁继承德谟克里特的原子论观点,发展出一套系统的关于人的灵魂的观念,并对死亡进行解释,以消除人们对于死亡的恐惧。伊壁鸠鲁认为:人的肉体和灵魂都是由原子构成的,原子的运动使人产生感觉。人的死亡,是由于组成肉体和灵魂的原子的消散。死亡后,原子都已经消散,则没有了原子的运动,那么也就没有了感觉。因此,"死亡既与活着的人无关,也与死去的人无关。因为对于生者,四海不存在,对于死者,他们本身已经不存在了"。(《伦理学纲要》)因此死亡没有什么可怕的,也没有必要去拼命的逃避。伊壁鸠鲁的生死观,使他追求幸福、快乐的哲学赢得了大众的支持,在古希腊晚期,伊壁鸠鲁学派成为一个著名的学派,在百姓中产生广泛的影响。

王充是东汉时期的哲学家。两汉时期,谶纬迷信和神仙方术盛行,鬼神观念泛滥,人们都肯定人死后变鬼,鬼神能知人间的事情,并对人间的事情施加影响。为反对谶纬迷信中人死为鬼和鬼神有知、能害人的说法,王充提出了"精气说"。"精气说"认为人的精神不能脱离身体而存在,因此人死后人的精神也会消亡。王充指出:人的精神作用依赖于精气,精气蕴藏在人的身体血脉之中,人死之后血脉枯竭,血脉枯竭则精气消亡;既然人死之后体内的精气不复存在,那么就不可能会变成鬼神了。为了形象地阐述精神与身体的关系,王充做了个比喻:"天下无独燃之火,世间安得有无体独知之精。"(《论衡·论死篇》)身体犹如燃料,精神就像火焰;没有了燃料,火焰不可能凭空燃烧;同样的道理,没有了身体,人的精神不可能继续存在。

宗教对于死亡的超越企图在对来世的期望中超越生死,而庄子的生死两忘却告诉人们:无需虚拟一个来世,在现世人们就能够超越生死。庄子对生死的理解,决定了庄子能够坦然面对生死,做到生死两忘、与道为一。庄子认为:生死之间并没有严格的界限,就像他认为人生与睡梦没有界限一样。"庄周梦蝶"阐述了一种人生如梦的迷惘感觉。传说有一天庄子正在睡觉,忽然梦见自己变成了一只蝴蝶,在花丛中翩翩起舞、怡然自得,根本不知道自己是庄子变的。过了一会儿,庄子从梦中醒过来,发现自己原来是庄子而不是蝴蝶。庄子一下子就陷入了迷惘,到底是庄子在梦中变成了蝴蝶,还是蝴蝶在梦醒后变成了庄子呢?人生与梦境,真真假假,虚虚实实,谁也难以弄清他的界限。生死亦是如此。庄子主张以道观物,反对以物观物。以道观物则万物平等,以物观物则自贵而相贱。这运用到对生死的理解上就是齐生死:以生的立场看待生死,就会好生而恶死;以道的立场看待生死,就会看到生死本都是一物所化,都是平等。庄子说:"生也死之徒,死也生之始,孰知其纪?人之生,气之聚也;聚则为生,散则为死。若死生为徒,吾又何患?故万物一也,是其所美者为神奇,其所恶者为臭腐;臭腐复化为神奇,神奇复化为臭腐。"(《庄子·知北游》)讲的就是生死本是宇宙中的一回事,死亡根本不值得悲伤。前文提到庄子老婆死了以后,庄子鼓盆而歌,体现的就是庄子这种生死齐一的境界。

前文我们提到的《庄子·至乐》中的故事就充分体现了这种观念和态度。庄子的妻子死了,惠施前往吊唁,庄子却坐在地上,一边敲打着瓦盆一边唱歌。惠施看了很不可思议,问道:"你和你的妻子生活了一辈子,她死了你不伤心哭泣也就算了,为什么还鼓盆而歌,这未免太过分了吧!"庄子说:"不是你说的那样!我妻子刚刚死的时候,我也曾悲伤流泪过。后来仔细一想:她本来就没有出生过,非但没有出生过,而且连形体都没有,非但没有形体,连聚集成形体的气也没有。在似有似无之间,变化而有了气,气聚合而有了形体,形体变化而有了生命,现在又复归死亡。这些变化就像春夏秋冬的变化一样,是十分正常的事情。她随着变化与宇宙万物同一了,我却在这里大哭,这不是太不懂道理了吗?所以我就停止了哭泣。"

齐生死是庄子对死亡的理解,生死两忘、与道合一则是庄子超越生死的方法。在人生境界理论中,我们已经了解到庄子的逍遥境界。庄子追求游于无穷、融入宇宙、与天地万物合一。在这种境界中,人们忘记了万物,也忘记了自身,自然也会忘记生死。如果与天地万物合而为一了,而天地万物生生不息,哪还有什么生死呢?

儒家对死亡抱以乐观主义的态度,将死亡作为自然而然的事情。儒家认为人的生命是自然发展的过程,生则有死,犹如有始则有终,这是自然之道理,又是生命之必然,不可阻挡。因此对于儒生而言,意义并不在于如何超越死亡,而在于如何更好地生活。孔子有云:"未知生,焉知死?"(《论语·先进》)孔子重生轻死,只求知生,不求知死,就表明了儒家的生死态度。关于生死,儒家有两个基本观念:其一,生死仍是自然之道,应当善始善终;其二,死不可惧,君子有杀身以成仁、无求生以害仁。

关于生死仍是自然之道的说法,最早可见于《周易》,《系辞上传》说:"原始反终,故知死生之说。"意思是说探究万物的始终,便可以理解生死的道理。人之生死,就正如万物的始终,是自然而然的事情。这一点,在扬雄有更加明确的表达,他说:"有生者必有死,有始者必有终,自然之道也。"(《法言·君子》)生死始终都是自然的规律。荀子对人的生死问题也有详细的描述。所谓"礼者,谨于治生死者也。生,人之始也;死,人之终也。终始俱善,人道毕矣。故君子敬始而慎终。"(《荀子·礼运》)在荀子看来,既然生是人的开始,死是人的终结,就应该善始善终。唯有如此,才可以说是尽到了人道,也才合乎礼仪规范。荀子从善始善终的角度对人之生死赋予了道德意义,体现了儒家生死观的真正价值。后世有儒生对此作了进一步探讨,"知终方肯善始,知始方肯善生;知死期不可豫定,则必兢兢思所以自治。"(《二曲集》卷三十六)意思是:人们只要认识到死亡的不可预见性,就必然会兢兢业业,过一种有德性的生活。死亡对于生命的意义,恰恰在于使人更好的生活。《出师表》中,诸葛亮鞠躬尽瘁,死而后已,正是儒生知死而善生的突出表现。

对于死亡,儒家素有一种英雄主义的传统。孔子说:"朝闻道,夕死可矣"。为寻求真理,将生死置之度外,这是何等豪迈的情怀啊!孟子强调:"富贵不能淫,贫贱不能移,威武不能屈",也体现出勇者无惧的气概。而君子有杀身以成仁、无求生以害仁的说法,更是指明了人对生死的应有态度:虽然每个人只有一次生命,但还有比个人生命更重要的东西,那就是仁义之道。死亡并不可惧,令人可惧可耻的是求生以害仁。为求生存不择手段、苟且偷生,虽生犹死;通过牺牲一己之身来弘扬仁义之道,虽死犹荣。司马迁说:"人固有一死,或轻于鸿毛,或重于泰山。"恰恰体现出儒家对待生死之豁达。毛泽东借题发挥,阐述了集体主义的生死观。他指出:为人民服务,为人民利益而死,是重于泰山;背叛人民,为求一己之私欲而死,是轻于鸿毛。这与儒家的生死观一脉相承、异曲同工。

死亡是生命的底色。无论以何种方式来超越生死,宗教的、世俗的、现世的、来世的,都无法改变这样一个事实,人总是要死的。人是"有死者",是"生与死的困扰者",是活在生死之际的存在。人的一生,无法逃避死的必然,也无法逃避死的问题。总而言之,人是"向死而生"的。存在主义哲学家海德格尔,从人的本真存在出发,揭示了人之成为人与生俱来的基本状态。人是真切无疑地拥有着死亡意识的存在物,生命的展开过程以死亡为终点,而这个死亡终点以一种意识时时刻刻内在于人的存在之中,并影响着人的生命展开过程,令人无法逃避。

苏格拉底将生命作为死亡的准备状态,也揭示出人这种"向死而生"的基本状态。苏格拉底曾说:真正的哲学家把追求死亡作为自己的职业。这表明了死亡对于人存在的深刻影响。当然,苏格拉底这种想法也受到源于毕达哥拉斯学派的灵魂不死观念的影响,因为将死亡既然是做灵魂脱离身体束缚而返回理念世界,死后能够实现灵魂对理念的认识,那么,爱智慧的哲学家自然而然就应该将死亡作为自身的职业。毫无疑问,苏格拉底的一生,都是受这种灵魂不死观念影响的"向死而生",苏格拉底一生追求善生和知识,追求灵魂对理念的认识,致死不泯,乃是向着死亡而展开自己的生命。其实,采取什么样的生死观并不重要,重要的是要时时刻刻保持一颗敬畏死亡、向着死亡的心。

在死亡来临之前,让我们用海德格尔对死的形而上学的沉思结束这一死亡的主题:

> 先行向此在揭露出散失在常人自己中的情况,并把此在带到主要不依靠操劳操持而是去作为此在自己存在的可能性之前,而这个自己却就在热情的、解脱了常人的幻想的、实际的、确知它自己而又畏着的向死的自由之中。对于死亡的超越不要过于执著于外在形体的保持,而要向宗教和道德学说的创立者学习,以一种创造力来将自己的生命在身后的影响中得到实现和升华,生命不可能离开死亡,死亡是生命的底色,但正是因为有了这种底色,生命才可以变得有价值和有意义。不死的神是谈不上什么价值和意义的,因为价值和意义属于那些在短暂时光中创造不短暂的存在者。(江向东:《海德格尔的"向死存在"——从时间的本体化视角解读〈存在与时间〉中的"死"》,载《学海》2006 年第 2 期)

三、追求不朽

人是会思考的动物。在日常生活中,人们总会不自觉地去想一些稀奇古怪的问题。我是谁? 如果我是苏菲,那么我是我名字所指的那个人,如果我换个名字,改为莉莉,那我会换成别人吗? 世界是什么? 在宇宙诞生以前,世界存在吗? 如果存在那将又是什么样的呢? 在宇宙之外又有什么东西呢? 人是什么? 人生活在这个世界上是为了什么? 为什么我要努力去追求幸福? 为什么我要去追求不朽? ……从人类诞生开始,人类就在不断地反思自身和所处的这个世界,去探究表象背后的本质存在,去追求人存在的终极意义。有人将这称为人的形而上学的冲动,在形而上学的冲动下,人类把事物纳入种种法则;运用规律分析运动,使之静止;通过解释活动得出意义的构造,以消除意义的含混;最后,把多元化的现象简约为其中普遍存在的一种。人是有限的存在,人无法避免死亡,也无法跨越空间,更无法摆脱对大自然的依赖。但是,人们却能够通过形而上学的追求,通过把握这个世界的本质,通过揭示人类生存的意义,从精神上超越人的有限,实现其自由和不朽。

人生三论

希腊神话中有俄狄浦斯杀父娶母的故事,近代的心理学家弗洛伊德曾借用这一神话,道出了俄狄浦斯情结,即恋母情结。这个故事揭示出人的有限性:能够解答司芬克斯之谜的俄狄浦斯,却难以逃脱命运的不幸:尽管拥有理性的能力,但是俄狄浦斯终归还是杀父娶母了。这个悲惨的故事表明:在命运面前,人类显得何其的渺小与无力。人类有很多东西不能掌握,大自然给了人类太多的束缚,将人限制在一定限度以内。人类的有限性主要体现在以下几个方面:其一,身体的有限性,个体无法避免死亡;其二,理性的有限性,古语有云:"人虽贤,不能左画方,右画圆";其三,对外在的依赖性,个体受到自然世界和社会关系的诸多约束。

生命对于每个人来说都只有一次,即使是现代科学技术如何发达,医学的发展如何帮助人延长其生命,个体仍然难以超越寿命的界限。庄子曾经感慨:"吾生也有涯,而知也无涯,以有涯随无涯,殆矣!"(《庄子·养生主》)曹孟德横刀立马、一世英雄,却也喟叹:"对酒当歌,人生几何?譬如朝露,去日苦多。"(曹操《短歌行》)死亡是人生的第一大限,令个体生命无法逃避。就正如在第二节生死观中所谈到的,无论承认与否,向死而生都是人类最基本的生存状态,不同的生命观对此都应该有所正视,并要试图突破、超越生死,实现不朽。

关于理性的有限性,也即人类认识能力的有限性,这是从人类整体状况而言。孔子曾经说过:人有所贵,亦有所不如。苏格拉底说自己是天底下最无知的人,而且如果有知识的话,也只是知道自己无知。这都道出了人在知识领域的局限性。千百年来,人类一直在认识世界的领域中孜孜以求,却发现自己所知道的越来越多,然所不知道也随之在增加。康德讲"人为自然立法",意思就是人类所能认识的是人预先放置在事物之中的东西,而对于"物自体",人类的理性是难以企及的。这都表明人类理性的有限性。

对外在的依赖性,则更是体现了人的有限性。现代科学认为:人类是自然界长期发展的产物,自然界对于人类具有先在性,这决定了人类对于自然的依赖性。首先,自然界构成了人类存在的环境,没有这样的环境,人类生命就无法存在;其次,自然源源不断地为人类提供资源,自然是生命延续的前提。除了自然的限制,还有来自人类社会的限制。对于个体而言,在出生伊始,就已经处处受到限制。他无法逃避由父母的存在所赋予的社会关系和社会环境,当他成长以后,仍然处于复杂的关系网中。启蒙时期的哲学家卢梭曾经说过:人生而自由,却无往不在枷锁之中。指的就是人类社会给人带来的种种限制。

总而言之,人类的存在是有限的存在,正如俄狄浦斯神话所揭示的:人类必定要处于这样的命运当中,这是个无法逃避的事实。问题是:人类难道就可以对此无动于衷吗? 答案当然是否定的。对于那些熟悉俄狄浦斯故事的希腊人而言,他们之所以要重复这个故事,是因为这个故事的悲剧性,正是因为悲剧性的存在,才使得我们能够将意义和价值赋予人,给这个初看起来无比渺小的存在。在前两节中,我们已谈到不同的哲学家对死亡不同的超越追求,宗教和世俗对生死的超越,都体现出人类在超越有限性上的努力,而接下来,我们要谈的不朽,则更是体现了人类作为整体的终极追求。

在进入对“不朽”的分析之前,首先让我们来谈谈不朽与永生之间的区别,这样可能有助于对不朽的理解。永生指的是在各种宗教中,通过对死后存在的信仰,而建立起来的人类存在的状态,因此永生只是一种信仰,在现实生活中不可能存在。而不朽则不同了,在《辞海》中,朽有两层含义:其一腐烂;其二衰老、衰落。不朽则是不腐烂、不衰老的意思,因此除了涵盖永生的含义外,不朽更有不腐烂的含义。这就为“不朽”一词的使用开辟了新的途径。当然有形之物,即使是金银,也会腐烂,但是对于无形之物,例如人类的思想、言行、功勋,却是不会腐烂的,凭借人类特有的生命、文化传承渠道,这些东西能够实现不朽。个体生命虽然有限,人类理性也存在局限,但是薪火相传、生生不息,人类能够作为整体而超越有限性,实现不朽。

下面所谈的“不朽”,正是上述意义上的“不朽”。在历史长河中,唯一能够永恒存在实现不朽的,就是人类的智慧之光,是人类的精神,是人类永恒不熄的奋斗精神。我们人类永远在一个悲剧舞台上,用我们自身的奋斗,在创造过程中,将生命的意义带给死亡,并最终超越死亡。唯有奋斗,唯有不熄的精神之火,也唯有人类的创造力,才能超越死亡这黑漆漆的长夜,如启明星一般始终闪耀。星火之燎原,在于其数量之众多,而人类之繁盛,在于奋斗的精神和成果之众多。在东方,有“立功、立德、立言”三不朽的说法,在西方,也有灵魂不朽的说法。

三不朽的说法,载于《左传·襄公二十四年》,原文如下:

> 二十四年春,穆叔如晋,范宣子逆之,问焉,曰:"古人有言'死而不朽'何谓也?"穆叔未对。宣子曰:"昔之祖,自虞以上,为陶唐氏,在夏为御龙氏,在商为豕韦氏,在周为唐、杜氏,晋主夏盟为苑氏,其是之谓乎?"穆叔曰:"以豹所闻,此之谓世禄,非不朽也"。鲁有先大夫曰:臧文仲,既没,其言立。其是之谓乎?豹闻之,太上有立德,其次有立功,其次有立言,虽久不废,此之谓不朽。若夫保性爱氏,以守宗坊,世不绝祀,无国无亡,禄之大者,不可谓不朽。

"立德",即树立高尚的道德。如孔子,提倡"己所不欲,勿施于人"、"己欲立而立人,己欲达而达人"的"忠恕之道",为千秋万世确定了基本的行为规范;又如苏格拉底,主张"不经反思的人生是不值得过的",流传至今,时时刻刻提醒着人们去检查自己的言行。人类几千年所形成的伦理规范、社会制度,自然不会随着个体生命的死亡而消失。

"立功",即为国为民建立功绩。"功"即对人类社会有利的事业和事物。论丰功,有哥伦布发现美洲,有共产党建立新中国,它们替当时的人开天辟地,创下历史新纪元;论伟绩,有蔡伦发明造纸术,毕昇发明活字印刷术,爱迪生发明电灯,还有蒸汽机、发动机等的发明,它们推动了社会的发展和文明的进步。这些东西,并没有随着立功者的死亡而归于消失,而是继续存留下来,影响人类的生活。

"立言",即提出具有真知灼见的言论。如《诗经》三百篇中那些无名诗人,又如陶渊明、莎士比亚等大文学家,还有柏拉图、卢梭、老子、庄子等哲学家,以及爱因斯坦、达尔文等科学家。他们或是赋诗寓情使千百年后的人欢喜感叹,或是通过舞台艺术使当时的人鼓舞感动使后世的人发愤兴起,或是创出一种新哲学,或是发明了一种新学说,或在当时引发思想的革命,或在后世影响无穷。

而"立德"者,则是伟人开创时代的风气,为万民作守作则的功绩。人类之所以能够称得上是万物之灵长,是世界万物的主人,其原因不在于人的体力和精力有多么旺盛,而在于人的精神道德品质。人之异于禽兽者几希,其本质区别在于人的精神和道德。为什么人类需要公正、友爱、团结、慈悲之心、是非之心、羞恶之心，因为这些就是人类自身的独特本质，没有了这些品质，我们也就不成其为人了。我们经常听到最恶毒的骂人的一句话就是"禽兽不如"，人与禽兽的区别不在于皮囊，而在于孟子所说的那颗"赤子之心"。从这个角度来看，我们更应该重视那些将这些道德价值和品质明白地向我们展示出来的那些"圣人"、"先哲"。"天不生仲尼，万古如长夜"，正是因为他们的存在，我们才能够理直气壮地说自己过的是属于人的生活。

西方的"灵魂不朽"之说，源于毕达哥拉斯学派，经由柏拉图，最后注入基督教的关于灵魂不死的生死观念之中。我们要讨论的灵魂，是指人类的精神，也即伊壁鸠鲁所论意义上的灵魂。西方人对有限性的突破、对不朽的追求，最终可以归结到古希腊对人的认识上来。古希腊人对人之为人的认识，奠定了西方文化传承、实现不朽的方式。当然，在这方面，东西方的差异并不是太大。

关于人是什么？亚里士多德有个著名的说法即"人是政治的动物"，这揭示了人区别于其他动物的本质。人与人是生活在一起的，不可分离的，他们之间拥有共同的信念、文化等。人的政治性是人之为人的第一特质，没有人能够离开政治共同体而存在，就像没有城邦的人不能够称为人一样。古希腊人在这方面拥有根深蒂固的观念，他们无法想象没有城邦的情形。因为正是由于城邦的稳定存在，个体所创造的成就，例如精美的雕塑、宏伟的宫殿、睿智的思想等才都得以保留，个体生命的价值也才得以体现。亚里士多德在他的政治学著作中写道："在考虑人类事务时，我们决不能够……按人的本来样子去考虑他，不能在有死的东西里面去考虑有死的事情，而是只能这样来考虑他们：即设想他们具有不朽的可能性。"古希腊的城邦恰恰就为希腊人抵制个体生命的无益性、无价值性提供了保障，它是专为凡人的相对长存以及不朽保留的空间。

因此，古希腊人无法拒绝"人是政治的动物"的说法，的确，他们也是按照这样的说法来想、来做的。古希腊取得了巨大的思想文化成就，影响了西方乃至全世界的文明进程。很重要的原因就是因为城邦的存在，在那样一个有形的公共领域内，古希腊人勇敢地走出家庭生活，睿智地言说和果敢地

人生三论

行动,不断地追求卓越,同时也是在实现自己个体生命的不朽。作为个体而言,人类生命也许是短暂的、有限的,但作为类的存在,人类却能够在共同的生活中成就无限、永恒和不朽。

在这个物欲横流的时代,现代人常常会在无意识中迷失自我。在现代性的城市中,人们犹如上足发条的时钟,在一种莫名力量的牵引下,拼命地工作,拼命地挣钱,拼命地消费,然后再去拼命地工作、挣钱……人们陷入到一个个怪圈之中而无法自拔。中年危机、青春危机、婚姻危机、情感危机、生活危机……人们不知道该如何应对生活中的这些难题,人们也不知道自己这样拼命地工作、消费到底是为了什么。对于人生,现代人似乎一下子就陷入了普遍的虚无和迷惘。当你独自走在北京的长安大街上,看着呼啸而过的车辆,望着从你身边走过的面无表情的人流,一股孤独、迷惘的感觉倏然而生,你不禁要问:这些忙忙碌碌的灵魂究竟要去往何处?而自己灵魂的出路,又在何方?

人类不可避免地要追问死亡的意义,这是人类形而上学的冲动,但人类也习惯于忘记死亡的意义,这是人类生活的惯性。很少有人会坚持按照自己对死亡意义的理解去生活,现代社会有一种强大的同化力量,将所有的人都卷入忙碌之中。就在这种忙碌中,现代人自然而然地忘记了对死亡意义的思考。现代人需要一种力量的提醒,需要重新回到对死亡意义的反思上去,回到"一日三省吾身"的状态中。

毫无疑问,传统的思想资源和对死亡的切身体悟具有这样的力量。古人的人生境界观,孔颜乐处、逍遥无待、缘起性空、至善追求,为现代人的生命状态提供了范本;而宗教和世俗的生死观,为现代人敬畏死亡、沉思死亡,过一种向死而生的生活指明了方向;而"立功、立德、立言"的不朽方式,为现代人摆脱个体生命的无益性、实现不朽开辟了途径。我们应该重建对终极的追求,为自己的灵魂寻找到诗意的家园。在死亡面前,我们应该通过奋斗来突破生命的有限性,创造性地利用自己有限的生命。人如果停滞在现实性中而不思突破其有限性,或者说安于现实而不思进取,那么死亡就已经降临了。这种死亡才是真正的死亡。而一种创造性的奋斗和进取则能够突破死亡、冲出围城,将生命的光辉永远点缀在死亡的黑帷幕上。

第三章　论奋斗

　　在命运的漩涡中窥得其中玄机之人是智者，在死亡面前笑看云卷云舒之人是达者，而在命运和死亡的舞台上奋力拼搏的人才是勇者。我们这个世界需要智者，也需要达者，没有他们，我们对于生命自身的认识和把握就会显得稚嫩而可笑。没有对于命运的洞察，我们就会在命运的潮流中丧失自己的判断，为自己的际遇痛哭流涕，像个犯了错误的孩子，可怜却没有人能够同情；而没有了正视死亡的坦荡心胸，我们就会在死亡的威胁和阴影中毫无希望地忙碌着，永生只是一种永恒的虚幻，美好却难以切近。但即便我们能够洞察命运，坦然面对死亡，我们依然只是一个微笑的存在者，因为这两者仅仅是人生的舞台背景而已，真正的人生戏剧还没有上演。智者和达者的人生就像是浅浅小溪中的流水，清澈而柔和，其意境是审美的，有着令人无限遐想的空间和诱惑。但如果这就是人生，那么整个世界的景象就是一幅静止的画卷了，而即便是再美好的画卷，看得多了，也就倦了。因此，英国哲学家罗素说过，参差多态才是幸福的本源。而这种参差多态的人生画卷的谱写者只能是人生舞台的勇者——奋斗者。没有了奋斗，这个世界就会沉静在一片死寂中，没有活力，没有生机，有的只有老去和枯黄，即便那新生的，在其一出生时也就已经逝去了。

　　有人曾经这样说过，人生本来就是空虚的，如果把世界看成一个平台，无论相对于谁，每个人都不过是一个小小的推动这个平台的齿轮，就算你是秦始皇，就算你是马克思，虽然他们个个在世界的历史上都有着无法替代的功绩，但最终的结局依然逃不过命运。面对这种虚无论调时，我们需要牢牢记住美国总统富兰克林曾说过的一句话："命运的变化犹如月之圆缺,对强者毫无妨害。"唯有敢于奋斗的勇者才能够改变世界,遏制命运,对抗死亡。只有善于奋斗的强者才能实现生命的意义和价值,只有坚持奋斗的斗士才能取得最终的胜利,赢得生命最臻美的果实——幸福。面对虚无,奋斗能够创造意义,就像上帝从虚无中创造世界一样,而奋斗本身就是幸福的真义。

第一节　人性的基础

自私是人性的天理,人的创造先于人类的本质或人性。

奋斗的意义最终要归结于人的本质。奋斗是人的奋斗,也是人的一种生存方式。什么是人? 人性到底如何从一开始就与人的奋斗密切相关。我们要了悟奋斗的意义首先就需要了解人性的本质和内容。人性的内容最终决定了人作为一种有限性的存在到底是什么,进而也就决定了人的奋斗到底是什么,以及奋斗应当在人性的基础上如何进行和展开。因此,在进入对奋斗的系统思考之前,我们有必要回顾一下关于人性的经典论述。有了对这些经典论述的认识和审视,我们就会获得感悟奋斗的坚实基础。

人性论,是关于人的共同本质的讨论,通常是在撇开人的相貌、年纪、性别、健康等外在偶然性征的前提下解释到底什么是人。在中国古代文化传统和西方哲学中对于人性的解释多种多样,有性善论、性恶论、性有善有恶论、性无善恶论,更有自然性、社会性、阶级性等学说。我对于人性学说的关注主要集中于三点:性善论、性恶论,人性创造论。前两个是历史传统中已经形成经典阐述的人性论,而后一个则是我个人依据这些年的人生阅历和阅读感悟出来的心得体会。前两个人性论是我思考人性问题的起点和基础,也是我自己关于人性问题理解曾经走过的心路历程。

一、性善论

中国传统文化是一个基本预设为性善的文化。我们的家庭教育和学校教育至今还在教导我们一些性善论教条,如"人之初,性本善"、"做个好

人生三论

人"、"向雷锋同志学习",等等。我们相信人的本性都是好的,至少在一开始都是好的。每一个人都可以成为好人,也应当成为好人。这种倾向主要是由于儒家的影响,但在儒家的一开始那里,也并没有直接就表明人性是善的,在圣人孔子的言说中我们还没有发现明确的证据表明孔子的人性观是性善论的,但孔子确实表达过人性是存在的,这为后世儒者的进一步阐述奠定了基础。孔子对于人性说过一句非常含混的话:"性相近也,习相远也。"(《论语·阳货》)大抵孔子的兴趣主要是在一些现实问题尤其是在政治民生问题上,而对这些无法切实感受到的形而上学命题,孔子一般采取的态度都是回避不谈的。真正将性善论带给儒家学派,并最终影响整个中华民族性情、心态的人是孟子。

相传孟子是鲁国贵族孟孙氏的后裔,幼年丧父,家庭贫困,曾受业于子思。学成以后,以士的身份游说诸侯,企图推行自己的政治主张,到过梁(魏)国、齐国、宋国、滕国、鲁国。史称孟子为"亚圣"。孟子首次将人性论提升到一个非常重要的地位,人性将人和禽兽区别开来。没有了善良的人性,人其实也就和禽兽差不多了。其实孟子从一开始就已经将人性界定为善良的了,因为人性只有是善良的,人才能够称其为人,否则不就是禽兽了嘛。因此,孟子认为,人刚一出生时人性是善的,"人性之善也,犹水之就下也,人无有不善,水无有不下"。(《孟子·告子上》)人性的善良就像是流水一定会从高处往低处走一样。但这个比喻论证的说服力还是不够的,因为他有一个非常聪明的朋友告子,经常和他"作对",孟子举个例子打个比方来证明人性是善的,告子就举个例子、打个比方来证明人性不是善的,而是善恶不定的。针对孟子这个水自然往下流的例子,告子就反驳道,人性是不定的,水渠引导它往哪里流,水就往哪里流。孟子被告子一再地反驳、逼迫,终于想出了一个非常有说服力的论证——"四端说"。孟子的"四端说"在儒家性善论历史中地位极其重要,因为后世儒者都是从这一"四端说"开始来构建自己的人性理论的。在《孟子》一书中,关于"四端说"的说明主要有两段:

> 恻隐之心,人皆有之;羞恶之心,人皆有之;恭敬之心,人皆有之;是非之心,人皆有之。恻隐之心,仁也;羞恶之心,义也;恭敬之心,礼也;

是非之心，智也。仁义礼智非由外铄我也，我固有之也。(《孟子·告子上》)

　　人皆有不忍人之心。先王有不忍人之心，斯有不忍人之政矣。以不忍人之心，行不忍人之政，治天下可运之掌上。所以谓人皆有不忍人之心者，今人乍见孺子将入于井，皆有怵惕恻隐之心。非所以内交于孺子之父母也，非所以要誉于乡党朋友也，非恶其声而然也。(《孟子·公孙丑上》)

孟子对于性善论最有力的论证，是通过人的心理活动来证明的。孟子认为，性善可以通过每一个人都具有的普遍的心理活动加以验证。恻隐之心、羞恶之心、是非之心、恭敬之心这些都是内心所固有的心理活动，不需要通过学习和教育就已经拥有了的。而这些"善端"与真正的善行之间的区别就在于人们是否能够在日常生活中保持这种"善端"，按照我们内心的本意去付诸实施。其实我们在日常生活中经常可以体验到孟子所说的这种善端，我们通俗的说法叫做"好心"或"好意"。你看见有一个老大娘躺在路边上，你很自然的想法就是走过去询问一下她需不需要帮助，而你之所以在很多情况下没有这么做，是因为你"想得多"了，你会想"她会不是骗子，要讹我呀"、"她会不会有什么传染病呀"等，而这在孟子看来，就是你没能保持住自己的"好心"。所以后人总结说，一念是圣贤，转念是凡夫。也就是说，按照你善良的本意去做，你就可以成为圣人，而思考再三，涉及过多的功利计算，你也就只能是个凡夫俗子而已了。最终，儒家传统所认为的美德即仁义礼智信，按照孟子的解释，都可以在人原初的内心活动中找到根据。而这种内心的心理活动是普遍的，因此性善就是有根据的，是出于人的本性、天性的，孟子称我们内心所固有的这种善端为"良知"、"良能"。

　　孟子之后，儒家主流都是坚持性善论的，不久之后，整个中华文化的主流也是性善论的了。战国时期，儒家道性善，法家说性恶，双方还能较量一下。但随着崇尚法家的秦帝国的暴兴暴亡，法家的性恶论就逐渐在中国历史中退出舞台了。在汉武帝"罢黜百家，独尊儒术"之后，性善论就一直占据主流，特别是宋代《三字经》问世后，性善论更变成了一种启蒙教导。《三字经》开宗明义地说："人之初，性本善，性相近，习相远"。传统的私塾教育

人生三论

使得性善论这一观念在中国几乎家喻户晓,深深地植根到中国人的心灵当中去了。

性善论不仅在中国生根发芽,并最终成长为我们文化的基色,在西方也有关于性善论的阐述。我们通常会抱有一种比较粗略的看法,即西方是性恶论,而中国是性善论。这种看法从大致描述上来看,是没有错的,但这种表述很容易引起人们的误解,即西方没有关于人性善的论述。其实不然,西方的思想中有着大量的关于人性善的论述,人性善也是西方人性观的重要组成部分。说到西方,我们就不能不谈到柏拉图。柏拉图是西方系统哲学论述和思想的源头,任何想了解西方文化和传统观念的人都应当去读一读柏拉图的著作。

柏拉图对于人性并没有给出过一个清楚明白的定义,但柏拉图对"人"还是下过一个非常搞笑的定义的。柏拉图对于人的定义是"没有羽毛的两脚直立的动物"。我们很难想象柏拉图怎么会下这么一个糟糕的定义,没有羽毛,有两只脚,直立的动物就能叫做是人啦?据说他的一个学生听到他对人的这一定义后,跟他开了一个玩笑:这个学生在市场上买了一只鸡,然后耐心地将鸡身上的羽毛全部扒光,放在了柏拉图家的门口。这个拔光了羽毛的"鸡",完全符合柏拉图对于人的定义,只是不知道柏拉图见到这个"人"之后的感想到底如何。虽然这个故事很有意思,但毕竟没有表明柏拉图对于人性的态度和认识,而柏拉图的人性观则需要到他的著作中去找。柏拉图在《理想国》中,对一种理想中的城邦政制提出了自己全新的看法,这种看法的影响是如此深远,以至于人们今天用一个专门术语来指代柏拉图所做的努力——"乌托邦"。在柏拉图的乌托邦中,每个人都只有一个唯一的身份,彼此之间分工因才能而定,适合做木匠的就永远做木匠,适合扫大街的就永远扫大街,而适合当统治者的就永远当统治者。当然了,在理想国中,统治者自然是像柏拉图那样的哲人。哲人,智慧、善良,没有私欲,是一个出色的统治者。而哲人的这些品质都是从其自然本性中顺着天性发展出来的,也就像之前所说的那样,哲人天生下来就拥有做统治者的这些潜能和品质的,是"黄金"材质造就成的人。从这些论述中,我们可以推断出,柏拉图对于人性的态度大致是偏向于性善论的,至少就城邦的统治者而言,他们的人性是善的。

在近代的基督教背景下，西方的整体人性观虽然是性恶论的，但依然有关于人性善的论述。我们大概都听说过亚当·斯密这个名字，并且知道他写了一本书叫做《国富论》，但恐怕很少有人知道斯密是个同性恋者，更不知道斯密还写过一本书叫做《道德情操论》。当代，人们对于财富的追求往往会魔障化，财富成了生命唯一的东西，而其他的东西只有在与财富相挂钩的时候才有意义。生命就在这种可怕的财富化过程中变得苍白而贫瘠了。斯密在《道德情操论》中表达了和儒家性善论、良知说遥相契合的观点：

> 无论人们会认为某人怎样自私，这个人的天赋中总是明显地存在着这样一些本性，这些本性使他关心别人的命运，把别人的幸福看成是自己的事情，虽然他除了看到别人幸福而感到高兴以外，一无所得。这种本性就是怜悯或同情，就是当我们看到或逼真地想象到他人的不幸遭遇时所产生的感情。我们常为他人的悲哀而感伤，这是显而易见的事实，不需要用什么实例来证明。这种情感同人性中所有其他的原始感情一样，绝不只是品行高尚的人才具备，虽然他们在这方面的感受可能最敏锐。最大的恶棍，极其严重地违犯社会法律的人，也不会全然丧失同情心。

"关心别人的命运，把别人的幸福看成是自己的事情"之类的怜悯同情几乎就是孟子的"四端说"在遥远英国的一个翻版。性善是人类本能情感的一种体现，无论人性中的自私表现得如何猖獗，人都无法否认自己的情感中蕴涵有向善的可能和要求。按照佛教的说法就是，"一阐提"也有善心，也可以成佛。

二、性恶论

关于人性的另一经典阐释是性恶论。如果说中国文化的主流是性善论的话，那么西方文化中人性观的主流就是性恶论的。性恶论认为，人的本性从道德的意义上看都是恶的。孟子眼中的人是生下来就具有善本性或本能的，而社会中出现善恶并存的现象只是由于人们没有完全保护好自己的善良本性而已。性恶论者则认为人生下来就是恶的，好的行为或品德都是由于社会制度的设计或人类理性计算的结果。比方说大家都是恶人，在社会生活中难免相互冲突，但突然有一天，这些恶人们发现，长期的合作有利于大家追求自己的利益，于是大家就开始了一种出自于恶本性的合作行为，这才有了诸如诚实、守信、团结、互助等善良的行为和品德。很多对于西方文化有着强烈认同的人认为，西方的性恶论是西方文化中最值得我们学习的地方，因为性恶论实在是西方文明和制度的起点和基础。先小人后君子，这种处理社会问题的思路在今天看来不仅仅是西方人所独有的，而且也是中国人所应当借鉴的。

西方的性恶论传统主要来自于基督教传统。在《圣经》中，人，作为上帝的创造物，是上帝的"肖像"。上帝按照自己的样子创造了最初的人——亚当，并将亚当放置在伊甸园中生活。随后，上帝鉴于亚当一个人生活寂寞，又从亚当的身上取出一根肋骨，创造了一个女人——夏娃。西方谚语中，"女人是男人的肋骨"就是从这一典故中来的。到此为止，人类的始祖亚当和夏娃就已经出现了，此时他们的人性是善良的，因为他们都是上帝的肖像和创造物，而上帝是全知全能全善的。亚当和夏娃快乐地生活在伊甸园中，享受着伊甸园提供的各种果实，不需要劳动，也不会衰老，完全是一对神仙眷侣。但上帝在将伊甸园交给亚当时，曾告诫亚当说，伊甸园中的一切你都可以享用，但唯有智慧树上的果实你不可以吃，吃了你就会死去。刚开始亚当是一个很听话的孩子，从不敢去碰智慧树上的果子，但亚当的妻子夏娃是一个耳朵根子很软的小女人。有一天，她在伊甸园中闲逛，视察自己的领地时，遇到了一条蛇。这只蛇引诱夏娃，让她去摘取智慧树上的果实，并说吃了这颗果子之后她就可以变得和上帝一样有智慧了。夏娃当然经不住这么大诱惑了，就爬到智慧树上去摘果子吃了，自己吃了之后，也没有忘记给自己的丈夫亚当捎上一个。亚当见夏娃摘了智慧树上的果子，心中十分恐惧，一开始不肯吃。但亚当终究是个怕老婆的人，经不住夏娃的软磨硬泡，还是吃了。这一对神仙夫妻在吃下智慧树的果实之后，发现自己生活的世界其实并不是那么美好，尤其是他们俩都没有穿衣服，于是羞耻之心油然而生，到处找树叶来遮盖自己的裸体。在亚当夏娃吃"禁果"后不久，上帝来伊甸园看望自己的两个小宝贝，结果可想而知了，上帝对于这两个违背自

第三章 论奋斗

己的诚命,敢于偷吃智慧树上的果子的人大为恼火。最终的结局是,上帝将亚当和夏娃赶出了伊甸园,让他们及其子孙世世代代都要用自己的手和劳动来谋求生存,并且要遭受生老病死之苦,而对夏娃,上帝还有一个特别的惩罚,即生孩子的痛苦,以作为她引诱亚当的一种"奖赏"。

从此之后,西方文化中就有一个深刻的印记——"原罪"。人,作为从伊甸园中被放逐出来的亚当和夏娃的后代,从一生下来就已经是罪恶的了,因为人类是上帝的"叛民"。人类因为违背了上帝神圣的诫命,而背负着罪恶,因而在我们的人性中永远有着罪恶的痕迹。西方思想家大都继承了这一性恶论的思路来思考人类社会的问题,在这些思想家中最为有名的大概要算霍布斯了。霍布斯在《利维坦》中对人类在自然状态中的人性描述是令人胆战心惊、不寒而栗的。它是西方性恶论最为系统的体现,也是最为有力的表达:

> 显而易见的是,当人们生活在一个没有公共权力慑服他们的时期,他们就处在所谓的战争状态中。这种战争是每一人对其他所有人的战争。因为战争不仅存在于战役或战斗行动当中,而且也存在于用战争进行争夺的意图普遍被人们所信奉的一段时期之中。因此,战争的性质就必须要考虑到时间的概念,就像考虑到天气的性质一样。因为正如恶劣天气的性质不在于一两阵暴雨,而在于一连许多天下雨的倾向一样:战争的性质不在于实际的战斗,而在于整个没有任何保障的战争时期的那种人所共知的战争意图……这种人人相互为敌的战争状态还会产生一种结果,那就是没有任何事情会是不公正的。正当和错误、正义和不正义的概念在这里根本就不存在。没有公共权力的地方就没有法律:没有法律的地方,就没有不正义。暴力和欺骗是战争中的两种主要美德。

按照霍布斯所代表的性恶论,人与人之间的原初关系并不是像孟子所设想的那般温情脉脉,而是像"狼"一样,是相互敌对的,每一个人与每一个人之间的关系都是对立、对抗的。从人的本性上看,人与人之间根本不可能产生什么"仁义礼智信"的,也谈不上什么"人之初,性本善"。从这一思维倾向出发,人性本恶统治了西方人几千年之久,直到今天,西方的政治和社会设

人生三论

计中，人性邪恶依然是一个潜在的前提和基础。

　　和西方性恶论主流传统之外依然存在着性善论表述一样，在中国的性善论传统中也有关于人性恶的表述，而且影响一度也很大。荀子是最早将人性恶系统表述出来的经典作家。按照儒家的谱系，荀子应该是一位儒家的代表人物，但后世儒家学者大都不承认荀子是儒家学派的代表人物。造成这种有趣现象的原因大致有二：一是因为儒家正统是坚持性善论的，而荀子恰恰认为人性是恶的。后来儒家学者评价荀子说，"只一句人性恶，便是人本已失"。二是荀子虽然师从儒家学者，并自认为是儒家学问的继承者和发扬者，但他的两个学生李斯和韩非却都是法家学派的代表人物，尤其韩非更是法家学派的集大成者。《荀子·性恶》中说：

　　　　今人之性，生而有好利焉，顺是，故争生而辞让亡焉。生而有疾恶焉，顺是，故残贼生而忠信亡焉。生而有耳目之欲，有好声色焉，顺是，故淫乱生而礼义文理亡焉。然则从人之性，顺人之情，必出乎争夺，合于犯分乱理而归于暴。

荀子认为，人性中最为根本的欲望和需求是对利益的渴望，而这种好利之心肯定不是善的。人性都是一样的，而之所以会出现圣人和小人的区别，就在于礼乐教化的实施。"人之生也固小人……可以为尧禹，可以为桀跖，可以为工匠，可以为农贾，在执注错习俗之所积耳。"如果我们真的相信孟子所说的人性善，任由人性自由发展，而不加规范引导的话，那么其结果只能是想种黄瓜，却得绿豆了，最终只能是孔子所说的礼崩乐坏了。

　　荀子的学生韩非更是中国性恶论的大师级人物了。可以说，自韩非以后，中国就没有人敢于宣扬性恶论也没有人对于性恶论的诠释能够超越韩非了。韩非在人性恶的主张上比荀子更为彻底：《韩非子·奸劫弑臣》说："夫安利者就之，危害者去之，此人之情也。"《韩非子·外储说左上》说："人为婴儿也，父母养之简，子长而怨。子盛壮成人，其供养薄，父母怒而诮之。子、父，至亲也，而或谯或怨者，皆挟相为而不周于为己也。"《韩非子·备内》说："医善吮人之伤，含人之血，非骨肉之亲也，利所加也。故舆人成舆，则欲人之富贵；匠人成棺，则欲人之夭死也。非舆人仁而匠人贼也，人不贵则舆不售，人不死则棺不买。情非憎人也，利在人之死也。"人们都是在为了自己的私利做事情,不仅普通的职业如此,而且父母和子女之间的关系也是如此。特别是后一论断不能不说是大胆而令人赞叹啊!

韩非的个人际遇也可以作为人性恶的一个佐证:韩非的出身很高贵,他是战国时期韩国王室的一位公子,但韩非这位公子在韩国政坛的影响力其实并不大。战国后期的韩国积贫积弱,韩非多次上书韩王,希望改变当时治国不务法制、养非所用、用非所养的情况,但其主张始终得不到采纳。历史跟韩非开了一个不大不小的玩笑,韩非的著作是墙内开花墙外香。韩非的书流传到秦国,为秦王赵政(也就是秦始皇,之所以姓赵,是因为他在赵国当过人质)所赏识,秦王以派兵攻打韩国相威胁,迫使韩王让韩非到秦国效力。韩非到了秦国一开始很受秦王的重视和重用,但韩非的口才不行,据说还是一个结巴,所以跟秦王大都是通过书信来表达自己见解的。韩非在秦国备受重用,这引起了当时秦朝宰相李斯也就是他大师兄的妒忌和不满。李斯联合了一部分人在秦王面前诬陷韩非,说韩非终属韩国宗室,不可以重用。秦王一开始还有点不爱听这种"忠言",但听得多了,秦王也就渐渐疏远了韩非,而韩非又是一个说话不利索的人,难为自己做口舌之争,最后,将韩非投入监狱,并逼其自杀。韩非的际遇和他自己的学说交相呼应,印证了人性恶的论点——李斯和他虽有同门之谊,为了自己的利益,诬陷起韩非来却一点都不手软。人性如此,不恶,何以解释乎?

三、存在先于本质

其实人性的善恶是一个无法争论清楚的东西,这个问题过于形而上,以至两方面都可以找到根据,支持性善论和性恶论的证据和论证几乎同样让人愿意相信。对于性恶论,现实一点的人们会觉得更为可信一些,毕竟人世间有着太多的丑恶、虚伪和苦难,而这些基本上又都是人自身所造成的,除了性恶,还能有什么好的解释呢?而对于性善论,人们又总是抱着希望,如果人性不是善良的或人性中不包含善良的成分,那么人类还有什么可以冀望的?于是,人们大都在二者之间游移。幸运的时候、获得别人帮助的时候,人们认为人性善,而当命运坎坷、屡遭白眼的时候又认为人性恶。真真假假,假假真真,人性一时间就变得扑朔迷离了。而在我看来,这两种人性

人生三论

观都没有将人性与现实，人性与人的生活真切地结合起来——人性的善恶根本不是人性的原发性问题，而是人类活动创造出来的人性结果。我所认同的人性观并不是将人性当做一种玄之又玄的东西来讨论，而是将人性与人的生活意义之创造结合起来，与人的生命展开进程结合起来。在我看来，人性的本质不在于善恶，而在于创造，创造的结果才是善恶。人，本质上是一种展开性的存在，人的本质、人性需要我们通过自己的创造性行为来塑造、来界定。

其实在传统的人性观中，对于人性善恶二分的反思早就存在，比如说孟子的那位老友告子，就主张人性无定，可善可恶，没有什么一定的界限。还有诸如性三品说，性善性恶说等。但这些学说都没有进一步延伸到对于人性的创造性理解，即将人性当做是一个开放性的过程，人性的本质就在于其创造性，人类的生活过程就是创造人性的过程。正是从这一意义上讲，奋斗是人性的塑造者，而人性才是奋斗的基础和底色。其实这种对于人性的认知，我们在日常生活中也经常会使用到。我们偶然间遇到一个多年前的老朋友，交谈之后会发现这个人变化好大，说不定以前在街道的时候是个坏蛋，现在却已经是一个正儿八经的生意人了。又或者曾经身边的老实人在经过多年的闯荡后，变得圆滑、世故、老练，自己看着都觉得别扭了。"士别三日，当刮目相看。"的确，人性很少是确定不移的，坏人可以变好人，而所谓的好人也可以变坏人。是是非非，在这个世界上谁又能真正分得清，道得明呢？我们常说，不要以老眼光来看人，其中深刻的原因就在于人性的可塑性和创造性，我们的人性都是我们自身创造性行为的结果。这种创造性从消极的方面来说就是生存、活着，就是柴米油盐酱醋茶，东家长、西家短，日出而作、日落而息，忙忙碌碌，惶惶不可终日；而从积极的方面说就是奋斗，奋斗赋予我们人性一种光辉的色彩，战士的一生是光彩夺目的一生，是勇士的一生。无论是哪一种生活方式，浸淫其中的过程也就是塑造我们人性的过程。和别人唠家常唠久了，你自己也就变得爱八卦了；经常思考人生之意义，时常追问生活的本质，你也就变得深沉宁静了……你的生活方式正在以一种潜移默化、春风化雨的方式在影响你自己。换句话说，你是谁？你的本性是什么最终要看你怎么活。

由此放开了说，人类的本性从人类刚刚诞生起就是不确定的。你能想象自己和古代猿人具有同样的本性吗？猿人、智人、古代人、现代人，都是人，但又有谁能够宣称，这些所谓的"人"中间有哪一种共同的本性呢？即便有，这种本性也肯定不是什么善恶本性。远的就不用说了，猿人眼中的善恶我们已经无法了解和认知了，时光的变迁已经将这些善恶印记刻进了化石堆中，而我们今天还没有发明让化石开口讲话的技术和设备。就在我们的父辈和我们之间进行一种比较吧，我们的父辈血脉中流淌着的是共和国的鲜血，是为祖国为人民而无私奉献的高贵人性，而我们今天的心窝里装着的是自己的家庭、公司、事业，是金钱、名利，哪有一点点的精神追求和期盼？如果说我们父辈的人性是高贵而超越的，那么我们的人性就是低贱而现实的。如果我们和前人、古人之间真的有什么共同的人性的话，那么这种人性也将是一种精神，即创造人性、奋斗不已的精神。我们和前人比起来，固然有很多不如意和令人难堪的地方，但有一点是共通的——我们都是具有创造性的存在者，我们可以通过我们的创造性活动，通过我们自己的奋斗来改变现状，改变这种令人不满的结果，并在这种改变中塑造自己，界定自己的人性。

人的创造先于人类的本质或人性，在哲学上的最经典表达者是萨特及其存在主义。萨特是法国20世纪最重要的哲学家之一，是法国存在主义的主要代表人物，也是一名优秀的文学家、戏剧家、评论家和社会活动家。萨特自幼丧父，生活艰难，又身材矮小，被大家叫做"小个子"，但这对他没有产生任何自卑的影响。相反，他是天生的自命不凡者。他在年轻时给自己立下的人生目标也许是绝无仅有的："我要同时成为斯宾诺莎和司汤达。"也就是说，既要当一个一流的哲学家，也要当一个一流的文学家。而大家更为关注的是他与女哲学家西蒙·波伏娃的恋情。他们是终生的情侣，但却没有结婚，这段恋情在巴黎的咖啡馆中被人们演绎得浪漫而感伤。

对于人性的论述，萨特一反西方传统的性恶论，而高调宣扬存在先于本质。"存在先于本质"这句话简单地理解就是，人们的存在方式，即人们以一种什么样的生活方式来生活，和什么人说话、聊天，和什么样的人交往，生活在什么样的社会制度下等诸多现实因素最终界定人的本质是什么。从这种分析上看,人的本质或人性在人死亡之前都是不固定的,而是暂时性的。人性永远处在一个待完成的行进途中。萨特的存在先于本质似乎很能解释中国传统故事——"孟母三迁"。相传:

> 昔孟子少时,父早丧,母仇氏守节。居住之所近于墓,孟子学为丧葬,躄,踊痛哭之事。母曰:"此非所以居子也。"乃去,舍市,近于屠,孟子学为买卖屠杀之事。母又曰:"亦非所以居子也。"继而迁于学宫之旁。每月朔(望,官员入文庙,行礼跪拜,揖拱手礼)让进退,孟子见了,一一习记。孟母曰:"此真可以居子也。"遂居于此。(刘向:《列女传·邹孟轲母》,哈尔滨出版社 2009 年版)

看来主张性善论的孟子小时候就是一个非常爱学习、善于学习的人,试想如果孟母没有三迁的话,那么孟子有可能成为一名出色的丧葬服务者或屠夫,但想要成为"亚圣"恐怕就很难了。

萨特说,存在先于本质是存在主义的"第一原则",即"首要原则"、"总原则"的意思。也就是说,世界上首先有人的活动,有人和人的相互关系,有人的选择和行为,以及通过这些行为而实现的后果,根据这些后果我们才能给这个人、这个人的人性下定义。"存在",显然是指个人的存在,个人主观意识及其个体行动的存在,这个存在涉及很多的相关因素,环境是其中非常重要的一个部分。而他讲的"本质",则是指每个人的共有特性。所谓"存在先于本质",是认为个人存在先于对个人的理性判断和结论(即"本质"),是说个人存在于先,对其作本质判断于后,而绝不是相反。这个概念中包含着人非上帝的创造物,人无先验的性善性恶之分,人是作为偶然现象出现在世界上等一些内涵。就是说,先有人,有人的主观意识(自由),然后才有人的行为。我们根据他的行为(即不断选择),才能判断他是什么人。他也才能创造自己的本质,证明自己的存在。

在对萨特存在主义书籍的阅读过程中,我经常会反身自省,以自身的行为来对照萨特的论断,而结果每每是感叹萨特比我自己更了解我的生存和本质。十年前的我肯定与如今的我不一样,而没有出车祸之前的我与现在的我显然也是不一样的。而这种不一样中,我的人性本质是善还是恶呢?恐怕很难定论。但我依然是我,这其中的原因就在于现在的我是过去的我努力创造的结果,现在的我是过去的我认真思索的结果。在过去和现在以及未来之前,始终会有一个线索贯穿着,我的昨天、今天、明天联系在一起,而这就是我的创造性活动,就是我的奋斗。唯有创造,唯有奋斗,才能区别我的过去和现在;也只有创造和奋斗,才能联系我的过去和现在。人性的过程其实也就是奋斗和创造的过程。

第二节　奋斗的目标

奋斗是人类的一种生存方式,无奋斗不人生。

人性的本质既然在于创造,在于通过奋斗来改变自身的现状和不足,以实现人的发展和完善,那么奋斗就是人类与生俱来的本能和使命。人类,作为一种生物性存在,和世界上很多其他种群的生物体有非常相近的特征:生命都具有脆弱性,稍微一点点的外界打击或自身疾病就可以将人消灭;对外界自然条件具有很强的依赖性,人类能够生存的自然条件有着非常严格的限定,需要适宜的温度、水分和能量补充。当代生物科学,特别是基因学的研究更是表明,人类和其他动物的基因有99%是相同的,只有1%是不同的。人类和其他自然生物之间的区别可谓是微乎其微,但在这微乎其微的差异中,人的奋斗和创造性活动正是所有差异之所以成立的缘由和根据。正是由于人类能够通过自身的奋斗,通过自己的创造性活动改变自身的存在现状,改变周围的生存环境,人类才能够以目前这种形态适应生物进化的过程而存在于地球之上。自然界的动植物虽然也能进化出这样那样的技能来适应生物选择,但即便是变色龙也无法适应它从来没有生活过的地区,因为这一地区的颜色是它的进化过程中所没有遇到过的。但人类显然不仅仅是被动性地适应环境的选择,而是能够主动地调整自身、运用工具来改变自然、修整自然。大自然固然也有很多杰作,但相比较起来,作为大自然杰作之一的"人类"的杰作却远远比大自然母亲要复杂得多,伟大得多。这种复杂和伟大是源自于人类活动中始终贯彻一种目的。目的,预设了人类奋斗和创造性活动的方向,是人类活动区别于其他动植物被动性活动的主要标准。有一位哲人曾经说过：最蹩脚的建筑师也比最灵巧的蜜蜂高明。这是因为在人的社会实践中，劳动的目标和方向在劳动过程开始时就已经存在于人的观念之中。人之所以和动物不同，就是人对目标的预先设计，并为目标观念现实化孜孜以求。人类活动的目标性和方向性使人类超越本能，赋予人类存在以理性主义的精神，积极入世的情怀和百折不挠的意志。

　　奋斗对于人生极为重要，而一个正确的奋斗方向和目标更为重要。美国成功学大师拿破仑·希尔在《思考与致富》一书中写道："一个人做什么事情都要有一个明确的目标，有了明确的目标便会有奋斗的方向。"人到中年之后，就会逐渐发现青年时的朋友们开始逐渐出现分化了，有些人开始功成名就，享受着他人的羡慕和恭敬，即便是没有功名在手，也能自得其乐。而有些朋友则还是十几年前的老样子，在茫茫人海中摸爬滚打，却一点也没有要摘取奋斗果实的征兆，没有成功给予其喜悦，也享受不到平淡生活中的真味。这倒并不是有些人奋斗，而有些人不奋斗的结果，奋斗是人类的一种生存方式，人的一生不可能没有奋斗。在我看来，人与人之间的这种差异和分歧首先是由于奋斗目标和方向差异所造成的。孔子说过："三军可夺帅，匹夫不可夺志也。"(《论语·子罕》)对于一个完善的人生而言，"志"，也就是奋斗方向的问题是何等的重要。奋斗的目标和方向是告诉人们要做什么事，做到什么程度。在人生的奋斗过程中，奋斗的目标就像建筑物的设计图样和说明一样，能清楚地告诉建筑工人，做了多少事，还有多少事没有完成。聪明的人，有理想、有追求、有上进心的人，一定都有一个明确的奋斗目标，他懂得自己活着是为了什么。因而他所有的努力，从整体上来说都能围绕一个比较长远的目标进行，他知道自己怎样做是正确的、有用的，否则就是做了无用功，或者浪费了时间和生命。而愚笨的人，没有什么理想、追求；没有上进心的人，一生都没有什么特别的目标。他同大众一样靠习惯活着，习惯给他目标——吃饭、睡觉、工作，第二天继续如此……但他从来没有想过活着有什么意义。这种人往往凭惯性盲目地活着，从来不追究人生的目的这些让人头疼的事情，为活而活，怎么都可以，对什么都无所谓。

一、奋斗与梦想

为了自己的梦想而去奋斗。奋斗的目标对于人生而言既然如此重要，那么都有些什么样的奋斗志向呢？从人类历史上看，奋斗的目标和方向大致有三：一是为自己的个人发展；二是为家人的幸福安康，光宗耀祖；三是为国家富强、人民利益而奋斗。这三种奋斗目标有时是相互割裂开来的，在其相互分离时，有所谓的境界之别，但很多时候也是相互依靠交错在一起的。我们每个人在自己的奋斗生涯中都会遇到这三种奋斗目标，妥善地处理好这三种目标之间的先后关系和重要性次序是人生最终是否能够幸福的关键。

奋斗首先是个人性的。奋斗的起因是人类想要改变境遇，而对境遇的不满感受最深的是自身的境遇。人，自一出生就直接体验着自身的生存境遇，而奋斗的起点就在于人们对于这些境遇的不满。对于奋斗的这种解读也可以解释为什么历史上的奋斗故事大多发生在穷苦人家。在《告子下》一书中，孟子对于个人奋斗与个人境遇的关系这样表达到："舜发于畎亩之中，傅说举于版筑之间，胶鬲举于鱼盐之中，管夷吾举于士，孙叔敖举于海，百里奚举于市。故天将降大任于斯人也，必先苦其心志，劳其筋骨，饿其体肤，空乏其身，行拂乱其所为，所以动心忍性，曾益其所不能。人恒过，然后能改；困于心，衡于虑，而后作；徵于色，发于声，而后喻。入则无法家拂士，出则无敌国外患者，国恒亡。然后知生于忧患而死于安乐也。"孟子的中心思想是，忧愁患害可以使人生存，而安逸享乐使人萎靡死亡，这句话后来被人们总结为"生于忧患，死于安乐"。虽然孟子这段话并没有直接点明奋斗首先必须是个人性的，但从孟子的字里行间我们可以看出，真正能够明确奋斗目标，努力实践奋斗理想的人，其本身必须要对切身现实有着强烈的不满。这同人自身的认知顺序也是一致的，人总是最先感受到自己的快乐与痛苦，才有可能感受到他人的快乐与痛苦。人们总是因自己的苦与乐才激发起自己的奋斗激情，然后才能在这一过程中，意识到他人、民族、国家的存在，进而为这些非个人性的目标而努力。

个人奋斗中遭遇的最大障碍就是自身境遇的困境。个人奋斗大多需要

人
生
三
论

面对比较艰苦的环境和条件,在这种条件下,奋斗的要义在于克服困难,明确奋斗方向,并坚持下来。如果你不知道你要到哪儿去,那通常你就哪儿也去不了。每个人眼前都有一个目标。这个目标至少在你本人看来是伟大的。没有切实可行的目标作驱动力,人们是很容易对现状妥协的。而在个人目标的设定过程中,我们当前的理解通常是指着"名"、"利"、"势"三字去的。从生物学的角度来看,人们将名、利、势当做是个人奋斗的目标本来也无可厚非,因为生存是人类的本能之一,而且是最为重要的本能。按照马斯洛需求层次理论的观点,越是基本的需求对于人类就越具有强大的约束力,人们必须在满足基本需求的前提下才有可能追求下一个需求。(但随着人类文明的发展,文明自身的创造力赋予了人类跨越需求层次的可能性,比方说,人们可能会饿上顿饭,省下钱来买本书。)生存则是最基本的人类需求,而生存可能性的大小在人类社会中是由占据、支配资源份额的大小来决定的。

从这一角度来看,一个人有钱了,他在人类社会中可以购买的资源也就多了,他用来维持自身生命延续的能力也就增强了。我们在现实生活中可以看到很多这样的实例:艾滋病即便是在今天也是一种令人谈之色变的疾病,艾滋病患者在被确诊的同时基本上也就等于被宣判"死刑"了。但同样是艾滋病患者,有钱人和穷人患病后的生命长度却是完全不同的。华裔科学家何大一于1997年发明了一种俗称"鸡尾酒疗法"的艾滋病治疗方法,能有效延长艾滋病患者的生命长达10年左右,但这种鸡尾酒疗法的费用昂贵,一般人是无法承担得起的。人们常说,生命无价,众生平等,但在艾滋病病魔面前,生命是有价的,众生之间也是不平等的。而名嘛,则是利的另一种延伸和发展。目前各种选秀节目层出不穷,"造星运动"一时间充斥着中华大地,思考其背后的深层原因,无非还是对于资源的控制而已。你出名了,你就可以获得各种各样的"好处",受人尊敬了、有"粉丝"了、出场费高了、说话有分量了……简而言之,你对于这个社会上的有限资源的控制力增强了。假如你和一个普通市民同时遭遇到了来自某一方面的不公正待遇,你们都想要表达自己的不满,想得到公正的待遇。在这个时候,名的影响力就出来了。一个名人嘴里说出来的话和一个普通老百姓嘴里说出来的话,即便内容是一样的，但其影响力却是决然不同的，其结果很可能就是大相径庭啊。至于势嘛，则更是对资源的直接控制力。我们在戏文里经常会听到说，某人有钱有势，千万不能招惹等等之类的说法充分说明了光有钱还不够，还得有势。势，按照现代一点的说法，就是权力。没有钱，很难有势，但有钱也不见得有势，不过有势者大多会有钱。因为势或权力是对于社会资源的直接控制，即便这种控制不是直接拥有，但控制权本身也会给权势者带来收益——租金。

细心观察社会的人们会发现，对名、利、势的追求在当今社会中已经变成了一股洪流了，几乎已经裹挟了社会中的每个人。下海经商、选秀当明星、公务员热等社会百态中无不透漏着对名、利、势的追逐和要求。上述三种目标经常会被我们理所当然地看做是个人奋斗的目标，我们已经讲到过这从生物学上个体生存的角度来看没有什么问题，但问题在于，人类不仅仅是单纯的生物性存在而已，我们当代人已经差不多忘记了自己的超越性使命了。上一章我们讲过，死亡对于生命的意义，在于要求我们在创造中突破自身的局限性，创造意义和价值。对名、利、势的追求当然没有错，只有在追求名、利、势的过程中人们才有可能推动社会的进步和发展。曼德维尔在《蜜蜂的寓言》中已经将这种关系揭示出来了，私人的恶德就是公众的利益。《蜜蜂的寓言》中的两群蜜蜂，一群勤俭节约，不追求名、利、势，却逐渐走向消亡；而另一群蜜蜂追求名、利，追求豪华生活，结果却繁荣昌盛。每一个人都追求自己的个人利益，才能推动社会的发展和进步。但如果每个人仅仅将名、利、势当做是个人的奋斗目标，那么整个社会的目标也就无从谈起，社会中超越个人性的因素也就丧失殆尽了。在此，我们当代人需要借鉴古人的智慧。《礼记·大学》在名、利、势之外，还表达出来了另一种个人奋斗的目标："物格而后知至，知至而后意诚，意诚而后心正，心正而后身修，身修而后家齐，家齐而后国治，国治而后天下平"。我将这一个人奋斗目标称之为"学"，以与前面的名、利、势对应。

将学作为个人的奋斗目标，那么，人就是为个人修养、人生境界而读书，而不是为了名、利、势而读书。书本是一种人生伙伴，而不是一块敲门砖。只有将学作为个人的奋斗目标，个人才能够从名、利、势中挣脱出来，走向他

人生三论

人、国家和民族。我们社会的和谐健康发展不仅仅需求商人、明星、官员，更需要读书明理的知识分子。很多古人刻苦读书的例子值得我们学习。晋代车胤年少时家贫，苦学不倦，夏天晚上捉去数十只萤火虫装在口袋里，用来照明；晋代孙康聪明好学，家贫不能点灯，冬天就利用照在地上的反光来读书。西汉匡衡，出身农家，祖父、父亲都是农民。传到匡衡，却喜欢读书。他年轻时家里贫穷，白天给人做雇工来维持生计，晚上才有时间读书。可是家里穷得连灯烛也点不起。邻家灯烛明亮，却又照不过来。匡衡就想出个法子，在贴着邻家的墙上凿穿一个洞，让邻家的灯光照射过来。他就捧着书本，在洞前映着光来读书。

二、奋斗与"风月"

为了自己所爱的人而去奋斗。在人生的奋斗过程中，除了个人自身的奋斗，在范围上更为广泛的奋斗目标和方向就是为身边的亲人而奋斗。相对于西方的个人主义传统而言，中国人即便是在成年以后也不会从家庭中脱离出来，而是将家庭的使命承当在肩上，以对家人的责任和深情走向社会。我们之前谈到的个人性奋斗目标——名、利、势，固然是个人奋斗的取向，但在绝大多数时候，其成果却绝不是个人自己独享的，更多的时候是与家人分享的。当代新儒家大师梁漱溟先生在《中国文化要义》中论述到中国人的生活方式时认为，中国文化是以伦理本位的，其中家庭关系是伦理关系中的核心关系。家，对于中国人而言，不仅仅是一个休息的住所，更是一个情感依托的场所。个人奋斗的目标名、利、势从一开始就绝对不是西方那种个人主义式的，而是为妻子、儿女、父母，甚至亲朋好友而努力奋斗的结果。我们经常会听到身边的朋友在聊天的时候会不经意地谈到，自己辛辛苦苦地在外面打拼，还不是为了家里人？想起自己年轻创业时，每当遇到挫折打击，也容易产生退缩、放弃的想法，但一想到家里的妻儿、堂上的老母，总是一次又一次地鼓起勇气，艰难地走了下去。

为家人的安康而奋斗在我们的奋斗传统中一直占据着非常重要的地位。但家人的范围从古至今却是大不相同的。我们今天理解的"家"以及"家人"概念可能在古人看来是十分狭小的。费孝通先生在《乡土中国》中描绘的家庭远比我们当今家庭的范围宽广。在传统的中国社会中，家庭不仅仅是夫妻、子女、老人这么简单的组成成员，还包括有亲缘、血缘关系的一大群人。所谓"五服之内皆兄弟"，家庭其实就是一个大家族。在家族的氛围内，大家都是一家人，要相互照应。记得曾经读到这样一个故事，具体的人名已经记不大清楚了。说是明清之际，有一位士人原籍在江西，考中功名之后在山西做官。有一年，这位士人的江西老家受灾，他的家人就到山西来投靠他。他的家人浩浩荡荡地竟然来了一千多人，直接把这位仁兄给吃穷了。不得已之下，这位士人只得辞官带着他的家人去京城"乞讨"去了。这个故事表明，在中国传统的乡土社会中，个人的奋斗是与家庭密切相关的，他的奋斗是与对家庭的责任密切联系在一起的。这种奋斗的目标取向，从积极一方面的意义上说就是，中国人注重人情关系，在人与人相处之际有着浓浓的人情味；从消极一点的意义上说就是，中国人喜欢搞裙带关系，总喜欢七大姑、八大姨地牵连不清。所谓"一人得道，鸡犬升天"就是这种中国特殊奋斗场景的描写。

但随着中国近代化、现代化的推进，中国的家庭也处在不断变小的过程中，虽然一时间很难割断与家族中其他家庭的联系，但总体而言，自己为之奋斗的对象和目标在家庭范围内也逐渐变得清晰了。总体上看，我们为家庭奋斗的目标是合家安康，幸福和睦。具体地看，是对父母有所赡养，对配偶有所亲爱，对子女有所呵护。从这总体和具体的奋斗目标来看，社会上的种种奋斗大体可以看得清清楚楚了。中国人的个人性奋斗目标名、利、势，但有一非常有趣的现象是，中国人获取了名、利、势后，首先得益的并不是他自己，而是他的家人。我们有好的东西，总是愿意先孝敬父母，善待配偶，关爱儿女。梁漱溟先生在解释这种现象时说，中国人的心理是对称式的，我们必须在和别人的对应关系中才能找到自己的地位和价值。我们的眼光是向外看的，我们先要看得到他人，然后才能从他人的折射中看到自己。这也就是为什么中国人这么好面子的原因——我们总是从别人的反映中，自己才能得到关于自己的评价和描述。"面子哲学"背后隐藏的是中国人对他人的注重和在意，而这个他者首先就是自己的家人。孝敬父母，善待配偶，关爱儿女一直是我们当代人在社会上摸爬滚打的动力，但近年来，在这三者之

人生三论

间的关系上,人们逐渐地与传统偏离了。在传统社会中,个人奋斗的首要目标是赡养老人,其次是关爱儿女,再次是善待配偶。这种传统的意蕴在于强调承前启后。报父母的养育之恩为最重,古语有云"百善孝为先",而对子女的关爱呢,则是人类族群繁衍生息的必要条件。而当今的现状却是儿女优先,配偶随后,父母最后了。我们传统中的孝德没有了,反而出现了"儿子皇帝"、"孙子皇帝",对老人的孝敬一时间全部转变成为对子女的溺爱了。社会上子不养父,女不孝母的事件层出不穷,堂堂中华礼仪之邦,竟然已经到了连自己父母都不孝养的地步了,还谈什么礼仪教化。一个人在为家人的奋斗过程中,如果不是将孝敬父母放在首位,而是一味地溺爱子女,那他的奋斗还有什么意义?即便是从现实功利的层面考虑,人们也应当将个人奋斗的目标优先赋予自己的老人而不是子女。教育学的研究表明,父母是子女最重要的老师,家庭教育对于培养孩子的各方面能力和品行至为重要。试想如果一个连自己老人都不好生照顾的奋斗者,即便他为自己的子女开辟出了一片天地,但他能指望自己的子女会孝敬他吗?榜样的力量不仅是无穷的,也是影响深远的。在家庭的奋斗目标中,父母、妻子、儿女之间的优先关系,奋斗打拼者一定要谨慎拿捏,不可不重视啊。

三、奋斗与大局

为了国家民族而去奋斗。在人生奋斗的过程中,光有为个人理想、家庭而作的奋斗是不够的,还需要更大范围内的奋斗目标,那就是为国家、民族而奋斗。人是文明的实体,也是文明的根本。任何文明的进步和发展都离不开个人的奋斗和努力。为自己个人理想和家庭而奋斗,这种奋斗目标只是一种较为功利、现实的奋斗目标,而为国家、民族而奋斗这个目标则要远大得多。一个人确定的目标越远大,他取得的成就就越大。远大的目标总是与远大的理想紧密结合在一起的,那些改变了历史面貌的伟人们,无一不是确立了远大的目标,这样的目标激励着他们时刻都在为理想而奋斗,结果他们成了名垂千古的伟人。我们敬爱的周恩来总理在天津南开中学读书时,老师在班上问及同学们的理想。大家有回答光耀门楣的,有说升官发财的,但周总理的回答却是"为中华崛起而读书"。有奇志方有奇功。没有为国家、民族利益奋斗的志向和目标，就不可能有先辈们开创新中国的宏伟壮举。有一首诗说道，人生奋斗的目标就应该以天下为己任，要将国家、民族的大义放在个人利益、家庭利益之前：

> 天将晨，
> 雷声滚滚震忠魂。
> 震忠魂：
> 倾洒热血，
> 造福万民。
> 熊肝虎胆尚铄今，
> 捷报纷飞传佳讯。
> 传佳讯：
> 今朝剖胆，
> 明铸忠魂。

这种将国家、民族利益自觉地当做奋斗目标的事迹在中国近现代历史上体现得尤为明显，可以说，整个中国近现代的发展就是由这些舍小家、顾大家的仁人志士们用自己的鲜血和汗水铺就的。1840年鸦片战争以来，中华民族在清政府的统治下逐渐陷入落后挨打的局面。从1840年至1949年中华人民共和国建立这100多年时间内，中华民族一直处在列强欺压、侵蚀的风雨飘摇之中，时刻有变成殖民地的风险。一个民族落后就要受欺，中国的近代史就是一部民族的血泪史。割地、赔款，一切都是不平等的。但这段时间也是广大中华儿女自强不息、奋斗不已的伟大时刻。自从林则徐喊出那句"苟利国家生死以岂因祸福避趋之"，有多少热血儿女以此来激励自己，为中华民族的再度崛起和复兴而努力奋斗着。好几代人为了中华崛起这一目标而努力奋斗，为之抛头颅、洒热血。正是因为这些先烈的奋斗和努力，我们才得以从历史的低谷中走出，我们才得以摆脱"东亚病夫"的恶名，我们才得以避免陷入战乱和饥荒，我们今天才能够站在新中国的旗帜下，再次担负起中华民族复兴的大业。

鲁迅先生说过："不在沉默中爆发，就在沉默中灭亡"。（鲁迅：《纪念刘和珍君》）没有了为国家、民族而做的奋斗，中华民族几千年来的文明就不

人生三论

可能延续。相信大家都还记得鲁迅先生日本求学时,在影剧院看到别人拿屠刀刺杀自己的同胞时,而围观的中国人还拍手称快的场景。这不能不从侧面反映出我们国人的精神易受麻木,精神容易被毒化的一面。看看身边这群沉醉于花前月下,泡舞厅、迪吧的人们,而我们当前所面临的国内国际形势依然很险峻,台湾尚未统一,钓鱼岛、藏南问题没有解决,境外敌对势力利用国内民族问题大肆挑拨,美国在东亚对我国的打压政策没有改变,日本在旁虎视眈眈,印度等国也开始刻意与中国为难……如不清醒,历史的悲剧将同样会在我们这个民族重演!60 年前,毛泽东带领他的战友把国家带出了泥团。30 年前,邓小平让国家富强。而国家的崛起和中华民族的复兴还是要靠青少年。血气方刚的青少年在品尝甜蜜的胜利的果实时,更应思祖国的安危!众所周知,德国、日本两个第二次世界大战中的战败国,战后经济萧条,民不聊生,为什么他们会一跃成为世界强国呢?这一切取决于他们的人才优势。它们有一大批有真才实学的人才,尽全力地为国家、民族工作啊!我们国家的富强,中华民族的伟大复兴也需要青少年们成为一专多能的复合型人才。

　　"少年智则国智,少年富则国富,少年强则国强"(梁启超:《少年中国说》),青少年是祖国的希望。广大青少年要树立起长远的奋斗观,将国家、民族利益放在奋斗目标的首要位置,将自己的人生和伟大的事业结合起来,才能实现人生的伟大。苏联小说《钢铁是怎样炼成的》中的主人公就是将国家和民族利益当做自己奋斗目标的典范。保尔·柯察金是一位自觉的革命战士,他总是把祖国和人民的利益放在第一位。在那血与火的战争年代,保尔·柯察金和他的父兄们一起驰骋疆场,为保卫苏维埃政权,放弃了自己的个人要求和家庭,勇敢地同外国武装干涉者和白匪军浴血奋战,表现了甘愿为革命事业不怕牺牲的献身精神。在恢复国民经济的艰难岁月中,他又以全部热情投入到和平劳动之中。虽然他曾经金戈铁马、血染疆场,但他不居功自傲,也没有考虑个人的名利地位,只想多为国家和人民做点事情。祖国建设需要修铁路,他去了。为了革命,他甚至牺牲了自己的爱情。他爱丽达,但受"牛虻"的影响,为了要"彻底献身于革命事业",所以按照"牛虻"的方式来了个不告而别。在全身瘫痪、双目失明后,他生命的全部需要,就是能够继续为党工作。正像他所说的："我的整个生命和全部精力，都献给了世界上最壮丽的事业——为人类的解放而斗争。"在今天的和平环境下，我们将国家和民族作为自己的奋斗目标，条件要比保尔·柯察金好得多，绝大多数时候，我们无需牺牲家庭、爱情，甚至不需要牺牲个人的兴趣、爱好和追求，而只需要我们在各自的岗位上尽心做好自己的职责，为国家和民族贡献自己的一份力量，而不要整天为了自己的个人私利去争、去斗、搞内耗，让外人有机可乘。中国民族的复兴需要你、我、他的默默努力，需要大家时刻铭记先辈的遗教——革命尚未成功，同志仍须努力!

四、奋斗与幸福

奋斗是人生的旗帜。只有奋斗才能将人生的画卷在历史长河中尽情地舒展。在奋斗的过程中，人们为之努力、尽情创造的具体对象千差万别，但总体而言，无非是朝着三个方向，即为了自己的梦想而去奋斗，为了自己所爱的人而去奋斗，为了国家民族而去奋斗。这三大目标基本上能够涵盖中外古今那些为人所熟知的或人们所不知的奋斗故事和奋斗历程。但从人生的真谛来看，这三个目标依然不是人生奋斗的最终目标。所谓最终目标，即是所有目标的目标，是不能够再继续追问为什么的目标。为了自己的梦想而奋斗的人，可能会获得名、利、势，但即便是功成名就之后，人们依然可以追问一句：你这么奋斗，这么努力挣得的这些名、利、势到底是为了什么? 而为了国家民族而去奋斗、为了自己所爱的人而去奋斗的人，人们也可以追问你的这些奋斗是为了什么? 这是一个十分显见的问题，但世上有时候越是显而易见的问题，人们就越容易忽视。这些年来，身边遇到过很多努力奋斗的人，有为自己的，有为家人的，有为国家民族的，但他们只是停留在这一阶段，很少有人能够追问为这些目标而奋斗的原因。西方哲人苏格拉底说过："未经省察的人生是不值得过的人生"。对于我们的奋斗目标也是一样，如果我们仅仅有一个明确的奋斗目标，而不明白奋斗的最终含义和价值所在，那我们奋斗的意义就要大打折扣，我们的人生也就显得不那么圆满了。这也是今天那些努力奋斗的人们通常会感到人生不完美的原因——因为他们在一开始就没有思考到奋斗的最终目标，而是停留在当下之得失，执著于当前的成败。

　　既然奋斗的最终目标对于我们来说如此重要,那奋斗的最终目标是什么? 每每思及这个问题,我总是要感慨古人的智慧和洞察力——前人在两千年前就已经思考过的问题,给出过答案的问题,今人反而没有想到。无怪乎有人说,现代人多的是知识。(是关于某一专业领域的专门知识),但缺少智慧。古人虽然没有那么多的专门知识,今人看来他们或许有点"愚蒙",但却有着深远的智慧。智慧,是对人生的真谛的洞察,而人生是不可能成为专业知识显微镜下的试验品的。西方哲学的奠基人之一亚里士多德在2000多年前就已经对人生及其奋斗最终的目标作出过谈论。这些论断即便是在今天看来也是字字珠玑。亚里士多德在《尼各马可伦理学》中将人生及其奋斗的最终目标界定为"幸福"。按照亚里士多德的理解,人们在社会生活的奋斗中可以有很多目标,而这些目标之间都有一种前后因果关系。努力读书是为了找个好工作,找个好工作是为了有份好收入,而有份好收入是为了自己生活得更加美好一些,生活得更加美好是为了获得幸福。所有的人生奋斗目标都可以通过这种追问方式归结到幸福上来,因而也就是获得幸福的手段。幸福,也唯有幸福才能够成为人生奋斗的最终目标,因为人们不可能再追问"你为什么需要幸福?"幸福本身就是值得人们追求的,就是目的,而不可能是手段或工具。幸福,是所有人都期盼的,又是很多人一辈子都难以拥有的。正是因为幸福的难以实现和人所共求,幸福才会成为人们珍视和期盼的。

　　相声演员郭德纲在《我要幸福》中的表演可谓道尽了人们在追求幸福过程中的所历经的苦辣酸甜。有些人处在社会底层,缺钱少用,当然是不幸福了;但有的人在社会上奋斗了一辈子,在外人看来什么都有了,车子、房子、票子等一样不缺,但也总是喊着"我要幸福"。其中的蹊跷就值得人们思考了,"幸福到底是什么?"亚里士多德认为,幸福是多种因素综合作用的结果。一个幸福的人,首先应该有健康的体魄,最好是相貌英俊。古希腊人认为,一个人身体的完美程度是与心灵的完美程度成正比的,正所谓健康的心灵只寄居在健康的身体之中。除了身体健康之外,亚里士多德还认为,一个幸福的人要有一定的社会名望和地位,也需要适当的财富。幸福的生活应当是一种体面的生活，受人尊敬的生活，而适当的名望和钱财则是受人尊敬的前提。亚里士多德认为，名望大一点可以，但钱财不宜过多，因为过多的钱财会败坏人的德性。他还认为，幸福的生活应该有良师益友，能够读书明理。一个没有志同道合的朋友的人是不可能幸福的，因为他的快乐没有人来分享，也就无法持久了。在这些客观条件之外，亚里士多德还认为，人要生活得幸福，还必须得有一定的运气。比如说，有一个人前半生生活得一直很好，但后半生的时候子女早丧，固然其前面的条件一个不缺，他也算不得幸福了。身体、相貌、名望、钱财、朋友、运气，等等，按照亚里士多德观点，是构成幸福的必要条件。那么恐怕这个世界上真正能够通过奋斗获得幸福的人是少之又少了，只有为数不多的几个幸运儿才能够通过奋斗获得幸福。天下绝大多数奋斗者，即便奋斗不已，也很难满足这些幸福的客观条件了。

亚里士多德的这种幸福观对于我们而言，显得有些太苛刻了，因为在人生的奋斗过程中，很多时候这些客观条件是不可能同时具备的。一个出生穷苦人家的孩子不能通过自己的奋斗同时拥有这些幸福条件，那他就不可能通过自己的奋斗来获得幸福了吗？我觉得其实也不然，幸福固然与外在条件之间有着密切的关系，为自己的个人梦想、为家人、为国家民族而奋斗有了成果可能会有幸福感，但即便有了这些成果也不见得人们就一定会幸福。反之亦然，没有这些外在条件和成果，人们也不见得就不快乐。奋斗是需要有目标，但奋斗的意义不仅仅在于实现这一目标，还在于在奋斗过程中，全身心地投入，通过自己的努力来改变自己的命运，了悟生命的意义。所以我认为，幸福，除了亚里士多德所理解的客观幸福之外，还存在一种主观幸福。这种主观幸福对于外界条件的依赖性不强，而在于人们在奋斗过程中的一种心态和精神。美国总统林肯曾经说过，"对于大多数人来说，他们认定自己有多幸福，就有多幸福"。主观上的幸福，是一种快乐的心态，而不是物质上的享受。"知足常乐"的本意并不是让人们放弃奋斗的意志和精神，安于现状，而是让人们享受奋斗过程中的每一个阶段，体会人生每一个奋斗阶段所带给人的幸福和快乐。有些人在工作的时候拼命想着，挣钱之后要如何如何享受生活，过幸福生活。但真的等有钱有闲的时候却又感到不快乐、不幸福了。什么原因？就在于他没有真正地追问、理解奋斗的最终目标是幸福,而"幸福是勇气的一种形式"。带着勇气去奋斗,也带着勇气去享受奋斗的过程,那么奋斗的目标——幸福就会出现在你的视域之中了。

第三节　奋斗的方向

水以下为贵,人以上为荣。人生的过程未必因奋斗就可以延长,但必因奋斗而彰显意义。

拿破仑·希尔在《思考与致富》一书中写道:"一个人做什么事情都要有一个明确的目标,有了明确的目标便会有奋斗的方向。"奋斗意味着对人生的重新调整,也意味着给同样的人生注入全新的意义。其实,人生的过程未必因奋斗就可以延长,但必因奋斗而彰显意义。

有这么两个故事:一个故事发生在中国的西部,记者敬一丹去山西采访,看到一个放羊的孩子,就问他为什么要放羊;孩子说,为了攒钱。记者又问,为什么要攒钱;孩子说,为了娶媳妇。记者问,为什么要娶媳妇呢;孩子说,为了生孩子。记者又问,为什么生孩子;孩子说,为了放羊。另外一个故事发生在美国的东海岸。沙滩上,一个流浪汉正在舒服享受着阳光,边上走过来一个衣着体面的绅士。流浪汉问这个陌生人,您好像不是本地人;绅士回答说,是的,我来自于西部。流浪汉说,看你好像很开心呀;绅士回答说,是的,因为我成功了,所以很开心。流浪汉说,那你能和我分享一下你的故事吗? 绅士回答说,我从小就刻苦学习,考入名牌大学,然后在金融街滚爬这么多年,慢慢有了自己的公司,现在终于可以享受一下海滩的阳光了。流浪汉不解地说,享受阳光? 不就和我现在一样吗?

一、奋斗不是人生的循环

其实,人群中的很多人,都是那个"孩子",一生匆匆忙忙,辛苦地走完一个轮回,重复着前辈人的路。第二个故事中的那个绅士,对所谓的"人生意义"肯定也是一脸的茫然。辛苦了一辈子,最后享受休闲时光的时候,居然得到的是流浪懒汉的待遇。但换个视角来看故事中的四个人，人生便不再有太多唏嘘："孩子"有自己的生活，他也在奋斗，但他想过的生活是一个普通人的正常生活，生儿育女；记者有记者的生活，他用自己的笔描绘出万千世相，要做正义的使者；那个绅士有绅士的生活，前半生的努力换来出身阶级的更替，用自己的努力证明了自己的价值，完成了纳税人的光荣使命，为社会创造就业机会；流浪汉有流浪汉的生活，他可以静看人群熙熙攘攘，享受属于自己的空间和时间。所以，每个人都不虚此生，因为每个人都有自己的奋斗方向。如果能接受当前的生活，那么无疑是幸福的。如果梦想成为某某人，那更要为自己指定奋斗的方向。成功者取得成功的原因之一，就是由于确立了明确的目标。一个人有了生活和奋斗的目标，也就产生了前进的动力。因而目标不仅是奋斗的方向，更是一种对自己的鞭策。有了目标，就有了热情，同时也有了积极性和使命感。

"立德立功立言三不朽，为师为将为相一完人"的曾国藩一生可谓风光无限。他早年科举及第、壮年驰骋疆场、中年兴办洋务、晚年封疆大吏，权倾天下，门生遍野。但他的一生并非是一帆风顺的，仅就军事而言，十年征衣，几度自杀：靖港之役，出师不久，因湘军训练不善而导致湘军惨败，欲投水自杀，被人阻止；湖口之战，曾氏坐镇指挥湘军水师，被罗大纲偷袭，座船都被太平军夺去，情势十分凶险，不得已跳进了冰冷的江水，幸被部下救起；祁门困守，料知不能免于死，立下遗嘱，准备随时自杀，好在当时围困祁门的李秀成胆小，自行撤退，才又躲过了一场劫难。但这些困难都没阻碍他成为"中兴名臣"，他说："君子之立志也，有民胞物与之量，有内圣外王之业，而后不忝于父母之生，不愧为天地之完人"，这是曾国藩一生奋斗的目标，也是他一生的写照：有为民请命的器量，有圣人一般的德行，有称霸天下的大功，然后才不辜负自己的父母生育了自己，不愧为天地间一个完全的人。

他刚进京城做官时就写下了《立志箴》："煌煌先哲，彼不犹人，藐焉小子，亦父母之身，聪明福禄，予我者厚哉！弃天而佚，是及凶灾，积悔累千其终也已。往者不可追，请从今始，荷道以躬，蒇之以信，一息尚活，永矢弗谖。"在这个"立志宣言"中可以看出曾国藩的自信：他认为，即使先贤君王，也和我一样，都是父母所生。人生只有一次，不能总是后悔，今后我不能再

人生三论

后悔了，后悔积多了，其实对我来说是一种负担。我为什么要后悔？我就是要做不后悔的事情。同时要铁肩担道义，只要还有一口气，就按照自己的志向一直走下去。曾国藩的一生，可以说是将奋斗的志向贯穿于"立体"发展的空间之上：在青年时期，把"治学"作为奋斗的方向"只问耕耘，不问收获"，力戒空谈，潜心学习。他深知学问的获得不是一朝一夕的事，必须勤学好问，持之以恒，才能日渐精进。在德行修养上，曾国藩认为，人都有向善的本能，而能不能成为一个有道德的人，关键在于其能不能持之以恒地进行道德修养，而"修身"乃是"齐家"、"治国"、"平天下"的基础。他在给弟弟的信中写道："人苟能自立志，则圣贤豪杰，何事不可为？何必借助于人？我欲仁，斯仁至矣。我欲为孔孟，则日夜孜孜，惟孔孟之是学，人谁得御我哉？若自己不立志，则虽日于尧舜禹汤同住，亦彼自彼，何于与我哉？"（《曾国藩家书》，线装书局 2008 年版）他告诉弟弟，只有立下坚定的志向，才有可能勤奋自勉，不断增加自己的智慧和才干，才能干一番造福人类和社会的大事业来。曾国藩坚信《孟子·告子下》中所言："舜发于畎亩之中，傅说于版筑之间，胶鬲于鱼盐之中，管仲吾举于士，孙叔敖举于海，百里奚举于市，故天降大任于斯人也，必先苦其心志，劳其筋骨，饿其体肤，空乏其身，行拂乱其行为；所以动心忍性，曾益其所不能"。曾国藩在道光十八年被点中翰林后，锐意进取的精神更强了，他在诗中写道："莫言书生终龌龊，万一雏卵变蛟龙。"（《曾国藩家书》，线装书局 2008 年版）纵观曾国藩的一生，他以一介书生而统领湘军兵勇。以《易经》中所说的"天行健，君子以自强不息"精神，反思得失，苦读兵书，寻找差距，严于律己，勤于治兵，运筹帷幄，最终战胜了太平天国军，为维护和稳定清政府的统治立下了赫赫功勋，从而实现了中国古代传统思想文化中君子建功立业，闻达天下的夙愿。曾国藩是一个历史上具有传奇色彩的人物。尽管人们对他的评价历来就褒贬悬殊，但他却始终影响着一代又一代的中国人，长期以来被政界人物奉为"官场楷模"。章太炎称曾国藩"誉之则为圣相，谳之则为元凶"。青年毛泽东对这位同乡也有"吾于近人，独服曾文正"之言。蒋介石更是把曾国藩视为学习的楷模，说"其著作为任何政治家所必读"。

　　曾国藩一生取得的成就，可以说都因其"志向高远"，是在"修身"、"齐家"、"治国"、"平天下"传统思想文化的立志模式的滋润下取得的。曾国藩家书,是其毕生"励志"的生活实录。曾国藩深知,立身处世创造事业,结果难以预知。古往今来,成功的人固然有,但失败的人也不少。因此,要想取得成功,必须有一个奋斗的目标,给自己的人生注入动力。

二、发现自我

苏格拉底曾说过:"未经省察的人生是不值得过的人生"。反思固然重要,但反思最后还是要落实到每一步的人生旅途上。或许人生如同海边的沙滩,每一次涨潮都会将行人的脚印抚平,但唯有最坚实的脚步,才能走出真实的自我。俄国著名的芭蕾舞蹈家帕芙洛娃曾说过:"不休止地朝着一个目标前进,那就是成功的秘诀"。有价值的人生其实很简单,就是给自己制定一个目标,然后不断坚持不断地行走。

根据美国心理学家罗杰斯的"自我"理论,奋斗是一个人证明自己存在的最好方式。在罗杰斯看来,刚出生的婴儿并没有"自我"的概念,但在漫长的生命过程中,他必须与外界不断接触,而后逐渐将"自我"与外界区分开来。当最初的"自我"概念形成之后,人的自我实现趋向便开始被激活,但同时由于人类社会是一个由经验主导的社会,所以他必须接受来自父母和社会的教育,因此人生观和价值观事实上是不独立的,且易于为人所引导。这个时候冲突就会出现,即个人价值与社会价值之间的矛盾,也就是说,人将变得不再是"自我",而成为一个被外界因素左右的"他人"。罗杰斯提出"以人为中心"的心理治疗目标,即是将原本不属于自己的而是经由内化而成的自我部分去除掉,找回属于他自己的思想情感和行为模式,用罗杰斯的话说就是"变回自己""从面具后面走出来"。只有这样的人才能充分发挥个人的机能,所以罗杰斯提出了"人本主义"的疗法,即让人领悟自己的本性,不再倚重外来的价值观念,让人重新信赖并依靠机体估价过程来处理经验,消除外界环境通过内化而强加给他的价值观,让人可以自由表达自己的思想和感情,由自己的意志来决定自己的行为,掌握自己的命运,修复被破坏的自我实现潜力,促进个性的健康发展。就这一点来看,奋斗是一个发现自我、追求自我、实现自我的途径。

人的生命发展并不是平面的、平铺直叙的,相反它是立体的、波澜起伏的,正因为如此人的生命才如此多彩。奋斗是一个人的生理本能,它源于人的不安定感:原始社会的族群,为了避兽而结群、筑屋;冷兵器时代的国家,为了自卫而建筑城墙;现代社会的人们为了让自己活的压力更小,生活的质量更好,而选择旅游等。所以,美国心理学家马斯洛一反弗洛伊德的"性本能"说,认为人类行为的心理驱动力是人的需求。他将人类的需求共分为两大类、七个层次,好像一座金字塔,由下而上依次是生理需要、安全需要、归属与爱的需要、尊重的需要、认识需要、审美需要、自我实现需要。人在满足高一层次的需要之前,至少必须先部分满足低一层次的需要。第一类需要属于缺失需要,可引起匮乏性动机,为人与动物所共有,一旦得到满足,紧张消除,兴奋降低,便会失去。第二类需要属于生长需要,可产生成长性动机,为人类所特有。是一种生存满足之后发自内心的渴求发展和实现自身潜能的需要。满足了这种需要个体才能进入心理的自由状态,个体才能体现人的本质和价值,产生深刻的幸福感,马斯洛称之为"顶峰体验"。马斯洛认为,人类共有真、善、美、正义、欢乐等内在本性,具有共同的价值观和道德标准,自我实现的关键在于改善人的"自知"或自我意识,使人认识到自我的内在潜能或价值,如此一来,人的自我价值也就得到了实现。也正因为如此,有人会喟叹"人是贪婪的动物,总不满足自己所得到的"。

　　人的奋斗,从表层分析是为了满足人的需求,更为深刻的目的则是为了实现个体的自由。但作为理性存在的人,实现完全的自由是不可能的。法国哲学家萨特将"存在"分为两种状态,即自在存在和自为存在。自为存在是绝对自由的,不受任何东西包括自身的束缚,它不断否定、创造着自己,发展着自己。正因为人是完全自由地造就他自己,所以人从根本上说是自由的。同时,人的自由亦先于人的本质,人并不是首先存在而后成为自由的,人的存在和他"是自由的"这两者之间没有区别。但是萨特所说的自由只意味着选择的自主。只要可以选择,即是自由,甚至不选择,也是一种选择,即选择了不选择,也是自由。所以,人的绝对自由只是说明人被抛入尘世是孤立无依的,因为什么也决定不了他,他只能自己选择,自己造就自己。人的一生也就是一个通过不断地自由选择创造着自己的本质的过程,就是不断地向着未来的道路自我造就自己的过程,而这条道路就是奋斗之路。所以,奋斗并不是个"形而下"的过程,而是一个哲学的路径。比如《大学》有言:"大学之道,在明明德,在新民,在止于至善","古之欲明明德于天下者,先治其国;欲治其国者,先齐其家;欲齐其家者,先修其身;欲修其身者,先正其心;欲正其心者,先诚其意;欲诚其意者,先致其知;致知格物",即我们通常所说的"三纲八目",从格物致知到修齐治平,都是个人不断奋斗、不断追求与天同一的渐进过程。

《一千零一夜》是著名的阿拉伯民间故事集,前苏联文学家高尔基称其为"世界民间文学创作中最壮丽的一座纪念碑"。《一千零一夜》内容丰富,情节跌宕起伏,充满美妙的幻想,具有浓厚的生活气息和鲜明的民族、宗教特色,描述了古代阿拉伯世界的风土人情,是人们打开伊斯兰文化宝库的钥匙。其中有个著名的故事是"辛巴达航海旅行":

在国王哈里发赫鲁纳·拉德执政的时候,巴格达城有两个名叫辛巴达的人,一个是脚夫,靠给别人搬运货物过日子。一个是富可敌国的航海家,功成名就。一天,脚夫辛巴达背负着沉重的担子累得他汗流浃背、气喘吁吁,当他走到航海家辛巴达庄园的门口时,不得不坐下来休息。脚夫辛巴达刚坐下,就嗅到屋里散发出芬芳香味,听到一阵阵悦耳优美的丝竹管弦声和婉转悠扬的歌声。他再侧耳细听,听见那美丽的音乐声中,分别有金丝雀、夜莺、山鸟、斑鸠、鹧鸪的鸣唱声。这么美妙的音乐,使他心旌摇动、兴奋不已。他情不自禁地悄悄走到门前,伸长脖子好奇地向里面张望,映入他眼帘的是一座非常豪华、气派的庭园,富丽堂皇,仆婢成群,气势宏伟,俨然似皇帝的宫殿。一阵微风又送来美味佳肴的浓香气味,更使他陶醉,忍不住馋涎欲滴。脚夫辛巴达抬起头凝望天空,情不自禁地喃喃叹道:"主啊!你是创造宇宙的神灵,给人衣食的主宰,你愿意给谁,谁就丰衣足食。我的主啊!求你宽恕我的罪过,接受我忏悔吧!你是万能的、至高无上的、无人能比的圣贤。我多么敬爱你,赞美你!你愿意谁富贵,他便富贵;你愿意谁贫穷,他便贫穷;你愿意谁高尚,他就高尚;你愿意谁卑贱,他就卑贱。你是唯一的主宰,你多么伟大!多么权威!你的臣民中,你喜欢谁,谁就能尽情享受恩赐，就像这所房子的主人，穿绫罗绸缎，吃山珍海味，享尽人间的荣华富贵。总之，你是人们的命运之神，让他们中有的人一生奔波贫困，有的人终身舒适清闲，有的人常常享受、时时幸运，有的人像我一样，终日劳碌、卑贱。这是如何的公平？如何的正义呀？"

这时脚夫辛巴达的感叹恰被航海家辛巴达听见，航海家辛巴达便邀请脚夫辛巴达到他家中，向他讲述了自己的经历：航海家辛巴达先后出海洋七次，历时二十七年，每次航海都惊心动魄，遭遇妖魔鬼怪，九死一生，最后侥幸平安回来，得以享受平和的田园生活，以终余年。

在不知航海家的辛苦遭逢之前，脚夫辛巴达把航海家今日的富贵荣华看做是唾手可得的命运安排，而事实上航海家辛巴达今天的荣耀都是用自己的生命作代价换来的。在这个故事中，名同命不同的两个辛巴达，因为个人的不同经历，而遭遇不同的命运，事实上是在肯定人生就是奋斗的历程。

航海家辛巴达的故事，体现了伊斯兰文明中推崇奋斗人生的传统，这与穆斯林对人在宇宙中地位的认识是联系在一起的。《古兰经》中讲到，人是天地间的精华，人的精神是最高主宰的精神的体现，人是主在大地上创造的最美的形态。《古兰经》还曾说，他使你们成为大地上的代治者，主确实是与信士们在一起的，由此规定了人的使命：人是真主在大地上的"代治者"。这极大地提高了人的价值和人的地位。与基督教的"原罪"传统不同，认为人因偷吃了伊甸园的禁果而背上了"原罪"的十字架。"原罪"成为人类万世都难以挺起腰杆的重负，进而使赎罪成为现实人类一切活动的永恒主题，成为人类个体人生的奋斗目的。人需要用自身在现世的奋斗业绩实现自我救赎，虽然这种救赎性的奋斗也曾产生过巨大的精神推力，正如马克斯·韦伯在《新教伦理与资本主义精神》一书中，详细论述了基督教伦理对资本主义发展的绝对作用。虔诚的基督教徒们为了来世能进入天堂而一生辛勤劳作，过着宗教禁欲的生活。但这种自我救赎性的奋斗因人在"原罪"面前、也就是在上帝面前的深深的负疚感，从而带有对人性的贬抑色彩。在这种罪感中，人性与神性是完全分离乃至对立的，人为了获得神的宽恕而必须永远地贬抑与谦卑自身。在伊斯兰文明中，虽然主与人的关系是创造者与被创造者、供给者与接受者的关系，人是主的奴仆，但人是遵循主的旨意来治理人生的。人是主在大地上的"代治者",人的"奋斗"是"代治者"的奋斗,人的精神就是真主的精神的体现。这里没有"原罪"的重负,而洋溢着人的自信与自豪。人因自己是"天地间的最高典型"和"具有最美的形态"而对人性充满了肯定。航海家辛巴达的奋斗经历,无论是他与妖魔的智斗,还是他七次出海探险的经历,或是他在今世享受到的富裕生活,都是穆斯林这种奋斗人生精神的完美写照。

西方中世纪社会是以对基督神圣的追求作为中心价值的。宗教渗透到人类社会的每一个角落,对来世的追求和禁欲主义的信条,束缚着人的正常生活,同时教会作为凌驾于世俗社会之上的权威,否定了人类现实生活的意义。信徒们关注的不是今生的幸福,而是彼岸的永生。在中世纪的世界图景中,人类永远只是神的奴仆,永远生活在"天国"梦想之中。文艺复兴运动和启蒙运动之后,西方价值取向开始从"天国"转移到"人世",特别是随着新航海时代的到来,资产阶级的拓展精神逐渐成为社会的主流价值。《新教伦理与资本主义精神》一书的作者马克斯·韦伯曾经说过,我们这个时代,因为它所独有的理想化和理智化,最主要的是因为世界已经从神的笼罩中走出,它的命运便是那些终极的、最高贵的价值,已从公共生活中销声匿迹,它们或遁入神秘生活的超验领域,或者走进了个人之间直接的私人交往的友爱之中。西方社会世俗化的倾向,使得社会的主流价值由对神的崇拜转变为对个人奋斗的鼓吹,即整体社会呈现出功利主义的追求。

追求功利基础上的个人奋斗,是人类社会的最初始的驱动力。从原始社会起,功利就驱动着人类为改善个人和群体的生存环境而奋斗,同时使人类社会获得进步和繁荣。人的社会活动,除了"神性"的因素之外,也应该有最基本的追求。这种基本追求并未否定人之为人的可贵性,因为人的一切活动归根到底都是为了谋取某种功利的价值。《史记·货殖列传》中说:"天下熙熙,皆为利来;天下攘攘,皆为利往。"对功利价值的肯定,是将人从神的奴婢地位恢复到自我的状态。英国哲学家边沁比较系统地建立起功利主义学说,他认为道德并不是祈祷上帝,也不是信奉抽象,真正的道德就是在这个世界上创造出更多的现世的幸福。同时,人类只有一条终极道德原则,那就是"功利原则"。这条原则要求人们在面临诸多的抉择时,必须选

人生三论

择那条可以给自己和族群带来益处的道路。功利主义的基本原则,肯定了人今生奋斗的"合法性",同时也为人类谋求自我幸福的奋斗指明了道路。

三、奋斗的矢量

奋斗是人的终身事业,就其矢量来说,奋斗的轨迹依据立体空间,大体可以划分为三个模式:向上的奋斗模式、向前的奋斗模式和"螺旋逆向画圆"的奋斗模式。

很多人将"向上"视为个人奋斗的目标,如俗语所说"人往高处走,水往低处流"。"水往低处流"是一种自然客观规律,在重力的作用下,水会自然往下流的。"人往高处走"则是表示人的志向和追求。人的本性是向上的,不奋斗也就是对生命阵线的弃守。

老子以水喻道,认为"上善若水,水善利万物而不争"(《老子》第八章)。至高无上的善就是道,道就像水一样,善于助益万物而不与万物相争。遇到阻挡,水便绕开走;有物强入,水便让出来。水,击之则碎,倾之则流,热之则蒸发四散,冷之则凝成一处。无形但最为强大,所以老子说:"天下莫柔弱于水,而攻坚强者莫之能胜,以其无以易之"(《老子》第七十八章)。所以人应该效法"水"之道,"知其雄,守其雌,为天下溪"(《老子》第二十八章),"道之在天下,犹川谷之于江海"(《老子》第三十二章),虽然知道自己雄伟强力,却甘守雌顺柔弱,所以能汇聚天下人才,成为"天下溪"。但社会中的人与自然界中的水,奋斗的方向又有所不同,水以下为贵,而人则以上为荣。

1940年5月10日,欲壑难填的希特勒调兵西进,对荷兰、比利时、卢森堡和法国发动突然袭击,并通过"闪电战"占领了丹麦和挪威。被誉为"绥靖大师"的英国首相张伯伦"祸水东引"的和平梦幻最终演变为引火烧身,他在举国上下的一片责骂声中下台。一贯主战的强硬派丘吉尔在英国面临生死存亡的关键时刻出任首相兼任国防大臣,他的雄才大略终于得到了一次正面施展的历史良机。"不惜一切代价去争取胜利,无论多么恐怖也要去争取胜利,无论道路多么遥远和艰难也要去争取胜利,因为没有胜利就不能生存!"丘吉尔大无畏的充满激情的豪言壮语至今读来仍激荡人心。是他以破釜沉舟的果断之气，以宁为玉碎不为瓦全的浩然之气，将英国人动员起来投入到抗击纳粹暴力的战争中。英国顶住法西斯的炮火，成为欧洲最后一片自由之地。在反法西斯的战争中，丘吉尔将民族的奋斗视为自己的奋斗，将个人命运与国家命运紧密地结合在一起，谱写了一曲荡气回肠的史歌。如果英国选择了逃避或投降，世界的历史将会重写。

奋斗的方向也有可能是向前的。如人类有关"世界大同"的梦想。《礼记·礼运》对"大同世界"作了如下描述："大道之行也，天下为公。选贤与能，讲信修睦，故人不独亲其亲，不独子其子，使老有所终，壮有所用，幼有所长，矜寡孤独废疾者，皆有所养。男有分，女有归。货恶其弃于地也，不必藏于己；力恶其不出于身也，不必为己。是故谋闭而不兴，盗窃乱贼而不作，故外户而不闭，是谓大同。"数千年来，大同世界虽未曾有一日实现，但始终是古中国文明所努力讴歌和追求的对象。的确，对一个道德社会来说，它的魅力是巨大的。所以，自西周以来，历代的思想家、政治家，都在为大同世界特别是这个世界中"谋闭而不兴，盗窃乱贼而不作"的和谐、安定、平静、有序而探索而运作。西方国家中诸如莫尔的乌托邦，圣西门、傅立叶的空想社会主义，中国如洪秀全的太平天国、康有为的《大同书》，一直到近代孙中山的"天下为公"，都是对世界大同梦想的尝试与推进。孙中山一生都在倡导"天下为公"、"世界大同"，为缔造民主共和国而百折不挠，奋斗一生，临终前仍叮嘱："革命尚未成功，同志仍须努力"。2008年北京奥运会提出"同一个世界，同一个梦想"的口号，也是人类孜孜以求的"大同"梦想的体现。而当人们回顾美国历史的时候，马丁·路德·金永远是个绕不过去的人物。1968年4月4日，在美国田纳西州，美国当代黑人领袖马丁·路德·金遇刺身亡，全世界为之震惊。马丁·路德·金一生致力于人类平等的理想，坚持以和平方式与不平等的社会制度作不妥协的斗争，争取弱势群体的政治权利和发展机会，赢得世界人民特别是美国黑人的广泛尊敬。1964年的诺贝尔和平奖授予了他。他于1963年在华盛顿大规模和平示威集会上发表的著名讲演《我有一个梦想》，表达出人类弱势群体在事实上由强势群体决定的社会制度里追求平等自由、共创幸福生活的愿望和意志。这与他的精神一样，永垂不朽。它激励着越来越多的弱势群体、弱势民族努力争取平等的生存权、发展权,同时也唤醒了一些强势群体、强势民族被历史惯性麻醉了的正义感和良知,愿与弱势群体共同废除恃强凌弱的不公平的法则,共同创造一个以和平与发展为主题的正义、公平的人类世界。人类历史的发展,就是一个不断向前奋斗的过程,公平、正义、大同这些人类的基本梦想,尽管在人类历史上从来没有真正地实现过,但它所散发出来的魅力,却让每代人都向往不已。人事有代谢,往来成古今,历史之势一直向前发展,历史之道在于"穷则变,变则通,通则久,是以自天佑之,吉无不利"(《周易·系辞下》),人作为大历史中的一个环节,并不是一味地盲从,而是要有所作为,"见天下之动,而观其会通"(《周易·系辞上》)。同时,历史有"道"可循,以历史为经验而做到"君子多识前言往行,以畜其德"(《周易·大畜·象》),才可以透过迷雾寻找到历史大"道",所谓"夫《易》何为也,夫《易》开物成务,冒天下之道,如斯而已者也"。

奋斗的方向有时呈现的是"螺旋逆向画圆"的轨迹。人生有时候就是在画一个圆,以出生为起点,以成长为过程,以死亡回归起点。有一个学者拜师于隐居世外的一高人。历经三年寒暑,这名学者自我感觉已将老师之学尽纳于腹中,于是前去辞行。老师在听其陈述之后,并没有说话,而是面带笑容拿起一树枝,在地面画了一个大大的圆,等了许久,又在圆的外边画了一个更大的圆。最后,师傅扔掉手中的树枝,捻着银白的胡须开始闭目养神。学者看着地上的圆,琢磨很久,不得其方,就开口恳请老师解释。老师视其窘状,睁开眼睛,释然而笑:"你可知道,这正是我给你的答案。第一个圆代表了你初始的学识,当你熟识了圆中的一切,自以为博识天下的时候,其实只是给自己画地为牢。第二个圆代表与世界的缘,这个圆越大,与世界的接触面也就越大,但同时自己无知的东西也就越多。人这一辈子,永远走不出自己的圆"。其实人生就是一个圆又一个圆,人赤条条地来到这世界,什么东西也没有带来,当我们离开这个世界的时候,什么也不会带走。人生从起点到终点,就是一个画圆的过程。法国文豪雨果也认为,人生就是画圆,但人生不大可能只画一个中心的圆,而是围着两个中心。这两个中心,一个是理想,另一个是现实。虽然有人画出的是有些变形的圆,也就是椭圆,但不管椭圆或是满圆,人生都是在画圆。

中国古典文学中的悲剧作品往往呈现出这样的美学特征：以困境为起点，又以困境为终点，画了一个周而复始、循环往复的圆。人生何尝不是如此，就是一个求"圆"、画"圆"、破"圆"、恋"圆"的"圆周"运动。从"圆"的起点到"圆"的终点，每个人总想画好这个"圆"，但总是画不圆；每个人总想破这个"圆"，但又总是走不出这个圆。而推动这个圆周运动的主要力量就是生生不息的奋斗精神。人生就是一种希望，这既是人的本能，也是生命的意义。但是，不同的人，其人生的希望总是不同的，其生命的意义也不尽相同。人生注定要以"撕毁"为常态，人的生命意志的圆形弧度必然以一方的灭寂为新的开始，《红楼梦》中林黛玉的早早退场，让所有读者都深刻地领悟到生命的不恒定性，无论是有还是无，都值得重新商榷。而人生也正是这样，每个人生命弧度的消失与一个个生命弧度的重新出现，都让人无比伤感。但经历了太多的谢幕与开幕之后，人生便学会了平静与安顺，将对下一个圆的梦想转化为奋斗的动力。

"画圆"体现了中国人特有的历史观和发展观。西方人的历史观则是"线性"发展观，《旧约全书》开篇的第一句话就标明了时间："起初，神创造天地。地是空虚混沌，渊面黑暗，神的灵运行在水面上。神说：要有光，就有了光。神看光是好的，就把光暗分开了。神称光为昼，称暗为夜。有晚上，有早晨，这是头一日"这也是有史以来的头一日，从此，时间开始了。"神"造历史并不是人文历史的开端，按照《新约全书》的规定，人类历史上最重要的事件莫过于耶稣基督的诞生。正是因为耶稣的诞生，人类的历史才被一分为二：公元前与公元后。此后，人类需要耐心等待的就是末日的到来了。因此，从"起初"到"耶稣诞生"再到"世界末日"，就构成了时间之河上三个最重要的刻度。这就意味着，西方人的线性时间观是在希伯来—基督教文化背景之下生长出来的。而中国人的"画圆"循环时间观则可以追溯至"轴心时期"的易经、阴阳五行学说，譬如，《周易》开篇就讲"元亨利贞"，暗示"贞下起元"，就表达了一种循环的时间观与时间哲学。正是这样的思想因子，中国人总是对未来充满憧憬，总是坚持认为历史是在循环中不断进步、不断发展。"画圆"不是在作茧自缚，也不是在画地为牢，而是在奋斗中不断否定自我、超越自我，逐渐完善自我。

四、奋斗与超我

奋斗是人不断追求自我、发现自我、实现自我的过程，不管奋斗的矢量如何，都意味着人对生命的崇尚，对自我的肯定。弗洛伊德认为，事实上，人的一生是寻找自我的一个过程，这中间搀杂着如"本我"、"自我"、"超我"等范畴。所谓的"本我"，是一个原始的、与生俱来的和非组织性的结构，它是人出生时人格的唯一成分，也是建立人格的基础。"本我"是无意识的，是人格中模糊而不可及的部分，我们对它几乎什么都不知道。不过，只要当一个人有冲动的行为时，我们就可以看到"本我"在起作用。例如，一个人出于冲动将石块扔进窗户，或惹是生非，或强奸妇女，这时，他就处于"本我"的奴役之中。"本我"是非道德的，是本能和欲望的体现者，为人的整个心理活动提供能量，强烈地要求得到发泄的机会。"本我"遵循着"唯乐原则"工作，即追求快乐，逃避痛苦。弗洛伊德说："我们整个的心理活动似乎都是在下决心去追求快乐而避免痛苦，而且自动地受唯乐原则的调节。"就这一点而言，可以看出弗洛伊德是将"人性恶"作为其对人性分析的基础的。中国传统哲学则不然，如孟子认为人生而有"四端"之心，即"恻隐之心，仁之端也；羞恶之心，义之端也；辞让之心，礼之端也；是非之心，智之端也"。孟子认为恻隐、羞恶、辞让、是非这四种感情是人天生的、不学而得的。

"自我"是意识结构部分，是通过后天的学习和与环境的接触发展起来的。弗洛伊德认为，无意识结构部分的"本我"不能直接接触现实世界，为了促进个体与现实世界的交互作用，必须通过"自我"。在脱离家庭之后，个体随着年龄的增长，逐渐学会了不能凭冲动随心所欲的道理，他们逐步考虑后果，考虑现实的作用，这就是"自我"。"自我"是遵循"现实原则"的，因此它既是从"本我"中发展出来的，又是"本我"与外部世界的中介。"自我"与"本我"的关系如同"骑士"与"马"的关系，两者必须是紧密地捆绑在一起的。

但是假如人格中仅有"本我"和"自我"这两个结构部分，那么人就将成为快乐主义和兽欲主义的有机体，当他处于一种需要状态时，他就会寻求能直接满足其需要的对象。所以，弗洛伊德提出了"超我"的范畴。所谓的"超我"就是道德化了的"自我"，主要来自于社会影响，如父母的价值观等。"超我"是将人的兽性限制在社会可接受的范围之内，同时也是人类追求自我完美的一种境界。所以，奋斗的终极目的是实现"超我"，在社会许可的范围内，寻找到适应自己的位置。这个过程无疑是痛苦的，它意味着要"削足适履"，要让自己的奋斗方向和目标去适应社会，让社会接受。

以汉高祖刘邦为例，他本是市井无赖，天性中就有叛逆不安、桀骜不驯的因子，"本我"应该是个追求放荡不羁生活的自由主义者。但在群雄争战的过程中，他却能顾全大局，在众多谋士的辅助下，能够以仁聚人，也就是说，在他成事的过程中逐渐将"自我"与"本我"的冲突，缓和到最小的程度。根据《史记》的记载，刘邦的自我控制力很强，如刘邦刚入秦宫，看到宫室珍宝美女，意欲留住，经樊哙、张良苦谏而醒悟，控制住自己的欲望，乃还军霸上。刘邦这种行为，范增认识得很清楚。范增对项羽说："沛公居山东时，贪于财货，好美姬，今入关，财物无所取，妇女无所幸，此其志不在小。"项羽战死之后，其属地纷纷归了刘邦，唯有鲁城久攻不下。但刘邦并没有引兵屠城，相反却以鲁公礼葬项王，并对项氏后人封侯赐姓，从这一点可以看出，刘邦实现了"超我"。从心理学角度看，项羽顶多就是一个"本我"的体现，而刘邦则能接近"超我"，境界自然比项羽要高。在平反了黥布之乱后，刘邦路过家乡，酒酣之时，放歌高唱：

> 大风起兮云飞扬，
> 威加海内兮归故乡，
> 安得猛士兮守四方！

刘邦高唱《大风歌》，这让世人看到一个白手起家英雄的自信与豪迈，更看到了人的主体性的高扬：奋斗就是在"俗世"中从"本我"到"自我"再到"超我"的不断超越。

儒家讲"道不远人"，在儒家的视野中，人既是文化的存在又是历史的存在。一旦人的生命进入历史文化空间，人的历史使命也就开始延续。生命在历史活动中选择、继承并创造着文化，一种特定的文化在历史中延续、演进形成文化传统，一种特定的文化传统的承传系统构成道统。对主体生

人生三论

命而言,传统与道统分别指向生命对历史文化的态度和生命在历史文化中的地位,它们共同体现着人类文化生命的历史意识。所以,在儒家那里,人的文化生命是连接传统和道统的生命纽带,奋斗是人生在世的选择。

王国维曾经在《人间词话》中说过诗歌的三重境界,其实也可以作为人生奋斗的三个境界:第一境界是"昨夜西风凋碧树,独上高楼,望尽天涯路",当人处于迷茫之中,生命无处安放时,这是最为痛苦的;第二种境界是"为伊消得人憔悴,衣带渐宽终不悔",寻找到奋斗的目标,并矢志为之奋斗,即使经受肉体的磨难,也要坚定信念勇往直前;第三种境界是"蓦然回首,那人却在,灯火阑珊处",当人生理想、奋斗目标得以实现时,却发现享受奋斗过程的同时,个人生命也得到升华,在体悟天人合一的静寂中实现"超我"。

第四节　奋斗与生生

奋斗是生生之德,中庸之行。

《周易·系辞》中说:"生生之谓易,成象之谓乾,效法之谓坤;极数知来之谓占,通变之谓事,阴阳不测之谓神。"这段话说的是,生生不息,循环往复,革故鼎新是万事万物产生的本源。人生不过短短数十年,长不过百载,站在历史长河的岸边看,犹如弹指一挥间、白驹过隙。人生的路程走了一多半,才感到生命的宝贵,过去的一切时常不自觉地会浮现脑海中,回忆过往犹如昨日,又仿佛已经经过了几个世纪,沧海桑田。人生的浮浮沉沉,一路行来,总是在不断朝向某一个奋斗目标,虽然最终不一定能够事随心愿,但人活着总得有个目标,否则就像舵手失去了方向,心灵也就失去了寄托。一个人无法把握生命的长度,却可以掌握生命的宽度,在有限的时间里无限地放大自己,让生命的每一段历程都值得回味,生命的意义也就自然得以显现。很多人梦想长寿,但如果一生中毫无建树,没有些许值得回味的经历,没做过几件值得回忆的事情,即便年过百岁,又有何意义。所以生命的价值不在于他的长度,而在于他的宽度。生生不息,奋斗不已。人生的意义在于奋斗,只有奋斗,才能够拓展生命的厚度,在一个短暂的人生活中活出不短暂的生命来。而奋斗的精神在于生生,奋斗的过程也就是生生不已的过程。

生生既是宇宙大化的运行规律,也是人生奋斗的最高境界。从宏观上说,生生之奋斗是世界万物的根由和动力。北宋五子中的周敦颐在《太极图说》中说道:"二气交感,化生万物,万物生生而变化无穷焉。"自然界阴阳二气的相互交感的过程,也就是自然本身的奋斗努力过程,孕育万物,并且不断地通过以新代旧,才能让整个世界呈现出欣欣向荣之态;从中观层面上看,生生之奋斗,是人类种群延续、发展的动力和基础,正是由于人类这一族群中的每一代人都通过自己的努力,在不断地发展着、界定着关于"什么是人"这一根本问题的定义,人类作为一个群体才能够以我们当今的形态存在着、生活着;从微观层面上看,正是由于奋斗具有生生这种精神和内在品质,个体才能在自己短暂的人生旅途中,不断地改变自己、塑造自己,今日之我绝非昨日之我,而今日之我又是昨日之我生生演化的结果。正是由于生生不息的奋斗,才有人生每一个阶段的不同精彩和体悟。朱熹有一首诗很好地表达了这种生生不息的奋斗精神。"半亩方塘一鉴开,天光云影共徘徊。问渠哪得清如许?为有源头活水来!"人生的旅途之所以会精彩不断,一路走来,总是有着新鲜的事物、新鲜的使命等着我们,那是因为有了生生之奋斗这一"源头活水"。

一、奋斗与进化

英文中的"evolution"一词,起源于拉丁文的"evolvere",原本的意思是将一个卷在一起的东西打开,也可以指任何事物的生长、变化或发展。达尔文在《物种的起源》中首次使用这一概念来解释自然生物界的演化发展过程。在具体解释生物演变发展的过程中,达尔文使用了两个著名的论断,即"优胜劣汰、适者生存"和"物竞天择"。在进化论所描述的世界图景里,任何物种都要经过相互竞争才能够适应自然环境的要求而生存下来。生存和生活都是从物种之间的竞争而开始的,而竞争的过程从物种自身来看,就是一个奋斗不已的过程。要想在自然界中生存并生活下来,每一个生物体不仅要面对不同物种之间的竞争,还要面对同一物种内部的相互竞争。弱肉

人生三论

强食,看起来十分残忍和可怕,但在自然界里却是不折不扣的自然法则。为了在竞争中获胜,生物体自身的奋斗是必不可少的。在捕猎者和猎物之间的追逐中,只有奋力拼搏,跑得最快的个体才能够在食物链中占据上风,延续自己的生命。只有通过生物体个体的奋斗和努力,才有可能将自己的生命"无限制地"延续下去。这里所说的无限制当然不是指个体自身的生命可以不受时间规律的支配,而是说将自己的基因延续下去。强者的基因才能够生存在地球上,而弱者的基因只能消逝在漫长的历史进化长河中了。在猴群中都有一个王,这个猴王一般都是雄性。当雄性猴王年老时,就有年轻的公猴向其权威发起挑战。战争的过程是惨烈的,直到有一方完全落败,这场猴王争夺战才会结束。战争中获胜的新猴王"登基"之后,它做的第一件事就是"流放"老猴王,并强占老猴王的所有妻子。生物学家的研究表明,猴王的这种举动背后有着非常深远的意义——它其实是在垄断基因的传播权。控制了猴群中的雌猴,也就控制了生育权,而生育权的垄断也就意味着自己基因的传播。为了生生不息而起的奋斗,在动物界显得有些野蛮,但却能最为直接地向我们揭示出奋斗生生的要义。

在自然界的生物选择过程中,生生之奋斗显得过于血腥,以至于很多人不愿意承认自然界的法则也适用于人类社会的进化与发展。达尔文的进化论在人类社会领域的应用被称为是"社会达尔文主义"。并由此衍生而出的种族主义、优生学与生育控制等19世纪末与20世纪初的产物。第二次世界大战期间,希特勒为大量屠杀犹太人罗列了大量所谓的根据,其中就有进化论的支持。按照希特勒的逻辑,由于德国人是优越的日耳曼民族,而犹太民族是低贱的劣等民族,因此在人类社会的演化发展过程中,劣等民族要为优等民族的发展腾出空间和资源来。屠杀,只是人类社会进化的一个自然过程。此论一出,一片哗然,人们对于进化论的反应开始变得越来越敏感,特别是在社会领域,更是避之唯恐不及。在社会领域中的奋斗进化论广受人们非议的同时,有一点是值得我们注意和警醒的。19世纪以来,中华民族所遭受到的凌辱在某种程度上,只有通过这种社会进化论才能够得到合理的解释。在自然界落后就要灭亡,在国家和国家之间,民族与民族之间,也是落后就要挨打,落后就要灭亡。即便是在科学技术高度发展的今天,国家和国家之间的竞争也是不平等的,是带有剥削和压迫性质的。当西方发达国家在非洲雇佣廉价劳动力从事非常危险的采矿业时,非洲人民难道不是处在人类社会进度的底层吗?他们对于自己命运的把握难道可以信赖那些手握资本的帝国大鳄们吗?《国际歌》中曾经这样唱道:

> 从来就没有什么救世主,也不靠神仙皇帝。
>
> 要创造人类的幸福,全靠我们自己!
>
> 我们要夺回劳动果实,让思想冲破牢笼。
>
> 快把那炉火烧的通红,趁热打铁才能成功!
>
> 这是最后的斗争,团结起来到明天,
>
> 英特纳雄耐尔就一定要实现。
>
> 这是最后的斗争,团结起来到明天,
>
> 英特纳雄耐尔就一定要实现。

不错,人类社会的进化和发展确实有很多地方是与自然界完全不同的,比如,人与人之间的同情和相互帮助,道德和法律等人文性因素的存在,使得人类进化和发展的过程从某一个侧面来看,确实呈现出"温情脉脉"的一面。但我们需要牢牢记住的一点是:指望别人的同情和帮助,是不可能成为掌握命运的强者的。奋斗,才是人类社会中真正的进化规律。通过奋斗,我们才能成为强者,我们才能够延续自己的生命,我们才能在别人需要帮助的时候给予别人帮助。我们知道,人类走到今天所经历程是极其曲折而又极其艰辛的。人类先祖们不光是要经受自然界里风雨雷电的击打,同时又要经受人类自身因愚昧而人为地制造的血与火的磨难。但人类作为地球生命河流中的最大一脉,它所具有的巨大生命力是我们看得见的。而这种生命力可不是单靠什么施舍和同情而来,而是通过生生不已的奋斗而来的。

从生物学角度来看,任何种群在维护种族发展存在时总是选择最适宜它的方式来进行演变的,而这种最为适宜的发展和演化方式只能通过不断地奋斗而得来。人类也毫不例外,或者说更甚。总结经验和教训而不重蹈覆辙,奋斗不止,生生不已,不仅是我们中国先人们的"生存之道",也是形成以礼乐经验为基础的中国传统文化的内在精神,更成就了"中华文明"这一绵延5000余年的文明体系。"生生,犹言进进也。"奋斗不已的生生过程,也就是奋斗者永不停歇的进步过程。中华民族正是依凭着生生不息的奋斗精神,才能够走到今天。我们有过汉唐的辉煌,也有过清末民初的落寞,但我们依仗着中华儿女的奋斗,将中华民族延续了下来。相信在不久的未来,中华民族将会以更加雄健的姿态屹立在世人面前。

二、顺境与逆境

奋斗,生生之始也。但能够生生、进进的奋斗本身也是在一定条件和基础之上进行的。就奋斗的条件和环境而言,大致有两类:顺境与逆境。顺境所提供的种种便利条件固然有利于个人奋斗与成长,但逆境也往往是人在成长中经常遭遇而又必须正确面对的境遇。在很多情况下,看似不利于奋斗的逆境反而有助于激发起奋斗的意志和勇气。在我国传统文化中,很多古代思想家都认为"多难兴才",只有逆境才有助于奋斗成才。清代著名思想家魏源甚至认为,只有逆境才能成才:"逆则生,顺则夭矣;逆则圣,顺则狂矣;草木不霜雪,则生意不固;人不忧患,则智慧不成。"魏源认为只有逆境才能促使人们奋斗,才能促使人们成功。这种说法固然有一定的片面性,但其中也包含着十分重要的识见。对此我们需要辩证地分析、对待。

顺境对于奋斗确实有很多客观的有利作用。在人生的奋斗历程中,自身条件和生长环境对于奋斗的结果有着非常重要的影响。2008 年的北京奥运会上,美国游泳名将菲尔普斯一举拿下 8 块奥运金牌,开创了奥运会历史上个人夺金的新纪录。菲尔普斯之所以会取得如此辉煌的成绩,是因为他的训练比别人刻苦,还是因为他的天分比别人好? 我们不否认,菲尔普斯在训练中肯定付出了很多的汗水和努力,但我们也应该注意到,除了菲尔普斯之外,还有很多人在为奥运金牌而努力奋斗,其中不乏比菲尔普斯更加勤勉者,但却无缘金牌。原因何在? 我们必须得承认的是,人作为一种生物体,自然禀赋是千差万别的,有些人天生下来就适合运动,而有些人则没有所谓的运动细胞。据说菲尔普斯的体形天生就适合游泳。这种身体上的优势,在菲尔普斯的奋斗过程中,就是一种顺境的体现。正是在这种顺境的基础上,菲尔普斯的努力和奋斗才能够帮助他成为一种传奇。

除了身体上的优势之外,个人所处的优势社会环境也是一种顺境。

1937 年，费尔南德·伦德伯格就在《美国六十个家族》一书中说，美国是由60 个最有权势的家族"掌控"着。美国政坛最引人注目的莫过于"四大家族"，亚当斯家族、罗斯福家族、肯尼迪家族和布什家族。美国布鲁金斯学会的历史学家斯蒂芬·赫斯在其专著《美国的政治王朝》中指出这样一个事实：美国有 700 个家族产生了两名或两名以上的国会议员，也就是说，美国国会参众两院 17% 的议员来自这些家族。戈尔家族、穆尔科斯基家族、洛克菲勒家族、肯尼迪家族、贝克家族、多尔家族、博诺家族等，这些家族势力在美国政治中绵延不绝。不仅美国如此，环视世界各国的政治舞台，人们也不难发现，同一家族"前赴后继"参政的比比皆是。新加坡的李光耀父子、印尼的苏加诺父女、印度的尼赫鲁—甘地家族、斯里兰卡的班达拉奈克家族等。研究表明，过去 400 年，英格兰基本被控制在 1000 个家族手中，2500 个家族则"操纵"着整个英国。难怪英国 BBC 著名主持人帕克斯曼在其专著《政治动物》中指出，政治上成功的第一法则是：选好父母！这一法则在我们这一代人听起来十分耳熟，不过我们当时的说法叫做"学好数理化，不如有个好爸爸"。但其中的关键却是不约而同的。

对于奋斗过程中出现的这种巨大不平等之现象，美国当代著名哲学家罗尔斯试图用一种人为设计的正义观来平衡，以便实现在起跑线上的平等。但在奋斗过程中的这种境遇的不平等从根源上是很难消除的，因为这种境遇不平等源自于人自身的差异性。英国哲人罗素曾经说过，参差多态乃是幸福的本源。真要是拉平一切，只恐怕又要大家变成"沉默的大多数了"。

尽管顺境对于人生之奋斗有着诸多有利因素，在很多时候会起到事半而功倍的效果。但更多的时候顺境反而不利于人生之奋斗，真正的奋斗往往是从逆境中来的。这种顺、逆境在奋斗过程中的颠倒恐怕就是魏源认为只有逆境才能成就人才的原因吧。少年得志，未必是好事。《临川先生文集》中《伤仲永》记载：

　　金溪民方仲永，世隶耕。仲永生五年，未尝识书具，忽啼求之；父异焉，借旁近与之。即书诗四句，并自为其名，其诗以养父母、收族为意，传一乡秀才观之。自是指物作诗，立就，其文理皆有可观者。邑人奇之，稍稍宾客其父；或以钱币乞之。父利其然也，日扳仲永环谒于邑人，不使学。

　　余闻之也久。明道中，从先人还家，于舅家见之，十二三矣。令作诗，不能称前时之闻。又七年，还自扬州，复到舅家问焉。曰："泯然众人矣！"

宋朝神童方仲永，5岁就能作诗，传为奇闻，但12岁时却变得"泯然众人矣"，就是因为优裕的自身条件在作祟。中国有句古话叫做"肥田出瘪稻，慈母多败儿"。有时，环境太好反而不利于人的成长与奋斗。《菜根谭》中说："居逆境中，周身皆针砭药石，砥节砺行而不觉；处顺境时，眼前尽兵刃戈矛，销膏糜骨而不知。"自身的条件太好，则容易产生骄惰之心，自视甚高，忘记了踏踏实实奋斗的必要性；而生活环境太过于优越，则容易滋生懈怠之情，衣食无忧，也就没有努力奋斗的动力了。明朝首辅大臣张居正，从小聪明过人，湖北按察会事陈来看了他的试卷拍案叫绝。正在武汉巡游的湖广巡抚顾玉麟却说让张居正落第。他解释说："居正年少好学，吾观其文才志向，是个将相之才，如过早让他发达，易叫他自满，断送了他的上进心。如果让他落第，虽则迟了三年，但能够使他看到自己的不足而更加清醒，促其发奋图强。"这位巡抚的远见的确令人折服。后来张居正果然成为明朝的杰出政治家，他在险恶的环境中坚持革新政治，有一种不达目的不罢休的坚韧精神，这不能不说与他少年"落第"的逆境有关。

　　逆境能够使人奋进，但并不必然使人产生奋斗的动力。现代经济学研究的成果表明，当某一社会群体的经济地位长期处于社会正常水平以下，并且短期内没有得到解决的希望，那么这一群体中的奋斗因素就会锐减。这就是我们通常所说的"贫困"的要义，贫，是无钱，而困，则是没有办法。在人生的奋斗过程中，其实并不害怕一时的逆境，真正对奋斗有致命危害的是希望的丧失。因此，当我们面对困境时，我们需要具备一定的逆商（AQ）。保罗·斯托茨在20世纪90年代中期率先提出了"逆境商数"。自此，IQ（智商）、EQ（情商）、AQ并称3Q，成为人们获取成功必备的不二法宝。有专家甚至断言，100%的成功＝20%的IQ＋80%的EQ和AQ。逆商，是指人们面对逆境时的反应方式，也就是将不利局面转化为有利条件的能力。如果逆境无法避免，危局不可挽回，那么面对现实就是唯一正确的选择。初陷逆境,人的脑海里会出现一连串的恼怒,也会产生惊慌,这都是正常的情绪反应。但是,AQ 低的人容易陷入其中而不能自拔,反复抱怨,愤愤不平,却忘记了去寻求解决办法。而 AQ 高的人则会慢慢冷静下来,审时度势,理智分析和判断,从逆境中走出来。这就是应对逆境的能力。逆商之所以为人推崇,是因为它体现了一种积极奋斗的精神。逆商的高度其实也就是我们在逆境中奋斗的决心和意志,是奋斗精神的体现。

三、奋斗与中庸

人生中,奋斗是一刻也不能停歇的。生生不息的奋斗是人生的火焰,只有奋斗不已,人生的进程才不会停止。记得有一份科学报告称,好奇心是人都不可缺少的,一旦丧失好奇心了,那他也就只有 5 秒钟的生命好活了。而我更愿意将人生当做是一种奋斗的过程,活着没有奋斗,人生也就没有意义和价值了。茫茫人海,放眼望去,都是在奋斗里拼搏、挣扎的人们。人生就是一种奋斗,在人生画卷中,奋斗是一支笔,这支笔在人生画卷中纵横开阖,谱写了一张张色彩各异的人生图景。奋斗是人生的体现,是勇气的彰显。人作为一种有限性的存在,正是通过奋斗勇敢地向当下的境遇发出挑战,迎接未来。虽然奋斗是勇者的舞台,在奋斗的过程中,仅仅拥有勇敢还是不够的。孔子说:"仁者不忧,智者不惑,勇者不惧。"一个奋斗的人生不仅仅应该是勇者的一生,还应当是智者、仁者的人生。勇、智、仁三者皆具才称之为中庸。中庸也就是人生奋斗的最高境界了。

中庸是孔子和儒家的重要思想,作为一种道德观念,它是孔子和儒家尤为提倡的。《中庸》曰:"喜怒哀乐之未发,谓之中;发而皆中节,谓之和。中也者,天下之大本也;和也者,天下之大道也。"这就是说,最理想状态,是一切处于和谐之中,也就是处理好了各种各样的关系而呈现出来的和谐奋斗之态。所谓和谐奋斗,讲的就是要在奋斗过程中处理好自我奋斗与他人的关系,处理好奋斗的原则和权变的关系。当前我国正在宣传的和平崛起的实质就是和谐奋斗。在人类历史上,后起大国的崛起,往往导致国际格局和世界秩序的严重失衡,甚至引发世界大战。德国和日本就是例证,苏联在这方面也有深刻的历史教训。有了这些前车之鉴,中国人运用自己独特的思维方式,提出了和平崛起的发展模式。温家宝在美国哈佛大学演讲时,以中国国家领导人身份首次使用了"和平崛起"这一概念,称中国选择的是"和平崛起的发展道路"。这一和平崛起的实质就是要在中国崛起过程中处理好与他国之间的关系,表明中国在处理与他国关系中的底线与原则。

奋斗而守中庸就是在奋斗过程中要遵循不偏不倚的平常的道理,就是在奋斗的过程中要守中道。中道就是不偏于对立双方的任何一方,使双方保持均衡状态,即人的气质、作风、德行都不偏于一个方面,而是对立的双方互相牵制、互相补充。在奋斗的过程中处理好与他人的关系首先是要以一种双赢的态度来进行奋斗。按照马克思的观点,人是社会关系的总和。这种观念在中国文化中体现得尤为明显,我们不可能不顾及别人的感受而独自奋斗。曹操的"宁可我负天下人,不可天下人负我"可以说是奋斗过程中极端处理人我关系的典型范例。这句话也是曹操被后人不断诟病的原因之所在。这种做法是将自己奋斗的目标至于一切人的目标之上,彻底违背了中庸原则,也就最终丧失了个人奋斗的"气场"。奋斗的这种"气场"就是多种力量作用的结果,是个人奋斗和他人目标之间相互妥协的结果。其次,中庸智慧要求奋斗中的人们不要在意一时一地的得失,而要从大局着眼,处理好人与人之间的关系。在必要的时候甚至要先有所舍弃而后才会有所获得,"预先取之,必先予之"说的就是这种先舍而后得的道理。再次,奋斗中的中庸还要求人们在奋斗的过程中要有充分的权变能力。《春秋公羊传》中有云:"古人之有权者,祭仲之权是也。权者何?权者反于经,然后有善者也。权之所设,舍死亡无所设。行权有道:自贬损以行权,不害人以行权。杀人以自生,亡人以自存,君子不为也。""权变"一词最初的意思讲的是解读古人经典要懂得变通,不能食古不化。而在奋斗中的权变,则是要求人们要根据时势,根据自己的切身情况来调整自己的奋斗目标和奋斗方法。

当然,在奋斗过程中贯彻中庸智慧,强调的是奋斗的实践性,而不是奋斗过程的无原则性。孔子在提出"中庸"这一概念时就感叹到,中庸作为一种道德,应该是最高的德行了,但人们缺少这种道德已经为时很久了。《易经》认为,天下的事物,天下的人物,随时随地在变,每秒钟都在变,没有不变的事。如何能适应这个变,如何能领导这个变,这是人生学问的中心。中庸虽然强调人生奋斗的权变和变通,但并不是简单的毫无原则。《论语》中孔子就曾经批评过一种叫做"乡愿"的人。"乡愿,德之贼也。"为了实现自己的奋斗目标和理想,不顾他人利益,不顾是非善恶的标准,百变玲珑,一味地追求成功。这种做法也是中庸所不取的。中庸在人生奋斗最为难以把握的就是如何掌握好"度","过犹不及",超过了度和没有达到度,都是未能领会中庸的表现。在当今的社会生活中,由于社会生活的高度复杂性,对于中庸之度的思考显得尤为复杂,很多时候我们很难确知自己是否真的已经把握了中庸适度的要求了。这个时候,我们就应该退而求其次,坚守一种底线标准和要求。人生奋斗的前提是做人,而做人首先要有一个底线,没有了这个底线,也就什么也不是了。你可以是妖、是怪、是鬼、是魔、是禽兽,但已经不是人了。良心,应该成为人生奋斗的圭臬,当时刻铭记在心头。仰无愧于天,俯无愧于地,行无愧于人,止无愧于心,才能真正实现有智慧的奋斗,才能在奋斗中体现中庸之要求。

第五节 未来人

人对于自由的追求与人的有限性,是一切哲学问题的根源。"未来人"是人类对自身自由和解放的最大尺度的想象。

2300 多年前的一个夜晚,亚里士多德曾站在地中海边仰空长问:"我们为何在此? 我们从何而来? 我们将往何去?"对于未来的畅想,是人类永恒的话题,如国人对于"大同"梦想的痴迷,西方文明对未来世界的思考以及现代流行的时空穿梭剧等,都是人类对于未来的畅想。简单而言,人类历史只能划分为三部分:过去、现在和将来。这三个时态就是人类历史的全部:过去的已经成为尘封的相册,现在的是绚烂的风景,而将来则是人类五彩斑斓的梦想。但人类未来走向何处,并不是单一向度的因素就可以决定的,并且可能并非是乐观的。如很多宗教将人类未来视为是"末日审判",中国传统观念也有"三代崇拜"的传统,"厚古薄今"是人类对未来的一种态度。

历史总是要向前发展的,或是以螺旋上升的态势或是以迂回型的方式

人生三论

不断进步。人类求生的本能决定了人类必将谋求福祉作为群体的共同追求。将"未来"作为人类的追求的第一位思想家是意大利艺术家翁贝特·波丘尼,他于1910年发表了《未来主义绘画宣言》。在宣言中,他声称:"我们将竭尽全力的和那些过时的、盲信的、被罪恶的博物馆所鼓舞着的旧信仰作斗争。我们要反抗陈腐过时的传统绘画、雕塑和古董,反抗一切在时光流逝中肮脏和腐朽的事物。我们要有勇于反抗一切的精神。这种精神是年轻的、崭新的,伴随着对不公的甚至罪恶的旧生活的毁灭"。早期的未来主义者多是艺术家,他们将沉溺于昔日时光的行为戏称为"过去主义",将这类人称为"过去主义者"。他们有时甚至对这些所谓的"过去主义者"们进行身体上的攻击。这些"过去主义者"包括那些对未来主义的画展或演出没有兴趣的人们。但随后未来主义的部分信条被社会学家们采用,逐渐形成了"未来学派",未来学派最为普遍之目的是去维持或增进人类自由及福祉,有些未来学者会将所有生物、植物以及地球生物圈的福祉纳入目的之中,甚至超越人类需求之上。因此,在最为广泛的层次上,未来学者的目标是致力于使世界变成一个更好的居住地,有益于人们以及地球永续生存的能力。"未来学"一词,是德国学者弗莱希泰姆在1943年首先提出和使用的。西方关于未来研究涉及的范围很广,包括自然科学、技术科学、应用科学等领域。对未来的研究主要集中在社会预测、科学预测、技术预测、经济预测、军事预测等方面,这种预测视阈的主要目的在于:一方面是为了适应科学技术迅速发展的客观形势。另一方面是为了应付人类社会所面临的经济、政治、文化等多方面的挑战。

当前"未来"更成为一个热门话题,如环境保护的现状引发人们对于人类生存时限的担忧,如"粒子"实验引发人类对于太空"黑洞"的反思等,并借助电影、书籍等方式阐述这种担忧。在如此的历史背景之下,人本身也是趋向"未来"的,在信息爆炸和技术日新月异的大环境下,"未来人"究竟以何面目示人,也成为世人关注的热点话题。

一、搁置人性谈未来

人性于世人的感觉,一直是个"规定性"的问题,如同一个硬币的两面,或善或恶。哲学家之于性善恶论的界定，大体分为两种：如孔子、老子、告子等先哲认为，性之善恶并不能简单划分，或干脆避而不谈，或认为人性无善无恶；孟子为代表的思孟儒家则认为"人之初，性本善"，对于人这个复杂的动物来说，善是人性的主流；但诸如荀子的"性恶论"、基督教的"原罪说"、天台宗的"妄心观"、伊斯兰教的"人性贪吝说"等，则认为人性为恶，宗教的管理则是将人性之恶限制于一定的范围之内，不危害其他社会成员的基本利益。

其实，智者对于性善与性恶的讨论，并非仅是"袖手谈心性"，更多的是希望通过对人性的认识，来建立起适应人性的社会管理体制。两种观点的基本区别在于，性善论者认为人可以为善，所以可以肯定人有从内部自我约束的可能；性恶论者则认为人是欲望无法满足的饕餮之徒，只能通过管理、法制、说教等途径来实现对人行为的引导。

在希腊神话和传说里，关于人性有这么一个传说：普罗米修斯造好了人的躯体，只差一颗人心了却把材料用完了。而他弟弟却造好了各种禽兽，于是他们就从各种禽兽的心上剜一点点，混合成人的心脏，最后造出了人，所以人性是各种兽性的集合体。从古希腊一路走来的西方文明，对于人性的探讨，是基于性恶论的，尽管后世多有学者论证性善而非恶，但其目的也是为了挽回人类对道德沦丧的绝望。

人性论的核心问题是：人的本性是什么？而性善论和性恶论分别给出了善和恶这两个截然不同、相互对立的答案，并且争论了几千余年也并无定论。两派莫衷一是。事实上，两派都未在本质上认识人性，而是在各自的立场之上主张人性，这种所谓的"人性论"，并没有在人的本质基础上，归结人的属性，而仅仅局限于对人的善恶的讨论。

因此，人性无论归结为善或恶，都无法完美的诠释、演绎人的心理和行为。而众多人在心理学已经很发达的今天仍然在讨论着这个问题，是因为不是所有的人都会花精力去钻研心理学，而需要对人性有着一个根本性的认识，还是要依赖哲学思考。但继续围绕性善论和性恶论进行思考是无法真正地认识人性的，而只是接受一种观念、一种主张，因为任何一种对人性的定论，都是有失公允的。

人生三论

如下几个问题,造就了性善性恶问题的搁置:

其一,善恶观念属于哲学(形上学)的范畴还是伦理学(伦理法则)的范畴? 如果属于前者,那么善恶问题就不再是个道德问题,它的讨论如同我们对于天体运行的讨论,是没有感情色彩的理性之思;如果属于后者研究的范畴,那它只能限定在人类社会的利害关系之中,而难以有普适的效用。

其二,善恶观念是否存在于自然界? 如果存在于自然界,那么生物链中的最高一环显然是首恶,它不应该具有存在的合理性;如果不存在于自然界,那么人类社会的伦理法则就失去了合理效仿的对象。

其三,如果承认人类社会中存在善恶观念,那么如何区分好人干坏事和坏人干好事? 单纯从动机的角度来分析,很难深入到观察对象的心理深层,对其行为作出合理分析,但若仅从事功的角度出发,则违背了善恶本身就是观念问题的初衷。

其四,善恶观念的评判标准应该是什么? 或是说人类行为善恶的最终裁判权由谁操纵? 这一问题,在宗教学的领域内得到最直接也是最简单的回答,宗教里的神决定了善恶的标准,同时掌握了善恶的最终评判权。但人类社会的万事万相并不能用宗教来解决一切,同时不同的宗教之间又存在着不同善恶评判标准,如宗教禁忌的不同,宗教崇拜神的不同。

诸如此类问题,让人们困惑于性善性恶的定论之中。人总是他自己最为烦恼的一个问题:似乎对于人的每一个定论,都同时是一个悖论,若对此加以分析,都是充满着矛盾的。我们对于人性或善或恶的定义,事实上都不是一个客观真实的描述,相反是凝聚了我们的期望,凝聚了我们对人性的期望,也就是说,这种定论事实上是在描述我们期望自己成为什么样的人。

对于人性的考察,必须置放到人类社会之中。自然界是不存在善和恶的,"丛林法则"中的弱肉强食,并不能认为是善是恶的,但若是放在人类社会,这就是恶了,所以可以说,人作为自然生物,其本性中是不存在善和恶的,善和恶是人的社会属性。这种善恶,最后被接受为被普遍认同的心理和行为标准,形成了价值观,或称为道德。抢夺,是违背道德的,是恶的;奉献,是符合道德的,是善的。既然善恶的规定性来源于人的普遍认同,那么,这种认同就是人类经验社会的总结,同时也就可能存在人类社会所未曾经验的事物，我们便无法界定其善恶，或是产生特殊的行为而导致的无法进行价值评估和判断。如同甲乙丙三人互不相识，而甲为了帮助乙而侵犯了丙，甲的行为是利他但同时也是害他的，根据传统的善恶标准，利他是属善的，害他是属恶的，所以甲的行为是难以进行善和恶的判断的。同样，因为道德的规定性来源于人的普遍认同，所以时间、空间的不同，会造成善恶的无从判断，如美国国内战争之前，买卖黑人充当奴隶，这种行为在当时是合法且合乎道德的，而在今天则根本是违背道德的。

同时，善恶的规定性来源于人的普遍认同，但总有特殊的群体存在，他们不认同这样的价值观，不认同这样的善恶观，而有自己的价值和自己的道德。按照常理来说，宗教的二元论可以解决善恶标准的分歧，但事实并非如此，如隶属于基督教的"耶稣基督后期圣徒教会"，即摩门教，在婚姻关系上与《圣经》所规定的"一夫一妻"的基本原则相悖而行，坚持一夫多妻。在其创始人斯密·约瑟被杀害之后，由杨·百翰带领教徒到美国中部犹他州大盐湖山谷，于1847年在该处安定发展起来。其教徒凭借对神的信仰，在荒野上铸建起盐湖城，盐湖城成为该教会先驱者借着信心及自己的信仰所建立的城市，目前超过半数当地人士为后期圣徒，同时，因为信仰的力量使得盐湖城成为美国犯罪率和离婚率最低的大城市。

世界永远是多彩的，在不违背基本人伦的前提之下，人的行为并不能用简单的善恶来定义。善恶应该体现的是限制性，但同时也具有无常性，也就是说，善和恶并不是绝对的，同时也就不能成为我们歧视他人的理由了。善恶为主体的人性论，我想并不能成为真正的决定历史发展的基本原则，相反，它只能是人类在某一个特定的历史时期所形成的"价值观"。由性善论和性恶论组成的人性论并非是在认识人性，而是在主张人性，所以人性论本质上就是人性观。

回顾到当前哲学惯用的"现象描述分析法"来考察性善性恶。现象学仅是对现象本身作以观察和描述，即人在经历某一现象的时候，开始时对现象的表层有所感知，逐步地找出一些能表征现象的特征、反映现象本质的因素，进一步发现这些因素间的相互关系，对现象的本质形成自己的看法，也就是所谓的观念。现象描述分析学重视观念的研究，原因还在于它认为人

人生三论

214

们在从事某项实践活动的时候,总是从自己对这一活动的基本观念出发,采取与这一观念相适应的策略,获得与这一基本观念相适应的成果。所以,性善性恶并不能作为人的规定性而存在,它与人的其他描述一样,只能是作为一种观念而存在,而并非是对人的本质的规定。

二、计算机云

如前文所说,对人的本质的描述或界定,并不能仅仅局限于性善或性恶,同时对人的认识局限于性之善恶,则会将人简单化、脸谱化。人是时代的人,是历史的人,隔离了时间和空间,人无从存在。

事实上,从 20 世纪个人计算机走入家庭起,影响历史进步的手段已经发生了巨大改变,时代的改变从宏大的历史主题,如战争、革命等,落实到了普通人的手中。或许简单的一次"人肉搜索"就能在互联网上掀起轩然大波,或许一个无知孩童的病毒程序就能危机到一个超级大国的军事安全,在这个崭新的互联网时代,谁也不知道网络的另外一端和自己交流的究竟是一个人还是一条狗。但这些还不足以说明互联网对人类社会发生的巨大改变:我们正在享受着科技给我们带来的便利,而这个时代是前所未有的。如果要说中华人民共和国成立 60 年来对国人生活影响最大的历史事件,互联网技术革命应该当仁不让地位居"影响力"的第一梯队,并且随着时间的推移,影响力还会越来越大越来越靠前,尤其是在对国人价值观和方法论的革命上,60 年来恐怕无出其右者。互联网引起政治和文化生活领域表达方式的革命不必赘言,对商业方式的革命则更显丝丝入扣润物无声,甚至直接左右和改变国人的价值观和方法论。

IT 时代的技术载体是计算机,而当前"云计算"概念的提出更是为这一技术的前景发展提供了理论支持。"云"是一些可以自我维护和管理的虚拟计算资源,通常为一些大型服务器集群,包括计算服务器、存储服务器、宽带资源等。云计算将所有的计算资源集中起来,并由软件实现自动管理,无需人为参与。这使得应用提供者无需为繁琐的细节而烦恼,能够更加专注于自己的业务,有利于创新和降低成本。有人打了个比方:这就好比是从古老的单台发电机模式转向了电厂集中供电的模式。它意味着计算能力也可以作为一种商品进行流通,就像煤气、水电一样,取用方便,费用低廉。最大的不同在于,它是通过互联网进行传输的。云计算是并行计算(Parallel Computing)、分布式计算(Distributed Computing)和网格计算(Grid Computing)的发展,或者说是这些计算机科学概念的商业实现。云计算是虚拟化(Virtualization)、效用计算(Utility Computing)、IaaS(基础设施即服务)、PaaS(平台即服务)、SaaS(软件即服务)等概念混合演进并跃升的结果。现在在中国每一分钟就有近百名网民诞生,网络成为社会公民获取基本信息、学习新鲜知识和了解外界世界的基本渠道,加之其对于经济发展所起的刺激作用,互联网已经上升到经典经济学中的先进生产力的地位。

　　信息改变了世界,同时在很大程度上改变人类生存的境遇。而人是历史性的存在者,在不同的社会阶段,人的存在形式是不同的,这一点不仅体现在人的表象上,而且体现在人性上。如中西方哲学家都有"厚古薄今"的价值倾向,法国哲学家卢梭通过对美好的原始时代的描述来表达自己的观点,他把原始社会称之为"黄金时代",而处于"黄金时代"的人则是幸福的奴隶,因为这个时代的人类尽管必须承受巨大的生存压力,但却对这种"压力"毫不知情。原始社会的人类与当前的人类,最大不同在于,人类彼此之间都是透明的,就这一点而言,防止了罪恶的衍生。在卢梭想象中的原始社会中,人们处于一种自然状态之下,没有私有财产,也不存在善恶标准和道德意识,知识和理想也没有以显形的形式呈现,人与人之间由于"透明化"的存在状态而彼此怜悯,这也成为人与人之间平等和自由的保障。但私有制的出现导致了人类社会不平等现象的出现,私有制的确产生了文明,但文明的历史却是一部人类的疾病史和精神受罪史,不仅使人类的体质状态受到损害,而且人类的精神状态也由于物质诱惑变得烦恼且不安。自然的原始状态是人类生活最美好的青春状态,后来的一切进步可能只是促成了有产者的完美,却将整个人类引向了没落和不平等,道德和良善对于文明社会来说,只能是永远失去的伊甸园。

　　哲学是时代的精神,回应时代问题是哲学主要任务。回顾人类信息传播史,我们不难发现,信息技术的发展起着历史性杠杆作用。信息技术的每次创新,都带来了信息传播的大革命,每一次革命都给人类的政治、经济、文

人生三论

化和社会生活带来不可估量的影响,推动着人类的文明不断向更高层次迈进。信息技术强而有力地改变着人类生产与生活的面貌,信息技术集中反映的标志就是信息传播方式的变革。人类的信息传播迄今可分为五个基本阶段(口头传播阶段、文字传播阶段、印刷传播阶段、电子传播阶段、网络传播阶段),前一个阶段向后一阶段的跃升无不以信息技术的革命性进步为前提。

互联网传播对于社会的影响是全面的,不仅影响着政治和经济方面,而且影响着我们的生活方式和思维方式。网络传播正在以不可抵挡的势头,迅速渗透到世界各国政治、经济、思想以及文化等诸多领域,改变着人们的生活,改变着世界的面貌。在这个时期,信息的传播主要以公平、公正和共享为其基本特征。公平。网络传播的出现和发展,拓宽了信息传播的广度和深度,打破了以往人类多种信息传播形式的界限。网络传播融合了大众传播(单向)和人际传播(双向)的信息传播特征,在总体上形成一种散布型网状传播结构,在这种传播结构中,任何一个网结都能够生产、发布信息,所有网结生产、发布的信息都能够以非线性方式流入网络之中。网络传播将人际传播和大众传播融为一体。网络传播兼有人际传播与大众传播的优势,又突破了人际传播与大众传播的局限。

在这个信息网络中,由于网络的互动性,受众可以直接迅速地反馈信息、发表意见。同时,网络传播中,受众接受信息时有很大的自由选择度,可以主动选取自己感兴趣的内容。这样一来,就打破了社会特权阶层对于信息的垄断,而形成每个社会单子成员都可以公平地享受信息权,而在以往的任何时代,这都是不可能实现的。

公正。在互联网时代,人类依靠这种新的技术,使得每个人的话语权都得到了充分的尊重,无论是草根文化或是精英文化,都开始借助互联网表达自我、开发自我。在这个奇妙的平台上,将不再有诡计和阴谋,人类思维的奥妙将毫无保留地在这个平台上实现。

在互联网的时代,真正地实现了"全息"的概念,在这个"全息"的系统中,社会组成的各部分、子系统都包含或潜在的包含整体、系统的完整信息,各部分、子系统,对于整体、系统来说,都是同质同缘的,在这个系统中,实现了真正的"一花一世界,一沙一海洋"。

共享。《世界是平的》的作者弗里德曼,在其著作中指出,我们是生活在一个新的世界体系里,这个体系应该有一个名称,即"全球化"。全球化不只是经济上的一种时尚,也不是一种流行趋势,它是一种国际体系,是随着柏林墙倒塌后取代冷战体系的国际化体系。在这个国际化体系中,人类进入了一个不同于"实物文明"、"书写文明"的全新样式,即"数字文明"或者说"虚拟世界的文明"。交通工具、通讯工具的日益发展,都还不足以把我们的地球变成一个地球村,电脑及网络的发明,才使得我们更加真实地步入全球化时代。互联网改变了信息的传播方式,极大地加快了信息的传播速度。信息传播方式的改变正在改变经济增长方式以及世界经济格局,带领企业进入数字经济时代。

知识作为产权的经济生产模式,盛行于整个资本主义社会阶段,它所形成的资本经济的市场方式垄断了整个全球市场经济。知识的创造成为一种资本运行时态,它在互联网时代遭到了彻底的冲击。整个网络经济对于知识共享的欢乐,达到了一个前所未有的阶段,它要求人类社会对知识经济的生产模式进行清理,进行反叛和破除知识日益封闭的产权保护与壁垒,实现互联网时代的知识共享的自由之精神。

三、信息狂欢

互联网中的知识传播生态,意味着人类知识共享时代的到来。对于资本主义时代开创的知识产权保护和知本经济,是一种彻底的消解与反叛。互联网追求知识共享精神,它解构知本经济的森严的壁垒,也代表最前卫的生活和生产方式。它的基本理念,就是消解知本经济对人类知识财富的独占和利用经济手段谋取暴利的现实。互联网上更新的知识已经不再作为知本经济的源泉,而是人类享有知识或获取无偿知识共享的园地。相对于已经构造起来的传统知本经济的体制和商业化的知识操作模式,互联网无疑是一次知识传播的革命。知识从其自由的传播精神来看,它从人类开始起,就是利他主义者追求的境界。如果人类在知识经济时代过分地依赖这样一种知本经济去占有他人的财富,从根本上就已经远离了知识交流共享的精

人生三论

神。所以，互联网将知识垄断的最后藩篱彻底地拔除，将这个文明的21世纪拉回到人类文明"轴心期"的信息狂欢。

《庄子·应帝王》中记载了中国最早的相面师的故事，郑国（国都在今新郑）有个名叫季咸的巫神，能够预言人的生死祸福，无人不应验。郑国人对他都十分崇拜。列子很欣赏季咸，对老师壶子说："原来以为老师的道行已经无人企及了，现在才知道还有人比老师的道行更高。"壶子对列子说："那你就去把他请来，给我看看吉凶祸福。"列子请来了季咸，给壶子看相后，走到门外对列子说："你的老师不出十天就要死。"列子哭着向壶子转述了这些话。壶子说："刚才我是故意向他显示生机闭塞，明天你再请他来看相。"次日，季咸看后对列子说："你的老师生机回转，可望获救。"第三天列子又请季咸给壶子看相后说："先生精神恍惚，无法判相。"壶子说："今天我显示给他看的是太虚幻境，明天你再请他来看。"季咸来后，刚一见面就惊慌地逃走了。壶子对列子说："方才我显示给他的是万象俱空的境界，没有显示我主张的道。我是与他虚与委蛇，随机应变地周旋，他捉摸不定，好像草遇风，水随波，所以就逃走了。"列子听后才知道自己根底尚浅，回到家中，三年不出，专心克服偏私、浮华，至死如是。

所谓的相面，简单来讲，就是相面师能够破解"信息黑箱"中的密码，通过人的面相表征来预知未来。在这个故事里，季咸作为一个相面大师，阅人无数，在丰富的社会阅历基础上，总结出一套给常人相面的理论。相面是信息交换的过程，是相面师和观察对象之间的交流。但季咸这次遇见的是壶子，善以非我之相展示给世人，所以如果季咸再用自己的那一套理论，已经是不管用了。壶子是高人，可以通过自控来传递信息，我们是普通人，但也可以通过自己的修为，来做到"喜怒不形于色"。

从古到今，人类一直试图通过对这些信息的研究，来寻找人生的方向，比如中国传统的占卜术，很多占卜者通过因身观身，感知并断言一些人的命运轨迹。事实上，中国占卜术的教材《周易》一书，就其诞生之初就上承殷商龟卜文化，下启诸子百家智慧，由物取象、立象尽意、会意悟道的沉思与理性升华过程中铸造成的中华文化经典。"易"虽以占卜的外衣留存于世，但其并非是古人凭空虚构的单纯占卜精神产物，《周易》的构架包罗万象、寓意深刻,具有超越时代的思维特征。《周易·系辞上》说,"书不尽言,言不尽意",当文字不能表述信息时,《周易》配合其卦象,将天地之道和人生哲理隐含于森罗万象的"易"中。

《周易》事实上就是一本全息信息学的教材,"卦"反映事物运行规律,爻反映各类的不同发展阶段。宇宙全息发生使天、地、生、人四道有共同的演变规律。因而根据一些片断指标或时段信息可以去重建整体或发展过程,这就是全息信息学。象数和义理的两面性,也即从思路重建来进行易学的传承分析,可以从繁复中理出脉络。当我们提出脉络,提出占卜之学为什么隐含着哲学思想,则还须注意解释学的理性重建研究。孔子对《易经》的研究,形成《易经》的解说部分——《传》,即《十翼》,可以认为是易学的开端。孔子及其弟子的传重于义理,使《周易》本为巫师文化的操作经典转化为经道之书,成为儒家"六经"之首。不只如此,战国时代的儒、道、墨等诸子百家,以及唐宋以后儒、佛、道各家的学术思想,也无不渊于《周易》的天人之学。《周易》文本的《经》,重视卦的形象与数字关系,回答巫师占筮操作后如何查卦求解;《周易》另一部分的《传》,是知识分子从巫师中分化独立出来,他们开始从另一角度来研究《周易》,从周文王所演出的天、地、人三方面的可能演变规律的形式推理,去探讨万物之情和天人之际,探索宇宙、人生的"流变"规律,以及人们如何适应这种流变规律的行为法则和规范,发挥了天理即人道的"天人合一"的哲学思想。人类进化研究,特别是使我们注意到人类是从猿猴经人猿进化而来的;动物社会学,特别是猿猴和人猿科学的研究显示,必须保持群的有序性,才能在生产力极低的条件下,克服"恶劣"的自然环境,保持种群的生存和进化,因而一开始便可能以等级社会出现。这种等级社会需要巫师通过祭祀来决定行动。因而出现了占筮和"象"解的象数易。人们要摆脱牛顿力学所建立的世界图景,即直观世界,不要去追求直观模型,进而去认识超出牛顿力学的世界图景,也即多维的隐结构情景,使人们对隐结构的认识能够自觉地不要求去建立直观模型,必须从元典性著作中寻找新的哲学资源。

《周易》特有的"观物取象"的思维方式,使我们看到信息学在人类社会场景的分析应用,即每一个"象"的表述是一种更高层次的具体,它是对事

人生三论

物具体层次剖析过程的超越,将丰富的逻辑过程省略,直接以能涵盖这些过程的具体的"象"来启发人、诱导人感悟。这些"象"所体现的信息,既是具体的、又是不具体的,它只是一种信息的表征,让人们凭着它的启发去进行反思,调动储存在人类大脑中的思维经验。"观物取象"的过程,是一个艰苦的认识过程,它需要透过对事物表层信息的认识,达到对事物发展规律的基本认识。

人之所以可贵在于人的唯一性,换而言之,天下只有一个人的存在,人也因为其独特性而成为单子存在的主要依据。人是个体信息的综合,人的社会属性的实现,是通过信息交流来实现的。互联网时代实现了知识的自由共享,就意味着人从知识的藩篱中解放出来,信息不再成为垄断的资源,所以掌握信息的多寡成为一个人人格健全、社会财富满足和社会地位尊贵的决定因素。著名的科学家钱学森说,人体是一个复杂开放的巨系统,这个巨系统可以通过信息的传递证明自己的存在,人体对于宇宙自然、社会、家族和生命信息的接收与释放,一直在有规律地进行着,而命运的密码就隐藏在这些信息之中,而信息的"透明化"则意味着未来人类社会结构的变化,将产生新的人种——"未来人"。

四、未来人

英国著名科幻作家威尔斯是一位畅想未来、题材开阔的科学大师。他所著的《时间机器》是世界科幻小说史上第一部时间旅行题材的科幻小说,后世的时间旅行作品,无不直接或者间接地受到这部作品的启发。小说主人公时间旅行家发现了时间的秘密,制造出一台时间机器,他通过时间机器旅行到了未来。本来主人公认为未来社会是一个大同社会,但当他来到距今80万年之后的人类社会,却看到与人类梦想截然相反的一个世界景象:未来人是现代人的变异,有产者变异成了相貌俊美、举止优雅但弱不禁风、连自卫能力都没有的地面人,而无产者则变异成了相貌丑陋、野蛮粗鲁、以吃地面人为生、怕见阳光的地下人。这两种人的共同特征是失去了思想的能力,成为靠本能生存的动物。

事实上,已有不少科学家对"未来人"的发展趋势,作出了预测,"未来人"与现在人类的主要区别体现在"大脑构造"和"体型变异"上。如俄罗斯莫斯科第一医学院解剖学家瓦列里·沃罗比约夫和格利戈里·亚斯沃因的看法,未来人个头不高,身高也就1米左右,圆圆的大脑袋,躯干短。美国科学家,芝加哥大学遗传学终身教授蓝田博士认为,人类和黑猩猩在约600万年前由共同的祖先"分家",此后人类祖先的大脑快速进化,并产生了较高级的认知功能,直至距今约20万年前现代智人出现为止。在人们的习惯观念中,现代人类大脑在生理上已经"定型"了,但其实这种观念是不正确的,在与大脑相关的基因中,神经发育基因的进化速度最快。由蓝田博士领导的一个研究小组,一共找出了24个与大脑进化有关的基因,并对人类体内管理脑容量大小的两个基因的演变进行分析。他们共搜集了世界各地59个民族、1000多人的基因样本,并发现这两个基因都正在进化中,现代人的大脑没有"定型"。这种进化并不是同时发生在整个种群中,而是一个漫长的选择过程。极少数个体率先发生基因变异,出现新的形态,而基因的新单模态使这些个体获得生存和繁衍的优势,然后在整个种群中传播。有证据表明,直到现在为止,人类的大脑一直在快速进化过程中,而且这种进化与人类文明的兴起有密切联系。可以模糊地推测,人类以后进化成我们现在在电影中所见的外星人模样或者其他不可思议的模样,在理论上都是有可能的。著名物理学家斯蒂文·霍金认为,应该从遗传学角度对人进行完善,否则将来机器人会超过人。目前,科学家想出的最好办法是往人的神经系统植入电子芯片。类似的手术已成功进行。将一个3毫米的芯片植入凯文·沃里克的左手腕里,再往中部神经埋入100个电极。连接的电线埋在前臂的皮下,然后再连接到电脑,便可以将神经冲动传给电脑,由它去执行诸如开门或开灯等指令,人开始"半机械化"。

事实上,"未来人"的概念,与人类即将面临的生态危机也有极大关系,如英国科学家马丁·里在《最后的世纪》一书中预言,地球在未来200年内将面临十大迫在眉睫的灾难,人类能够幸免的机会只有50%。这十大灾难分别是粒子危机、智能机器人危机、纳米危机、生化危机、火山危机、地震危机、小行星危机、气候危机、战争和核武器危机等,这些想象中的灾难,每一个变成现实都会给人的生命带来致命的摧毁。所以"未来人"不仅是未来

人生三论

信息的载体,而且还必须有很强的生存能力,才能足以应付外来的危机。

其实"未来人"并不神秘,换个角度来看这个问题,所谓的"未来人"就是拿21世纪70年代的眼光来看今天出现的"新鲜人类",如"宅男宅女"、"90后新新人类"、"嘻哈族"、"潮人族"等社会群体。以"宅男宅女"一族为例,词汇源自日语"御宅族",原本指对动漫、电玩等狂热的年轻人,后来人们则把整天不出门、不修边幅的男生也称作"宅男"。而日本的"宅女"通常是指那些女动漫迷,但后来定义也变得像"宅男"一样,指"家里蹲着的女生"。正因为这些"宅男宅女"们躲在房间里,以网络的虚拟生活代替现实生活,而忽略了在现实世界中该扮演的角色、承担的责任,成为消极被动的一个群体。脸谱化的"宅男宅女"是如此形象:他们总是足不出户,习惯"家里蹲";不修边幅,时常胡碴满面;昼夜颠倒,宛如蝙蝠;生命大半浪费掉,拖拖拉拉难以自拔;一天只吃两餐,不是为了减肥,纯粹乃懒散所致。上一代常抱怨下一代越来越"宅",认为"宅男宅女"是孤僻、沉迷网络、不擅社交的社会边缘人群。而事实上,越来越多的人敢于宅居,自我陶醉。"宅"已经成为一种新的生活方式,越来越多年轻人用这种另类的方式来证明自己的存在。

五、传统的解构

人类好奇的天性驱动着人类总是不安分于今天的拥有,去憧憬未知、未来。这个未来,不仅包括时间上的"未来",也包括空间上的"未来"。前者是指立足于历史长河中的"现在进行时"去畅想"将来",后者则是指人类对自身生存空间之外的太空的幻想。或许距今天不远的20世纪中叶,人们还为卓别林所塑造的《摩登时代》的幽默形象而感染,而如今的人们已经开始反思工业文明所带来的灾难。这个冬天被好莱坞导演艾默里的《2012》搅得热火朝天,剧中描述:按照玛雅文明的历法,2012年的12月21日,世界将会陷入永无止境的黑暗,滔天洪水将湮没整个地球,人类文明走到尽头,地球被这个"末日宣言"折腾成一片废墟,如金门大桥断裂、洪水冲上喜马拉雅雪山、洛杉矶在轰鸣声中坍塌沉陷、埃菲尔铁塔被撞倒、罗马大教堂崩塌等等。每个国家最具有文明象征意义的标志,都被无情的自然摧毁。原来，"未来"并非仅是乐观的一团和气,也可能是"人间地狱"。

如前所说,以信息化为主要时代特色的新世纪,正在将传统的人类社会解构,无论是社会生产力的组成、社会基本伦理这些宏观话题,还是从作为社会个体的生理基础,都发生了巨大的改变,这种改变是人类历史上从来未曾发生过的,对人类社会的冲击不亚于一次全球大海啸。

传统创富方式的解构。从"机器创富"转移到"信息创富"。蒸汽机改变了人类历史的进程,以蒸汽机为起始的工业文明,是最富活力和创造性的文明。工业社会是唯一的一个依赖于持续的经济增长而生存的社会。财富的增长一旦停滞,工业社会就丧失了合法性。由于财富的不断增长所要求,工业社会离不开创新,创新是工业社会生死攸关的基础。由于创新所要求,工业社会中的知识增长也是无止境的。农业社会也曾有过发明和改进,有时发明和改进的数量和规模还相当大,但是,进步从来不是、也不能被期望是持续不断的,即使是进步最快的农业社会,其创新的数量、水平和影响也远远不能和工业社会相比。农业社会的本质要求是相当静止的社会和稳定的分工,工业社会的本质要求是永远的创新和变化。

工业时代发展到一定阶段后,生产力水平也在不断地继续发展,社会物质生活极大丰富,甚至出现了产品供过于求的情况。并且在社会快速发展的过程中,要求人们每天处理的内容和信息越来越多,还在许多年以前,人类社会就已经迎来了"知识爆炸"的时代。在这样的条件下,计算机技术应运而生,它的出现,不仅标志着时代的进步,更标志着一次新的文明浪潮———信息文明的时代已经到来。

柏拉图在《理想国》中提出"哲学王",即世界只有哲学家作为真正的统治者,才可以实现社会各阶层的和谐。培根则讲"知识就是力量",将知识同社会的支配力量相提并论。但是自古以来,用理性指导人类、改造世界的理想一直都像是水中月,镜中花,可望而不可求。曾几何时,那些对人类充满期待和信心,企图以宗教、圣人的名义将理性和智慧推上圣坛的先贤们终于一个个偃旗息鼓、扼腕作罢了。他们终于懂得了,人类虽然作为万物的灵长,终归也是自然动物,受着生存原则的制约。人首先要吃、喝、住、穿,然后才能从事政治、经济、思想、艺术等等。人类的行为受制于其赖于生存的经济基础。无论是知识,还是负载着知识的知识分子都必须依赖于这一基础。但从20世纪世纪下半叶开始,人类突然发现自己进入了一个飞跃性的阶段。以电子计算机为先导的微电子学信息技术、生命科学技术、新材料、新能源等高科技迅速崛起,成为提高劳动生产率的最重要的手段和发展社会生产力的主要方向;社会生产力就其性质、规模和发展来讲,将进入崭新的质的阶段;科学技术已成为世界经济社会发展的原动力,竞争力取决于利用科技进步成果的速度、规模、范围和效果。高科技的发展使人类进入信息时代,信息逐渐成为现代生产力中越来越重要的因素,已经成为价值最高的知识商品。在信息创富的时代,创富的主体也发生了转变,从资本运营者转移到掌握信息的"IT达人"手中。曾经在中国大陆名噪一时的《第三次浪潮》的作者托夫勒,根据西方社会的发展趋势预言,随着西方社会进入后工业社会和信息时代,社会的主宰力量将由金钱向知识转移。西方社会由金钱主体社会向知识主体社会转移的主要标志是:知识将是未来财富的主要来源。由于高科技的出现,产品的个性化、多样化取代了大批量生产,新的财富渐渐依赖于信息交换和知识交换。甚至银行的钱币也将由电子信息取代,以往货币作为万能通货的功能将消失。托夫勒的这些预言正在逐渐演变成现实。

传统伦理的解构。从"熟人社会"转移到"生人社会"。农业文明强调"安居乐业",这就意味着血缘是社会维系的主要方式。费孝通先生在《乡土中国》一书中,将传统中国的社会生活描绘成"波纹宗亲网"和"差序格局"的"礼俗社会":"我们的格局不是一捆一捆扎清楚的柴,而是好像把一块石头丢在水面上所发生的一圈圈推出去的波纹,每个人都是他社会影响所推出去的圈子的中心,被圈子的波纹所推及的就发生联系,每个人在某一时间和某一地点所动用的圈子是不一定相同的。"所谓的"差序格局",虽然是在一种类似于散文风格的文章中提出来的,基本上没有理论的概括和说明;对其进行的分析,基本融化在一种叙事式的描述中。但是,这个概念蕴涵着极大的解释潜力,基本上可以概括中国传统社会中的社会结构特点和人际关系特点。在"差序格局"中,社会关系是私人联系的增加,社会范围是一根根私人联系所构成的网络,所以传统的伦理对于社会的发展极具约束力，"乡约"、"家规"等也很能起到调节社会风气的作用。

　　但在工业文明时间，大机器的生产方式决定了社会分工，同时由于资本运营的需求，要求生产过程必须不断创新来实现高生产率，这就决定着社会分工的不断细化。因此，工业社会有着比农业社会多得多的职业，但它们存在的时间都很短暂。这个社会中的人一般不会终身呆在同一个位置上，他必须时刻准备着从一种职业转换到另一种职业。因而这是一个没有严格划分的职业的世界，人们可以任意选择职业。因此，一个成熟的工业社会必须是其成员能够顺利地交流和流动的社会。工业社会成员的频繁的大规模的流动和平等，意味着是一个陌生人的社会。在现代化的世界性历史进程中，整个世界都在从彼此相熟的村落社会走向彼此不熟的制度社会，熟人构成的社会正逐步丧失其功能，而为生人构成的社会所取代。在这一过程中，人们必须寻求可以为大家共同接受的制度，即使这个制度只能在较低的限度上满足需要。

　　在信息经济发达的今天，社会分化加剧，陌生人世界形成，人际关系由以伦理关系为主向以金钱关系为主转变，由熟人社会的互助规则转化为生人社会的冷淡规则，同时互联网的存在，让个人具有了更为自由的空间，甚至于可以在网络上开始自己的"虚拟人生"，在现实生活中受到约束的活动，在网络上都能够得到实现。网络对于现实社会的原有体制，产生了更为强烈的冲击。

　　任何时代的生产方式都会产生相应的道德关系，并要求相应的道德为其服务。新的生产方式必然催生新的道德关系，时代呼唤新的伦理准则要求，随着信息经济的发展，生产、交换、分配、消费关系发生了巨大变化，所有制多元化，分配方式多样化，社会组织多元化，职业选择就业渠道多样化，人们的流动性增强，由过去的单位人逐步变为社会人，社会角色单一化转变为多样化，人们社会关系简单化转为多样化、复杂化，人们的伦理关系以及人的本质也将得到新的发展。

　　传统生理基础的解构。从"肉体生命"转移到"基因生命"。人类基因组计划（Human Genome Project，HGP）是由美国科学家于1985年率先提出的，并于1990年正式启动的。美国、英国、法国、德国、日本和我国科学家共

人生三论

同参与了这一价值达30亿美元的人类基因组计划,试图通过这个计划,把人体内约10万个基因的密码全部解开,同时绘制出人类基因的谱图。换句话说,就是要揭开组成人体10万个基因的30亿个碱基对的秘密。人类基因组计划与曼哈顿原子弹计划、阿波罗计划并称为三大科学计划。这一计划已经由各国科学家完成,同时,对于生命科学的研究已进入"后基因组时代",基因组工程技术在临床上的应用必然导致一系列道德伦理方面的问题,重视"后基因组时代"医学伦理的研究,对人类基因组研究和人类社会的健康发展都具有重要的意义。

在"后基因组时代",人们可以利用自己掌握的调控生命的"基因钥匙",将基因技术运用于疾病诊断和治疗,也就是说人类长生不老的梦想极有可能实现,同时当前所说的一些"不治之症"也会成为历史。但这并不见得就是人类社会的"福分",基因技术将对自然秩序和社会秩序带来双重冲击:首先,人体是自然存在物,或是如宗教所宣称的那样,是上帝的宠儿,所以必然在一定程度上受自然秩序的支配。但对人体基因的剪接和重组,将人体缺陷基因的剔除,对人体某种素质的强化,必然打乱原有基因的自然秩序的规定,在自然秩序的模板上留下了人的意志的痕迹;更为重要的是,对社会秩序也带来巨大影响,人类基因组学的发展必然带来基因专利、基因隐私、基因歧视、基因技术滥用、基因技术经济等社会问题,"克隆"生命将冲击人类的性繁殖方式。

科技只能是人类认识世界和改造世界的手段,而不能成为决定人类生死的造物主。在农业社会中,人类由于认识水平和技术水平的局限,使得人类顺从于自然,并力图使自己的行为符合自然的基本要求,如"日出而作,日落而息"。但近代以来,随着科技的发展,"人类中心主义"开始成为处理人与自然关系的主导性原则。人类不但可以通过科技手段认识世界,甚至于可以借助科技影响自然规律的效用,比如控制光照、控制雨水等,但这些都不足以赶上对"肉体"改造的烈度。基因工程在很大程度上是对人的价值和尊严的一种"挑战",它意味着人可以与造物的上帝或自然一样,将鲜活的生命视为"蛋白质复合体"。人的唯一性也将遭受挑战,因为"克隆"技术完全可以毫不费力地在实验室造出一个和自己完全一样的"人"。人文历史也将不再成为"历史",因为人类可以随意调控自己的生命,同时也可以轻易地实现"转世"和"永生",可以让自己的"克隆"出现在历史的每一个时代,这也意味着对人生问题思考的哲学,在遍布"克隆人"的时代成为终结。

六、自由追求

人对于自由的追求与人的有限性,是一切哲学问题的根源。"未来人"事实上是人类对自身自由和解放的最大尺度的想象。事实上每种文化都有这种传统,如《列子》中记述有不少"至人"、"真人"、"神人"、"化人"及理想之国的神话传说,《列子·黄帝篇》讲,在海河洲中有貌姑射山:"山上有神人焉,吸风饮露,不食五谷。心如渊泉,形如处女。不偎不爱,仙圣为之臣;不畏不怒,原悫为之使;不施不惠,而物自足;不聚不敛,且己无愆。阴阳常调,日月常明,四时常若,风雨常均,孕育常时,年谷常丰;而土无札伤,人无夭恶,物无疵厉,鬼无灵响焉。"

哲学是爱智慧的学问,是人们思考宇宙自然、社会、人生的精神积淀。所谓的"仙人",要实现肉体和精神的双重超越,在肉体上,他们必须是长生不老、永葆青春;在精神上他们往往是达者、智者,在自然、社会、人生方面有着他们不同凡俗的见解,能知过去未来,大到宇宙天地的生成,小到人生祸福的渊薮,他们都能有着深刻的洞见。中国的成仙之道,实际上是成正人、真人之道,也是实现"超人"的必由之道。神仙信仰并非全是光怪陆离的荒诞之学,它所高扬的"我命在我不在天"的自主精神和"死王不如乐鼠"的热爱生命的情怀,好比夏日吹过的阵阵清风,清醒许多梦中人,让他们回到思考人生价值、意义的立场,充分享受人生的自由与真实,而不至于沦为物质的奴隶。

神仙也好,上帝也好,都是人类追求终极解放的信仰的产物,而"未来人"则是在人类历史上可以实现的"改良"的人类。人的自由全面发展是也马克思主义追求的根本目标。马克思曾指出:"代替资产阶级旧社会的,将是一种自由人的联合体,在那里,每个人的自由发展是一切人的自由发展的条件。"其作为扬弃了资本主义社会的未来更高级的社会,既是"建立在个

人生三论

人全面发展和他们共同的、社会的生产能力成为从属于他们的社会财富这一基础上的自由个性",也是"以每一个人的全面而自由的发展为基本原则的社会形式"。"未来人"在信息交换的基础上,抛弃了对成仙成神的非物质世界的追求,而力图在现世实现人的最大自由,在最大程度上肯定人的价值,这是人类历史发展的必然。

主要参考书目

1. ［清］阮元：《十三经注疏》，中华书局1980年版。

2. ［汉］司马迁：《史记》，中华书局1982年版。

3. ［汉］班固：《汉书》，中华书局2007年版。

4. ［汉］董仲舒：《春秋繁露》，中华书局1996年版。

5. ［汉］魏伯阳：《周易参同契》，陕西师范大学出版社2008年版。

6. ［明］冯梦龙：《东周列国志》，人民文学出版社1992年版。

7. ［清］曾国藩：《面经》，中国华侨出版社2000年版。

8. ［清］曾国藩：《曾国藩家书》，线装书局2008年版。

9. 廖名春：《〈周易〉经传十五讲》，北京大学出版社2004年版。

10. 杨庆中：《周易经传研究》，商务印书馆2005年版。

11. 傅佩荣：《傅佩荣解读易经》，线装书局2006年版。

12. 张立文：《帛书周易注译》，中州古籍出版社1992年版。

13. 刘大钧：《象数精解》，四川巴蜀出版社2004年版。

14. 刘保贞：《易图明辨导读》，齐鲁书社2004年版。

15. 常秉义：《易经图典举要》，光明日报出版社2004年版。

16. 张今：《东方辩证法》，河南大学出版社2002年版。

17. 温公颐：《先秦逻辑史》，上海人民出版社1983年版。

18. 祁来顺：《藏传因明学通论》，青海民族出版社2006年版。

19. 黄朝阳：《中国古代的类比》，社会科学文献出版社2005年版。

20. 朱伯崑主编：《周易知识通览》，齐鲁书社出版社2004年版。

人生三论

21. 劳思光:《新编中国哲学史》,广西师范大学出版社 2005 年版。

22. 武占江:《中国古代思维方式的形成及特点》,陕西人民出版社 1995 年版。

23. 曾长秋:《中国思想史论纲》,中南大学出版社 2006 年版。

24. 余敦康:《中国哲学论集》,辽宁大学出版社 1998 年版。

25. 郑大华:《晚清思想史》,湖南师范大学出版社 2005 年版。

26. 聂锦芳:《哲学形态的当代探索》,民族出版社 2002 年版。

27. 龙佳解:《中国人文主义新论》,湖南大学出版社 2001 年版。

28. 何信全:《儒学与现代民主》,中国社会科学出版社 2001 年版。

29. 蒋庆:《政治儒学——当代儒学的转向、特质与发展》,生活·读者·新知三联书店 2003 年版。

30. 何兆武:《历史理性的重建》,北京大学出版社 2005 年版。

31. 余英时:《史学与传统》,台北时报文化出版事业有限公司 1985 年版。

32. 赵林:《中西文化分野的历史反思》,武汉大学出版社 2006 年版。

33. 胡道静:《周易十讲》,上海人民出版社 2003 年版。

34. 全增嘏主编:《西方哲学史》,上海人民出版社 2005 年版。

35. 张志伟主编:《西方哲学史》,中国人民大学出版社 2006 年版。

36. [德]尼采:《希腊悲剧时代的哲学》,商务印书馆 2006 年版。

37. [美]成中英:《从中西互释中挺立》,中国人民大学出版社 2005 年版。

38. [美]陈汉生:《中国古代的语言和逻辑》,社会科学文献出版社 1998 年版。

39. [美]倪德安:《儒家之道——中国哲学之探讨》,江苏人民出版社 2006 年版。

40. [美]成中英:《易学本体论》,北京大学出版社 2006 年版。

41. [美]本杰明·史华兹:《古代中国的思想世界》,江苏人民出版社 2004 年版。

42. [美]葛瑞汉:《论道者》,中国社会科学出版社 2004 年版。

43. ［意］维柯：《新科学》，商务印书馆 1989 年版。

44. ［德］黑格尔：《历史哲学》，上海书店出版社 2006 年版。

45. ［美］雅斯贝尔斯：《历史的起源与目标》，华夏出版社 1989 年版。

46. ［美］罗尔斯：《正义论》，中国社会科学出版社 2001 年版。

47. ［美］塞缪尔·E.斯塔姆、詹姆斯·费舍尔：《西方哲学史：从苏格拉底到萨特及其后》，北京大学出版社 2006 年版。

人生三论

责任编辑:方国根　　段海宝

封面设计:周文辉

图书在版编目(CIP)数据

人生三论/饶贵民著. -北京:人民出版社,2010.1

ISBN 978－7－01－008635－4

Ⅰ. 人… 　Ⅱ. 饶… 　Ⅲ. 人生哲学－通俗读物 　Ⅳ. B821－49

中国版本图书馆 CIP 数据核字(2010)第 007490 号

人 生 三 论

RENSHENG SAN LUN

饶贵民　著

人 民 出 版 社 出版发行

(100706　北京朝阳门内大街 166 号)

涿州市星河印刷有限公司印刷　新华书店经销

2010 年 1 月第 1 版　2010 年 1 月北京第 1 次印刷

开本:710 毫米×1000 毫米 1/16　印张:15

字数:220 千字　印数:00,001－25,000 册

ISBN 978－7－01－008635－4　定价:32.00 元

邮购地址 100706　北京朝阳门内大街 166 号

人民东方图书销售中心　电话 (010)65250042　65289539